船舶海洋工学シリーズ⑪

船舶性能設計

■著者
荻原　誠功
山崎　正三郎
芳村　康男
足達　宏之

■監修
公益社団法人 日本船舶海洋工学会
能力開発センター教科書編纂委員会

成山堂書店

本書の内容の一部あるいは全部を無断で電子化を含む複写複製（コピー）及び他書への転載は，法律で認められた場合を除いて著作権者及び出版社の権利の侵害となります。成山堂書店は著作権者から上記に係る権利の管理について委託を受けていますので，その場合はあらかじめ成山堂書店（03-3357-5861）に許諾を求めてください。なお，代行業者等の第三者による電子データ化及び電子書籍化は，いかなる場合も認められません。

「船舶海洋工学シリーズ」の発刊にあたって

　日本船舶海洋工学会は船舶工学および海洋工学を中心とする学術分野のわが国を代表する学会であり、船舶海洋関係産業界と学術をつなぐさまざまな活動を展開しています。

　わが国の少子高齢化の状況は、造船業においても例外にもれず、将来の開発・生産を支える若い技術者への技術伝承・後継者教育が喫緊かつ重要な課題となっています。

　当学会では、造船業や船舶海洋工学に係わる技術者・研究者の能力開発、および日本の造船技術力の維持・発展に資することを目的として、平成19年に能力開発センターを設立しました。さらに、平成21年より日本財団の助成のもと、大阪府立大学大学院池田良穂教授を委員長とする「教科書編纂委員会」を設置し、若き造船技術者の育成とレベルアップの礎となる教科書を企画・作成することになりました。

　これまで、当学会の技術者・研究者の専門的な力を結集して執筆・編纂を続けてまいりましたが、船舶海洋工学に係わる広い分野にわたって技術者が学んでおくべき基礎技術を体系的にまとめた「船舶海洋工学シリーズ」として結実することができました。

　本シリーズが、多くの学生、技術者、研究者諸氏に利用され、今後日本の造船産業技術競争力の維持・発展に寄与されますことを心より期待いたします。

公益社団法人 日本船舶海洋工学会
会長　谷口 友一

「船舶海洋工学シリーズ」の編纂に携わって

　日本船舶海洋工学会の能力開発センターでは、日本の造船事業・造船研究の主体を成す技術者・研究者の能力開発、あわせて日本の造船技術力の維持・発展に関わる諸問題に対して、学会としての役割を果たしていくために種々の活動を行っていますが、「船舶海洋工学シリーズ」もその一環として企画されました。

　少子高齢化の状況下、各造船所は大学の船舶海洋関係学科卒に加え、他の工学分野の卒業生を多く確保して早急な後継者教育に努めています。他方で、これらの技術者教育に使用する適切な教科書が体系的にまとめられておらず、円滑かつ網羅的に造船業を学ぶ環境が整備されていない問題がありました。

　本シリーズはこれに対応するため、本学会の技術者・研究者の力を合わせて執筆・編纂に取り組み、船舶の復原性、抵抗推進、船体運動、船体構造、海洋開発など船舶海洋技術に関わる科目ごとに、技術者が基本的に学んでおく必要がある技術内容を体系的に記載した「教科書」を目標として編纂しました。

　読者は、造船所の若手技術者、船舶海洋関係学科の学生のほか、船舶海洋関係学科以外の学科卒の技術者を対象としています。造船所での社内教育や自己研鑽、大学学部授業、社会人教育などに広く活用して頂ければ幸甚です。

日本船舶海洋工学会　能力開発センター
教科書編纂委員会委員長　池田　良穂

教科書編纂委員会　委員

荒井　　誠（横浜国立大学大学院）	大沢　直樹（大阪大学大学院）
荻原　誠功（日本船舶海洋工学会）	奥本　泰久（大阪大学）
佐藤　　功（三菱重工業株式会社）	重見　利幸（日本海事協会）
篠田　岳思（九州大学大学院）	修理　英幸（東海大学）
慎　　燦益（長崎総合科学大学）	新開　明二（九州大学大学院）
末岡　英利（東京大学大学院）	鈴木　和夫（横浜国立大学大学院）
鈴木　英之（東京大学大学院）	戸澤　　秀（海上技術安全研究所）
戸田　保幸（大阪大学大学院）	内藤　　林（大阪大学）
中村　容透（川崎重工業株式会社）	西村　信一（三菱重工業株式会社）
橋本　博之（三菱重工業株式会社）	馬場　信弘（大阪府立大学大学院）
藤久保昌彦（大阪大学大学院）	藤本由紀夫（広島大学大学院）
安川　宏紀（広島大学大学院）	大和　裕幸（東京大学大学院）
吉川　孝男（九州大学大学院）	芳村　康男（北海道大学）

まえがき

　近年の船舶系の大学での履修状況は、造船工学に関する基本的あるいは実務的な履修に多くの時間を割くことが難しくなり、その内容は必ずしも以前のような形態がとられていません。また、船舶系の学科の卒業者数が減少し、造船産業界では、船舶系以外の卒業者を採用し造船工学の教育をしながら実務についているのが現状です。

　日本船舶海洋工学会は、わが国の造船産業の将来を鑑み、そこで活躍する若い技術者の能力開発を支援する立場から、造船工学に関する基本的な教科書を整備することを企画しました。

　造船工学を最も特徴づける科目のひとつに船舶流体力学を基礎とする船舶性能に関する理論があり、それに裏打ちされて船体、推進器、操縦装置等の設計法が築かれます。船舶性能設計に係る学術的知識は、これまで学会が開催するシンポジウム等で個々のテーマで発表されていますがまとまった図書がないのが現状です。本書は「船舶海洋工学シリーズ」の一環として、これから船舶性能設計を学び、実務に就こうとする技術者を対象に企画、編集されました。

　その内容は、まず、第1章で船体の抵抗成分と船型設計の考え方、第2章ではプロペラ推進に基づいた船尾形状設計法について解説します。続いて、第3章ではスクリュープロペラの特性とその設計法を解説し、第4章では操縦運動を制御する操縦装置の設計について概説します。

　船舶の省エネ技術に関する近年の著しい関心と発展に鑑み、第5章では船舶に装着される省エネ装置の原理とその効果について紹介します。さらに船舶による持続可能な環境負荷の低減を目的に、実海域での船舶の性能を正しくモニターすることが求められるようになり、第6章では就航後の船舶性能の解析手法について実例を示しながら解説します。

　船舶性能設計に携わる若手技術者の方々には、実務を通して本書を活用されることを望みます。

2013年5月

著者代表　荻原　誠功

目　次

まえがき

第1章　船体抵抗と船型設計 … 1

1.1　抵抗成分 … 1
　1.1.1　抵抗成分の分離 … 1
　1.1.2　船体抵抗の相似則 … 2
　1.1.3　抵抗試験 … 3

1.2　有効出力 … 5

1.3　船型の表現 … 5
　1.3.1　船型諸係数 … 5
　1.3.2　船図 … 7
　1.3.3　船型の呼び方 … 9

1.4　造波抵抗の推定法 … 10
　1.4.1　実験的推定 … 10
　1.4.2　理論的推定 … 12

1.5　粘性抵抗の推定法 … 15
　1.5.1　摩擦抵抗の推定 … 16
　1.5.2　形状影響係数の推定 … 17
　1.5.3　粗度抵抗の推定 … 18

1.6　数値流体解析（CFD）の利用 … 20
　1.6.1　CFDコードの概要 … 20
　1.6.2　船体抵抗の推定 … 23
　1.6.3　船型最適化問題への適用 … 24
　1.6.4　その他の応用 … 27

1.7　船型の最適化手法 … 29
　1.7.1　船型可分原理 … 29
　1.7.2　肥大船の主要目の選定方法 … 31
　1.7.3　抵抗図表の利用 … 33

1.8　造波抵抗と船型 … 35
　1.8.1　船体主要目 … 35
　1.8.2　横切面積曲線 … 37
　1.8.3　球状船首 … 39
　1.8.4　水線面形状 … 41
　1.8.5　船尾形状 … 41

1.9　粘性抵抗と船型 … 42
　1.9.1　Runの長さ … 42
　1.9.2　船尾フレームライン形状 … 42
　1.9.3　船尾バルブ … 44
　1.9.4　プロペラ　クリアランス … 45

第 2 章　推進性能と船型設計 … 47

2.1　実船の推進性能 … 47
- 2.1.1　出力 … 47
- 2.1.2　諸効率の定義 … 48
- 2.1.3　出力の推定 … 50

2.2　自航試験 … 50
- 2.2.1　自由航走自航試験 … 52
- 2.2.2　荷重度変更試験 … 53

2.3　自航試験の解析 … 54
- 2.3.1　推力減少係数の定義 … 55
- 2.3.2　推力一致法による伴流係数の定義 … 55
- 2.3.3　トルク一致法およびプロペラ効率比 … 56
- 2.3.4　プロペラ単独効率 … 56
- 2.3.5　自航試験結果の表示 … 57

2.4　供試船の自航試験解析例 … 57
- 2.4.1　有効出力曲線 … 57
- 2.4.2　プロペラ単独特性 … 58
- 2.4.3　自航試験解析 … 58

2.5　自航要素の一般的性質 … 60
- 2.5.1　自航条件による伴流係数 … 60
- 2.5.2　推力減少係数と船尾圧力 … 63
- 2.5.3　船殻効率の要素 … 65
- 2.5.4　プロペラ効率比と船尾流場 … 65
- 2.5.5　自航要素の近似的推定法 … 66

2.6　自航要素の尺度影響 … 67

2.7　出力の推定と出力曲線 … 68

2.8　推進性能と船尾形状設計法 … 69
- 2.8.1　船尾形状の設計で考慮される要素 … 70
- 2.8.2　船尾における推進性能評価手法 … 71

2.9　実験的手法による評価 … 71
- 2.9.1　自航試験 … 71
- 2.9.2　圧力計測による推力減少係数 … 71
- 2.9.3　船尾流場計測 … 72

2.10　理論解析的方法による評価 … 75
- 2.10.1　ポテンシャル理論 … 75
- 2.10.2　境界層理論による船尾流場 … 78

2.11　数値計算的手法（CFD）による評価 … 80
- 2.11.1　船尾流場の計算 … 81
- 2.11.2　プロペラ面流速分布 … 81
- 2.11.3　CFDによる自航要素と出力曲線 … 82

第3章 プロペラ設計 ……………………………………………………………………………… 85

3.1 推進器の種類 …………………………………………………………………………… 85
3.1.1 スクリュープロペラ ……………………………………………………………… 85
3.1.2 ジェット推進器 …………………………………………………………………… 87
3.1.3 電磁推進器 ………………………………………………………………………… 88

3.2 プロペラ設計で考慮すべき性能 ……………………………………………………… 89
3.2.1 プロペラ単独性能 ………………………………………………………………… 89
3.2.2 キャビテーション ………………………………………………………………… 92
3.2.3 プロペラ起振力 …………………………………………………………………… 95
3.2.4 プロペラ強度 ……………………………………………………………………… 95

3.3 プロペラ理論の概要 …………………………………………………………………… 97
3.3.1 簡易理論 …………………………………………………………………………… 97
3.3.2 渦理論 ……………………………………………………………………………… 100
3.3.3 CFD ………………………………………………………………………………… 101

3.4 プロペラ設計の基礎知識 ……………………………………………………………… 102
3.4.1 プロペラの各部名称 ……………………………………………………………… 102
3.4.2 プロペラ翼面の3次元座標表示と有効レーキ ………………………………… 104
3.4.3 プロペラ設計条件と設計用データ ……………………………………………… 106
3.4.4 プロペラ設計におけるシーマージンと回転数マージン ……………………… 109
3.4.5 プロペラ設計図表 ………………………………………………………………… 110
3.4.6 プロペラ設計フロー ……………………………………………………………… 112

3.5 一様流中のプロペラ設計 ……………………………………………………………… 114
3.5.1 プロペラ設計図表の使用方法 …………………………………………………… 114
3.5.2 プロペラ主要目の選定 …………………………………………………………… 116
3.5.3 到達速力計算（所要馬力計算）………………………………………………… 123

3.6 プロペラ性能シミュレーション ……………………………………………………… 124

3.7 伴流中のプロペラ設計 ………………………………………………………………… 131
3.7.1 伴流中のプロペラ設計 I …………………………………………………………… 131
3.7.2 伴流中のプロペラ設計 II ………………………………………………………… 135
付録3.1 プロペラ設計で使用される記号、用語 ……………………………………… 141
付録3.2 MAUプロペラの標準幾何形状 ………………………………………………… 144
付録3.3 MAUプロペラ単独性能の多項式近似 ………………………………………… 147

第4章 操縦装置の設計 ……………………………………………………………………… 151

4.1 操縦装置の概要 ………………………………………………………………………… 151

4.2 舵の設計 ………………………………………………………………………………… 151
4.2.1 舵の種類 …………………………………………………………………………… 151
4.2.2 舵面積の決定 ……………………………………………………………………… 152
4.2.3 舵トルクの推定 …………………………………………………………………… 154
4.2.4 舵の具体的設計（例題）………………………………………………………… 155

4.3 操縦性能の推定と評価 ………………………………………………………………… 156
4.3.1 IMO操縦性基準 …………………………………………………………………… 156

4.3.2　操縦運動の推定法 …………………………………………………… *160*
　　4.3.3　操縦運動の具体的推定例 ………………………………………… *161*
4.4　港内操船における操縦性 …………………………………………………… *166*
　　4.4.1　加減速性能 …………………………………………………………… *166*
　　4.4.2　プロペラ逆転による停止性能 …………………………………… *167*
　　4.4.3　風力下の操縦性 ……………………………………………………… *168*
　　4.4.4　浅水域の操縦性 ……………………………………………………… *170*
4.5　操縦性の改善 …………………………………………………………………… *172*
　　4.5.1　船尾フィン、スケグによる針路安定性の改善 ……………… *172*
　　4.5.2　舵力の増強による改善 …………………………………………… *173*

第5章　省エネ装置 …………………………………………………………………… *177*

5.1　省エネ装置の効果の基準 …………………………………………………… *177*
5.2　省エネ装置と推進効率 ……………………………………………………… *178*
　　5.2.1　船の推進効率 ………………………………………………………… *178*
　　5.2.2　推進効率を構成する要素 …………………………………………… *178*
　　5.2.3　船殻効率 ……………………………………………………………… *180*
　　5.2.4　推進効率と船殻効率との一般的関係 …………………………… *183*
　　5.2.5　推進効率向上の一般的方向 ………………………………………… *184*
5.3　省エネ装置による効率向上の原理 ………………………………………… *184*
　　5.3.1　船体とプロペラのエネルギの回収と減少 …………………… *184*
　　5.3.2　プロペラと舵の干渉 ………………………………………………… *185*
　　5.3.3　プロペラ後流回転流の運動エネルギの回収 ………………… *187*
　　5.3.4　舵によるエネルギ回収 …………………………………………… *187*
　　5.3.5　プロペラ回転流運動エネルギ回収装置 ……………………… *192*
　　5.3.6　付加物による運動エネルギの回収 ……………………………… *198*
　　5.3.7　軸方向速度成分の制御による省エネ装置 …………………… *201*
　　5.3.8　船尾流れの整流効果による省エネ装置 ……………………… *203*
5.4　省エネ装置の効果の検証 …………………………………………………… *208*

第6章　実船性能の解析 …………………………………………………………… *211*

6.1　シーマージン …………………………………………………………………… *211*
　　6.1.1　航海速力と機関出力の設定のためのシーマージン ………… *211*
　　6.1.2　機関負荷特性図における機関マージン ……………………… *212*
　　6.1.3　航海時の船体抵抗増加に伴うシーマージン ………………… *214*
6.2　航海時の推進性能の解析 …………………………………………………… *215*
　　6.2.1　機関出力とプロペラトルクの関係式 …………………………… *215*
　　6.2.2　船体抵抗とプロペラ推力の関係式 ……………………………… *216*
　　6.2.3　自航条件による機関、プロペラおよび船体の関係式 ……… *217*
　　6.2.4　運航条件による連立方程式の解法 ……………………………… *218*
6.3　供試船の性能特性 …………………………………………………………… *218*
　　6.3.1　供試船の基本性能 …………………………………………………… *219*
　　6.3.2　供試船の平水中特性 ………………………………………………… *220*

- 6.4 供試船の実航海性能解析 ·· 222
  - 6.4.1 速度一定制御 ·· 222
  - 6.4.2 回転数一定制御 ·· 224
  - 6.4.3 トルク一定制御 ·· 225
  - 6.4.4 出力一定制御 ·· 228
- 6.5 参照船の試運転解析 ·· 229
  - 6.5.1 速力試運転のデータ ·· 229
  - 6.5.2 プロペラ特性と平水中性能曲線 ·································· 231
  - 6.5.3 回転数一定制御による速力試運転の解析 ·························· 233
- 6.6 参照船のアブログデータ解析 ·· 236
  - 6.6.1 バラスト状態の航海 ·· 237
  - 6.6.2 満載状態の航海 ·· 242
- 6.7 排水量修正法 ·· 247
  - 6.7.1 アドミラルティー係数による平水中出力推定 ······················ 247
  - 6.7.2 航海中出力増加によるシーマージン ······························ 248
  - 6.7.3 任意喫水の平水中速力推定 ······································ 249

参考資料 ·· 251

索　引 ·· 253

第1章　船体抵抗と船型設計

　船が一定の速力で航行するときの推進馬力は、船体に働く抵抗と推進器の推進効率によって決まる。本章では一般の大型船舶を対象として船体抵抗に基づく所要出力の構成を復習し、船体抵抗と船型との関係性に焦点をあてて解説する。

　船体の抵抗は船の寸法と形状およびその速力によって決まることから、まず船体抵抗の成り立ちとそれぞれの抵抗成分の推定法を復習し、船型と造波抵抗ならびに船型と粘性抵抗との関係について解説する。造波抵抗や粘性抵抗の物理的な性質やそれらの特性の詳細については、「船舶海洋工学シリーズ②船体抵抗と推進」編の第1章〜第4章に譲り、本編では、それらの知見を船型設計に応用する立場から船体抵抗の基本的な性質についてのみ概説する。

1.1　抵抗成分

1.1.1　抵抗成分の分離

　水面を航行する船体が水から受ける抵抗の基本的性質や抵抗成分の分離、さらにそれぞれの抵抗成分の相似則については既に「船体抵抗と推進」編に詳述されているので、ここではその結論のみを紹介する。

　船体抵抗 R_t は造波抵抗 R_w と粘性抵抗 R_v に分離される。造波抵抗と粘性抵抗は相互に干渉し合う抵抗成分が存在するが、船型設計上はその影響は小さいとして扱う。造波抵抗はフルードの相似則に従い模型船と実船とでフルード数 F_n を一致させれば船体まわりの波形が相似になり、造波抵抗係数 C_w も一致する。一方、粘性抵抗はレイノルズの相似則に従うが、模型と実船とでレイノルズ数 R_n を一致させることは困難であるため、模型船と実船のレイノルズ数をそれぞれ与えて船体表面の摩擦抵抗係数を算定する方法が取られる。船体表面の摩擦抵抗係数はその船の長さ L と浸水表面積 S とが等しい平板（相当平板と呼ぶ）の摩擦抵抗係数 C_f と略略等しいとし、相当平板の摩擦抵抗係数について種々の計算式が提案されている。曲面で構成されている船体には摩擦抵抗のほかに水の粘性による圧力抵抗（粘性圧力抵抗と呼ぶ）も働く。船体の粘性抵抗を相当平板の摩擦抵抗に対する増加率で表し、船型固有の形状影響係数 k をもって表現されている。これらの事をまとめて式で表すと船速を V、重力の加速度を g、水の比重を ρ、動粘性係数を ν として以下のように表現できる。

$$C_t = C_w(F_n) + (1+k)C_f(R_n) \tag{1.1}$$

ここで、

$$F_n = \frac{V}{\sqrt{gL}} \quad \text{（フルード数）} \tag{1.2}$$

$$R_n = \frac{VL}{\nu} \quad \text{（レイノルズ数）} \tag{1.3}$$

$$C_t = \frac{R_t}{1/2\,\rho V^2 S} \qquad C_w = \frac{R_w}{1/2\,\rho V^2 S} \qquad C_f = \frac{R_f}{1/2\,\rho V^2 S}$$

1.1.2　船体抵抗の相似則

　抵抗成分のうち造波抵抗はフルードの相似則に従い、船体形状が相似で寸法が異なる船体で、両者のフルード数が同じならば造波抵抗係数も同じになる。同時に船体まわりの波紋の形状も相似になる。次節で説明するように、実船と相似な模型船による抵抗試験から造波抵抗を算定すると、これを用いて実船の造波抵抗は次のように求める事ができる。

$$R_{WS}(F_n) = \frac{\rho_S V_S^2 S_S}{\rho_M V_M^2 S_M} R_{WM}(F_n) \tag{1.4}$$

ここで、添え字 S は実船、M は模型船の諸量を示す。

　一方、粘性抵抗はレイノルズの相似則に従うが、船体の粘性抵抗は相当平板の摩擦抵抗に形状影響係数を乗じたかたちで算定される。相当平板の摩擦抵抗係数はレイノルズ数の関数として表され、ここでは代表的なものとして Schoenherr の式と ITTC1957 で提案された式を例示する。

Schoenherr の式：
$$\frac{0.242}{\sqrt{C_f}} = \log_{10}(R_n C_f) \tag{1.5}$$

ITTC1957 の式：
$$C_f = \frac{0.075}{(\log_{10} R_n - 2)^2} \tag{1.6}$$

実船および模型船のレイノルズ数をそれぞれ、

$$R_{nS} = \frac{V_S L_S}{\nu_S} \qquad R_{nM} = \frac{V_M L_M}{\nu_M}$$

とすると（1.5）式あるいは（1.6）式から実船と模型船に対応する相当平板の摩擦抵抗係数が算定できる。また、形状影響係数 k は船型固有のもので模型船による抵抗試験を行うことによって算出できる。形状影響係数は実用上、尺度影響がないものとして実船の k は模型船と同じとする。したがって、模型船と実船の粘性抵抗は次のように算定される。

$$R_{VM} = \frac{1}{2} \rho_M V_M^2 S_M C_{fM}(R_{nM})(1+k) \tag{1.7}$$

$$R_{VS} = \frac{1}{2} \rho_S V_S^2 S_S C_{fS}(R_{nS})(1+k) \tag{1.8}$$

このように模型船による抵抗試験から算定された実船の抵抗成分がどのような割合になっているかをタンカーとコンテナの2種類の船型に対して図1.1に示す。抵抗成分の割合は主として船速に強く依存し、高速のコンテナ船の方が低速のタンカーより造波抵抗成分が大きい。なお、実船の抵抗には前述の造波抵抗と粘性抵抗のほかに船体表面粗度による抵抗ΔC_fが付加される。

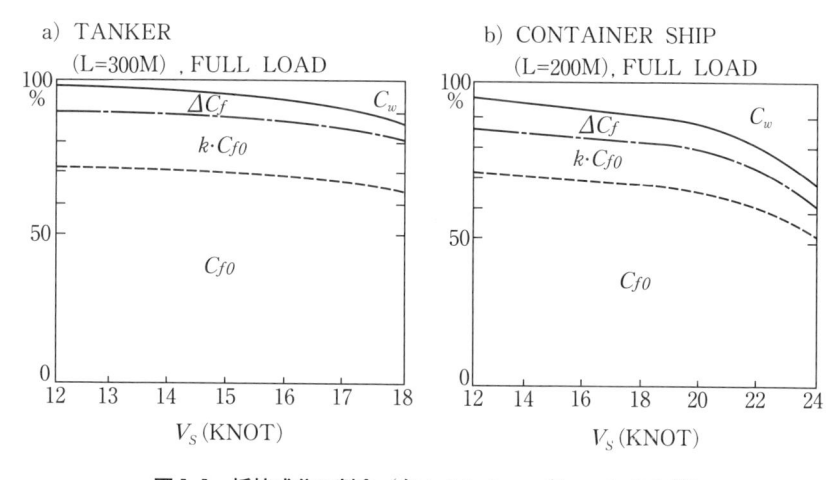

図1.1 抵抗成分の割合 (左：タンカー　右：コンテナ船)

以上の実船抵抗の推定方法は3次元外挿法と呼ばれている。一方、模型船の全抵抗から相当平板の摩擦抵抗を差し引いた抵抗を剰余抵抗と呼び、これがフルードの相似則に従うとして実船の抵抗を推定する方法があり、これを2次元外挿法と呼ぶ。その場合、(1.1)式に対応する抵抗係数は次式で表される。

$$C_t = C_r(F_n) + C_f(R_n) \tag{1.9}$$

剰余抵抗係数C_rを造波抵抗係数と見なし、摩擦抵抗係数C_fを粘性抵抗係数と見なすことによって3次元外挿法と同様の手順で実船の抵抗を推定するものである。大型商船では3次元外挿法が一般に使用され、内航船、漁船等の比較的小型の船舶や艦船では2次元外挿法を使用して実船の抵抗を推定することが多い。以下では3次元外挿法に基づいて抵抗成分を分離して解説する。

1.1.3 抵抗試験

抵抗試験は、相似模型船の速度（対水速度）と船体抵抗を計測することによって前述の解析を行って実船の抵抗成分と有効出力を求めるのが目的である。

ある船型の抵抗を推定する上で最も基本的かつ確実な方法は模型船を用いた抵抗試験による方法である。試験法の詳細は前著「船体抵抗と推進」編の第8章に譲り、ここでは、模型船の形状

影響係数と造波抵抗の捉え方を説明する。

(1) 形状影響係数

模型船が走行しても波を立てないほどの極低速（フルード数にして 0.1 以下）で抵抗 R_t を計測すると、それには造波抵抗が含まれず粘性抵抗 R_v のみを計測したものと見なされる。その時の模型船のレイノルズ数から相当平板の摩擦抵抗係数 C_f を算定する。船体から波が発生しない低速における抵抗成分は次のように表される。

$$R_t \cong R_v = (1+k)C_f(R_n)\frac{1}{2}\rho V^2 S \tag{1.10}$$

これより形状影響係数は低速での抵抗計測値を用いて次式で求められる。

$$k = \frac{C_t}{C_f} - 1 \tag{1.11}$$

ここで、C_t は低速での抵抗 R_t を用いて次式で与えられる。

$$C_t = \frac{R_t}{1/2\,\rho V^2 S} \tag{1.12}$$

抵抗試験によって形状影響係数を求めるには、フルード数が 0.1 以下の極低速域で船体抵抗を精度よく計測する必要があり、そのためにはできるだけ大きな模型船を使用することが望ましく、船体表面の乱流促進にも十分な配慮が必要である。

(2) 造波抵抗係数

形状影響係数が求まると模型船の速度 V と抵抗 R_t の計測値及び相当平板の摩擦抵抗係数 C_f を用いて造波抵抗係数は次式で算出できる。

$$C_W = \frac{R_t}{1/2\,\rho V^2 S} - (1+k)C_f \tag{1.13}$$

(3) 波形解析と後流計測

抵抗計測と同時に模型船から発生する波を計測し、造波抵抗理論に基づいてこれを解析して後続波の振幅関数と造波抵抗を算出することができる（「船体抵抗と推進」編第 3 章参照）。抵抗試験によって解析された造波抵抗と区別して、これを波形造波抵抗と呼ぶことがある。ある船型の造波抵抗をさらに低減する手法のひとつとして波形解析は有益な情報を与え、その船型改良の方法については後述する。

一方、船体の粘性抵抗を直接算定する方法として、模型船後方の流速分布を計測し、運動量理論に基づいてこれを解析して粘性抵抗を算定する方法があり、伴流計測と呼ばれている（「船体抵抗と推進」編第 2 章参照）。船体後方の流速は、船体まわりの粘性による速度欠損のほかに水

面の波崩れによる速度欠損も含まれる。波崩れによる速度欠損の分布から砕波抵抗成分を算定することも可能である。

1.2 有効出力

船の抵抗に基づく有効出力は次式で算出される。

$$EHP(W) = R_t(N)\ V(m/s) \tag{1.14}$$

$$R_t = \frac{1}{2}\rho V^2 S\left\{C_W + (1+k)C_f + \Delta C_f\right\} \tag{1.15}$$

ここで、ΔC_f は実船の船体表面の粗度による抵抗増加量（roughness allowance）を表す。模型船の抵抗試験によって得られた抵抗データから有効出力を算定する手順は以下のとおりである。
1) 1.1.3節（1）の方法で形状影響係数を求める。
2) 1.1.3節（2）の方法でフルード数に対応する模型船の造波抵抗係数を求め、これを実船の造波抵抗係数と同じとする。
3) (1.2) 式よりフルード数と実船の長さから実船の速力を算定する。
4) 実船の長さと速力および海水の動粘性係数から (1.3) 式により実船のレイノルズ数を算定する。
5) 相当平板の摩擦抵抗式（例えば (1.5) 式）から実船の摩擦抵抗係数を算定する。
6) (1.15) 式より実船の抵抗を求め、(1.14) 式より有効出力を算定する。

有効出力に含まれる ΔC_f は建造船の試運転成績からも解析され、経験的な実績データとして与えられることが多い。

通常の船舶では、有効出力に占める主要な抵抗成分は船体の摩擦抵抗あるいは粘性抵抗であるが、船型による影響度は粘性抵抗より造波抵抗のほうが著しい。船型設計の立場から、種々の方法を活用して造波抵抗や粘性抵抗の船型による影響を把握することが重要である。

1.3 船型の表現

1.3.1 船型諸係数

船型の表現については「船舶海洋工学シリーズ①船舶算法と復原性」編第2章に詳しく解説されている。ここでは船型設計に際して推進性能に影響をおよぼす船型諸係数を以下に定義する。

表1.1 推進性能に影響する船型諸係数

垂線間長	L_{PP}
水線長	L_{WL}
船幅	B
喫水	d
排水容積	∇
中央断面積	A_M
水線面積	A_W
長さ・幅比	L_{PP}/B
幅・喫水比	B/d
方形係数	$C_B = \dfrac{\nabla}{L_{PP}Bd}$
柱形係数	$C_P = \dfrac{\nabla}{L_{PP}A_M}$
竪柱形係数	$C_V = \dfrac{\nabla}{A_W d}$
中央断面積係数	$C_M = \dfrac{A_M}{Bd}$
水線面積係数	$C_W = \dfrac{A_W}{L_{PP}B}$
排水量長比	∇/L_{PP}^3
浮心位置	l_{cb} (% L_{PP})
run 長さ	$L_R = L_{PP}(1-C_{PA})$ C_{PA}：後半部柱形係数
entrance 長さ	$L_E = L_{PP}(1-C_{PF})$ C_{PF}：前半部柱形係数
横切面積曲線	$A(x)$
水線面曲線	$w(x)$
船首バルブ断面積	A_{FP} (% A_M)
船首バルブ長さ	L_{BULB} (% L_{PP})

1.3.2 船図

船体形状を数値で表すオフセットテーブルならびに線図の表現方法については、前著「船舶算法と復原性」編第 2 章に詳述されている。ここでは代表的な船種の船型について正面線図（Body Plan）を用いて紹介する。

(1) コンテナ船

他の船種に比べて計画速力に対するフルード数が高く造波抵抗成分が大きいので痩せた船型となる。高い推進効率を狙って船尾バルブを採用する船型が多い。

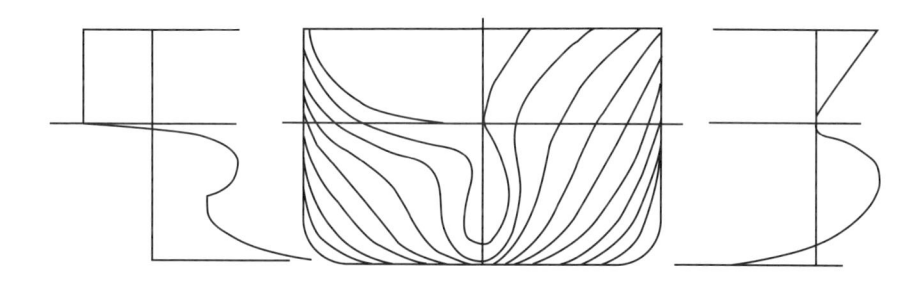

図 1.2 コンテナ船

(2) タンカー

抵抗のほとんどが粘性抵抗であるため、粘性抵抗が大きくならないように船型は浮心が中央より前方にあり、前半部が肥えて後半部が痩せた船型となる。船尾バルブを採用する場合も多い。バルカーもタンカーと同様の船型を有している。

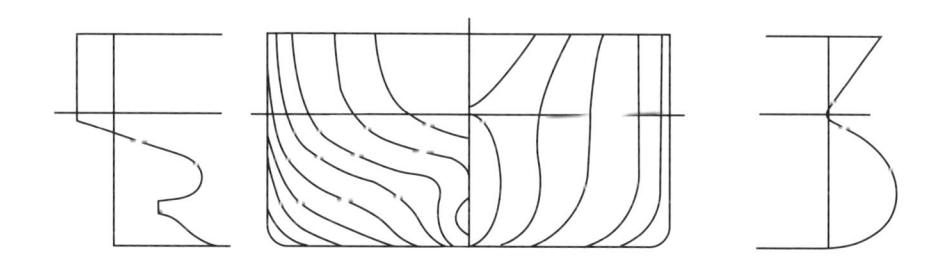

図 1.3 タンカー

(3) フェリー

フェリーや客船では、十分な復原性を確保することが重要であり、また、貨物は一般貨物船に比べて軽く喫水が浅いので B/d が大きい船型となる。高速を要する船では 2 軸プロペラを採用する船尾形状となり、船尾のフレームラインは流れがバトックラインに沿うバトックフロー船型を呈することが多い。

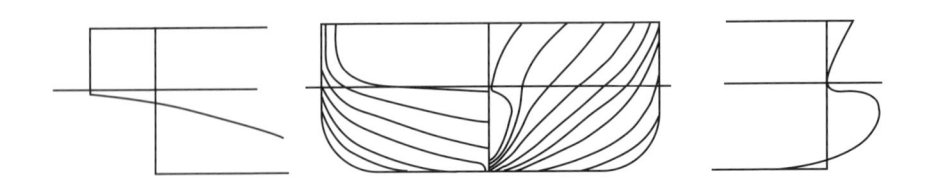

図 1.4　フェリー

(4)　艦船

　高速を要するため一般商船に比べて排水量-長さ比 ∇/L^3 が小さい。高出力を吸収するように2軸プロペラを装備するため船尾形状はバトックフロー船型となる。艦船には船首船底にソナードームを備えているものが多い。

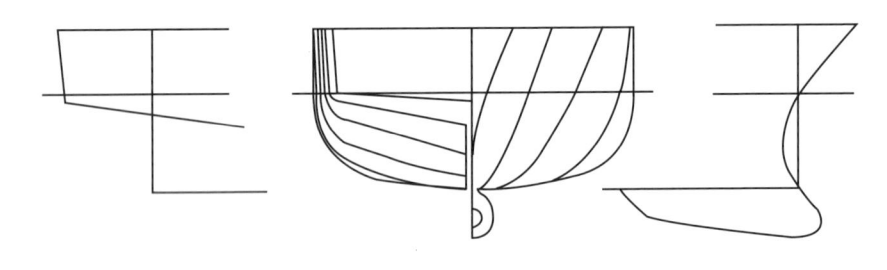

図 1.5　艦船

(5)　小型漁船

　小型漁船は復元性と漁労のための作業性を重視した船型となっている。走行中のフルード数はかなり高くフレームはチャインを持つ高速艇に近い線図となっている。

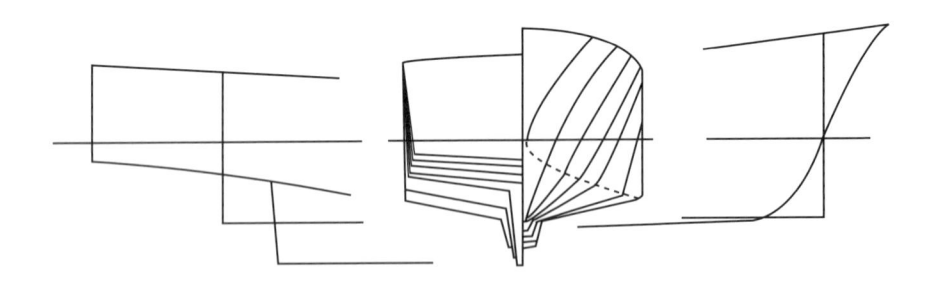

図 1.6　小型漁船

1.3.3 船型の呼び方

船舶の推進性能と船型との関連から船体形状の特徴的な呼び方について紹介する。

(1) U型・V型

フレームライン形状は抵抗推進に影響を与える。body plan でフレームライン形状をみて、U型に近い形状をU型フレームラインと呼び、V型に近い形状をV型フレームラインと呼ぶ。フレームラインの断面積が一定で、断面の重心が低く水線の幅が狭い形状はU型となり、重心を高くし水線の幅が広くなると、V型のフレームラインになる。ある船型がU型か、V型かを表現する場合、複数の船型のフレームライン形状を重ねて一方が他方に比べてU型か、V型かを比較して船型を表現するときに用いる。図1.7はタンカーの船尾フレームラインの比較で実線がV型、破線がU型を示し、船型と推進性能との関連を検討する際にしばしば使用される比較図である。

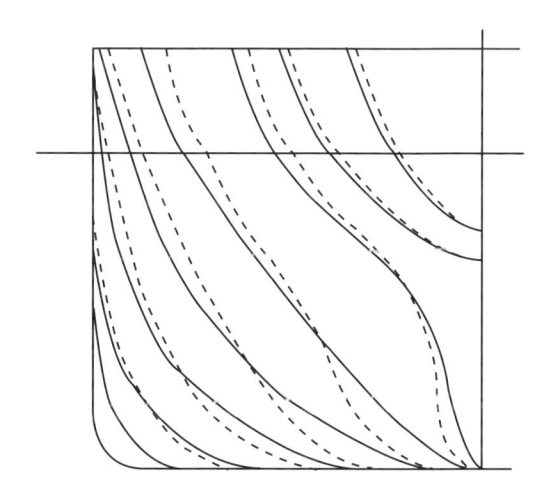

図1.7 船体後半部のU型・V型フレームラインの比較

(2) 肩張り　肩落ち

船体の横切面積曲線の形状を表現するときに用いる。船体中央部から前後部に向かって急に横切面積が減少し、前後端部で尖った曲線形状となる船型を肩張り船型と呼ぶ。一方、船体中央部から前後部に向かってなだらかに横切面積が減少し、前後端部で丸みを帯びた曲線形状となる船型を肩落ち船型と呼ぶ。これらは複数の横切面積曲線のかたちを比較するときに用いる。横切面積曲線の違いは造波抵抗に大きく影響し、図1.8に例示するように肩落ち船型は肩張り船型に比べて高速域で造波抵抗が小さくなる傾向を示す。

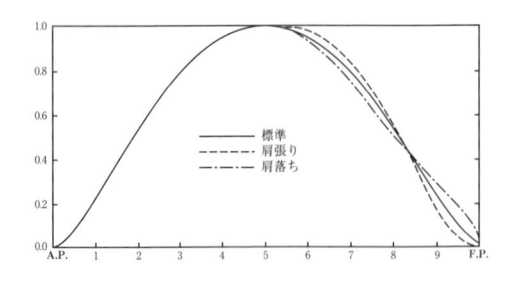

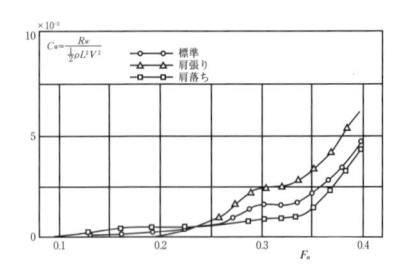

図 1.8 肩張り・肩落ち船型の比較（左：横切面積曲線　右：造波抵抗係数）

1.4 造波抵抗の推定法

　船舶の初期設計の段階において、船体が一定速力で航行する時の船体抵抗を推定しなければならない。船体抵抗を造波抵抗成分と粘性抵抗成分に分離する方法を述べたが、まず造波抵抗を推定する方法について解説する。造波抵抗の物理的かつ理論的な説明とその推定方法については前著「船体抵抗と推進」編第 2 章に詳しく解説されているので、ここでは船型設計の観点から実用的な推定法とそれらの利用方法を解説する。

1.4.1 実験的推定

(1) 水槽試験による推定

　設計船の模型船を用いた抵抗試験から造波抵抗係数を求める方法は（1.13）式によって与えられる。これが実船の造波抵抗係数でもあり、設計船の造波抵抗を推定する最も精度の高い方法である。しかし、初期設計の段階では考えられる全ての船型に対して抵抗試験を実施する事はなく、なんらかの推定手法で船型の優劣を判定しながら船型を固めてゆき、船型設計の最終段階で数ケースの船型について比較試験を実施するか、最終船型の確認試験を実施するのが通常である。

　表 1.1 に示す船型諸係数のうち、造波抵抗に強く影響を与える係数を船型パラメータとして選び出し、船型パラメータを系統的に変化させた系統模型船に対する造波抵抗図表を整理しておくと実用的かつ精度の高い造波抵抗を推定するのに役立つ。

(2) 抵抗図表の利用

　船体主要目を系統的に変化させた模型船群の抵抗試験データを整理して、造波抵抗あるいは剰余抵抗を推定するための図表が多く公表されている。図表の種類と抵抗推定の方法については前著「船体抵抗と推進」第 3 章に簡単に紹介されているが、ここではいくつかの代表的な系統模型船による抵抗推定図表を概説する。

A) Taylor 図表

　イギリスのクルーザー HMS LEVIATHAN 号（1900 年）を母型として、幅喫水比 B/d と柱形係数 C_P に対して排水量長比 ∇/L^3 をパラメータとして剰余抵抗係数 C_r が速長比 $V/L_{WL}^{1/2}$ ベースで図示されている。シリーズ模型の船型は母型の横切面積曲線とフレームラインからの変化量

を数式で表現し、与えられたパラメータの船型に対して線図、浸水表面積、剰余抵抗を求めることができる。浸水表面積 S は B/d、C_p および ∇/L^3 をパラメータとして $C_s=S/(\nabla L)^{1/2}$ の無次元値で図表化されていて摩擦抵抗は Schoenherr の摩擦抵抗係数を用いて解析されている。図 1.9 に Taylor 図表の剰余抵抗係数の一例を示す。図中、∇/L^3 をパラメータとして線の種類を変えていて ∇/L^3 が大きいほど C_r が大きい。

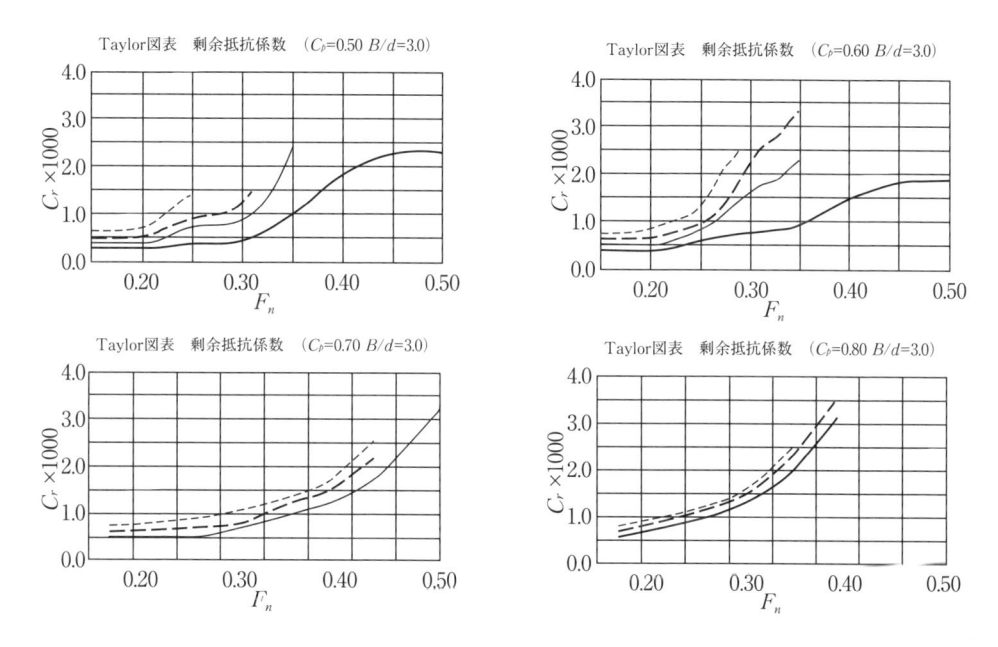

図 1.9 Taylor 図表による剰余抵抗係数の例

B) Series 64

Taylor 図表が速長比 $V/L_{WL}^{1/2}=2.0$ の速度までしかカバーされていないので、これを拡張して $C_p=0.68$ を一定として $V/L_{WL}^{1/2}=5.0$ までの高速船の剰余抵抗推定に使えるようにした図表である。

C) Series 60

Taylor 図表および Series64 は艦艇を対象にしているのに対し、Series60 は 1 軸プロペラの貨物船を対象としたシリーズ船型である。船型パラメータの選択は Taylor 図表に準じているが方形係数 C_B として 0.60、0.65、0.70、0.75、0.80 をもつ 5 隻の母型を設定して B/d、横切面積曲線および浮心位置を変化させている。長さ 20feet の模型船の抵抗試験から Schoenherr の摩擦抵抗式を使って長さ 400feet の実船に換算して剰余抵抗が C_B と L/B をパラメータとして表されている。

D) 山県の図表

主として 1 軸貨物船を対象に、主要寸法、方形係数、柱形係数、横切面積曲線、中央断面係数、竪柱形係数、浮心位置、中央並行部長さなど広範な船型パラメータを系統的に変えた模型試

験結果を整理して剰余抵抗の推定図表を表している。摩擦抵抗係数にはフルードの式を使っている。貨物船のほかに客船、タンカー、警備艦、タグボートなど多種の船型のデータを収集整理し、船体部のみならず船首バルブの大きさやボッシング、シャフトブラケットなどの副部の影響についても提示している。

　以上の抵抗推定図表に加えて種々の目的に沿った系統模型試験やデータベースの拡大が1950年代から1960年代にかけて各国の主要水槽で実施された。海外では、British Ship Research Association（BSRA）の図表、Statens Skeppsprovningsanstalt（SSPA）の図表、Lapの図表などがあり、国内では肥大船を対象とした船舶技術研究所の図表、高速貨物船を対象とした日本造船研究協会のSR-45図表、漁船を対象とした図表などがある。

　しかし最近のVLCC、コンテナ船、LNG船などの大型船舶の造波抵抗を推定するのにこれらの抵抗図表を利用する機会は少なくなり、また新たな設計図表を開発する動きはない。その理由は、造船所各社が設計する船型について、それぞれ水槽試験を行って性能データベースを独自に作成し保有するようになったことがあげられる。系統模型試験が極めて高価であること、また理論的な解析技術が発達したことにもよる。推進性能の向上は商品戦略の要でもあり、推進性能の推定手法や改良技術の機密性が高まっていることも理由のひとつである。

　なお、基本設計の初期の段階で主要目を決定するには、船体抵抗の観点だけでなく推進性能、復原性、一般配置、構造強度、建造コスト、生産設備などあらゆる観点から最適な主要目が決定されることは言うまでもない。

1.4.2　理論的推定

　水槽試験を実施せずに造波抵抗を理論的に推定できれば船型設計上極めて有益である。しかし、理論にはその構築の段階で様々な仮定や近似が導入され、それに応じて理論の適用範囲が限られる。また、計算機の能力に支配される場合もある。船型と造波抵抗の関係を理論的に把握する方法として、ここでは、線形造波抵抗理論等の解析的な方法と境界積分法の応用方法について概説する。

(1)　解析的理論の応用

　船の造波抵抗に関する理論は、J.H.Michell（1898年）によって初めて研究された。流体運動をポテンシャル流れとし、船の幅は長さに比べてきわめて小さいと仮定して、船体に働く圧力抵抗から造波抵抗公式を導いた。その後、T.H.Havelockは船体を流体力学的特異点で表し、水面波の運動を含むグリーン関数を用いて船体後方に伝播する波を定式化し、単位時間あたりのエネルギーから造波抵抗公式を求めたが、その結果はMichellの式と一致しMichell-Havelockの線形造波抵抗理論が確立した。

　この理論を造船技術に役立てるべく、実際の船型に適用したのはC.WigleyやG.Weinblumであったが、この理論によって計算された造波抵抗の値は必ずしも実験結果と一致しなかった。その理由は、理論が次の仮定に基づいて実際の現象を近似していることによる。

　　●流体運動は非粘性、非回転のポテンシャル流れであるとしていること。

● 船体によって撹乱される流速が船速に比べて小さいとして撹乱速度や波高の二乗以上の量を無視していること。

これらの仮定をひとつずつ取り除いて理論の改良が図れ、これまで提案された代表的な理論を挙げると表1.2に示すとおりである。

表1.2 解析的造波抵抗理論の一覧

Linearized Theory		Non-Linear Theory		
Base Flow		Analytical Method	Numerical Method	
Uniform Flow	Non-uniform Flow		Boundary Discretization	Space Discretization
Thin Ship Theory	Low Speed Theory	Perturbation Method	Rankine Source Method	Invicid Solition
Slender Ship Theory	Ray Theory	Coordinate Mapping Method		NS Solution
Flat Ship Theory	Rankine Source Method			
Streamline Tracing Method				
Neumann-Kelvin Solution				

線形造波理論による造波抵抗係数 C_W と後続波の振幅関数 $A(\theta)$、波高 $\zeta(x,y)$ の関係は次式で表される。

$$C_W = \frac{R_W}{1/2\rho V^2 L^2} = 2\pi \int_0^{\pi/2} |A(\theta)|^2 \cos^3\theta d\theta \tag{1.16}$$

$$A(\theta) = \frac{\sec^3\theta}{2\pi F n^2} \iint \frac{\partial f(x,z)}{\partial x} \exp\{\sec^2\theta (z - ix\cos\theta)/2F_n^2\} dxdz \tag{1.17}$$

$$\zeta(x,y) = \int_{-\pi/2}^{\pi/2} A(\theta) \exp\{i\sec^2\theta (x\cos\theta + y\sin\theta)/2F_n^2\} d\theta \tag{1.18}$$

ここで、$f(x,z)$ は船体表面形状を表す関数であり、上式から分かるように線形理論では船型 $f(x,y)$ の変形量とそれによる波形の変形量とが比例関係にあるので、船型が造波抵抗に及ぼす影響を定性的に把握することができる。船の造る実際の波は本来、非線形な現象であり、単純には波の線形重ね合わせができないことが多いが、基本的な性質を掴むには線形理論が有益である。図1.10は L/B を系統的に変化させた船型群の造波抵抗を線形理論で計算した結果と実験を比較

した図である。船型が細くなるほど計算と実験は一致するようになることが分かる。船体が痩せていて比較的高速な船では、船型設計の初期の段階で異なる船型の造波抵抗の大小を判定する手法として線形造波抵抗理論を活用する事ができる。

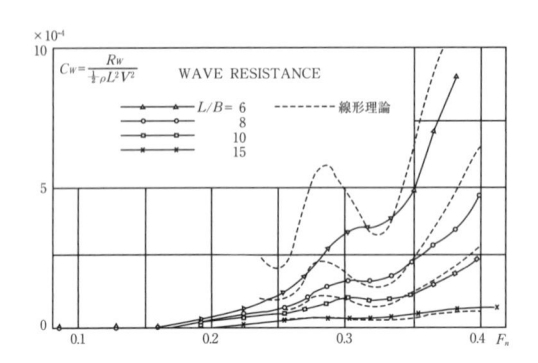

図1.10 線形理論による造波抵抗の計算と実験の比較

(2) 境界積分法の応用

　造波抵抗の線形理論は、流体を粘性のない理想流体として取り扱い、船体形状が極めて薄いこと、あるいは細長いことを前提とし、船体から発生する波の波高も小さいことと仮定している。実際の船型は線形理論の仮定に見合うほど薄くも、細長くもなく、理論が任意の船型に適用し得るには、理論モデルを見直し、船体表面や水面における境界条件をより厳密に扱うことが求められる。

　流体を非粘性ポテンシャル流れと仮定して、船体表面と水面の境界条件をより厳密に扱って境界積分法によって流体運動を数値的に解析する方法はパネル法あるいはRankine Source法と呼ばれ、任意の船型の造波抵抗をより精度よく推定することができるので有益な船型設計ツールとして利用されている。

　Rankine Source法は、船体まわりの速度ポテンシャルを次式のように船体表面と自由表面に分布したRankine Sourceで表し、これらの吹き出し密度を船体表面条件および自由表面条件を満足するように数値的に解く方法である。求めた速度ポテンシャルから船体表面の圧力分布を計算し、これを積分して造波抵抗を求める。同時に船体から発生する波のパターンも計算できる。

$$\phi(x,y,z) = -\iint_{SH} \sigma_0(x',y',z')\left(\frac{1}{r_0}+\frac{1}{r_1}\right)dS - \iint_{SF} \sigma_F(x',y')\frac{1}{r_F}dx',dy' \tag{1.19}$$

ここで、

$$r_0 = \sqrt{(x-x')^2+(y-y')^2+(z-z')^2}$$

$$r_1 = \sqrt{(x-x')^2+(y-y')^2+(z+z')^2} \tag{1.20}$$

$$r_F = \sqrt{(x-x')^2 + (y-y')^2 + z^2} \tag{1.21}$$

　積分範囲 SH は船体表面、SF は自由表面を表す。Rankine Source 法はそれまでの解析的理論では困難であった任意の船体形状、任意の喫水状態における造波抵抗を計算できるところに利点がある。計算例として船首バルブ形状を変えた肥大船型について、満載状態とバラスト状態での造波抵抗を Rankine Source 法で計算し、水槽試験結果と比較した結果を図 1.11 に示す。この方法によって船型が与えられときの造波抵抗をより精度よく推定することができるばかりでなく、船首バルブの形状がバラスト状態での造波抵抗に大きな影響をもたらすことを予測できる。

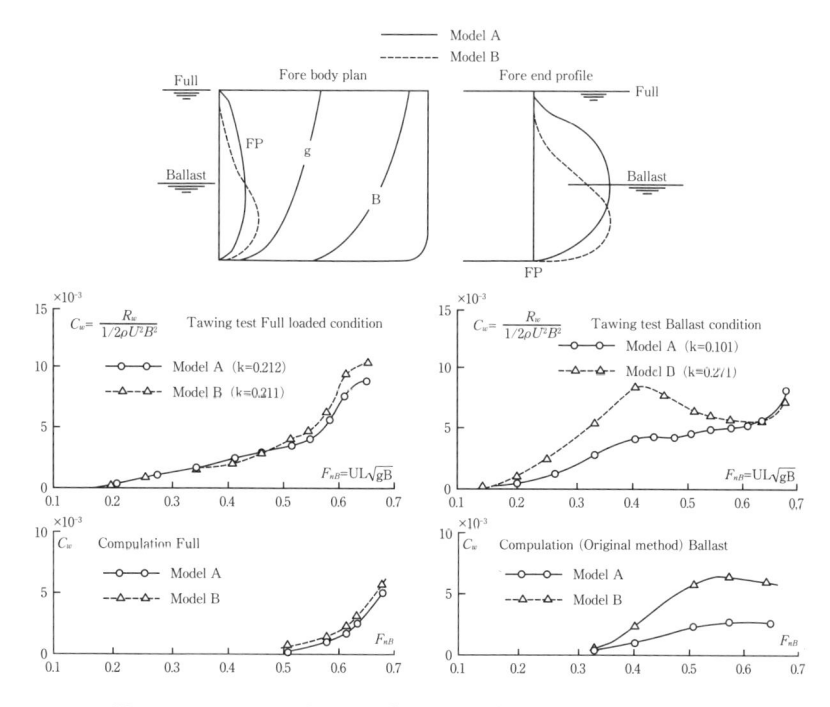

図 1.11　Rankine Source 法による造波抵抗の計算と実験の比較

1.5　粘性抵抗の推定法

　実船の粘性抵抗は相当平板の摩擦抵抗と形状影響係数を用いて次式で表される。

$$R_V = \frac{1}{2}\rho V^2 S \{C_f(1+k) + \Delta C_f\} \tag{1.22}$$

以下では、船体の粘性抵抗を構成する摩擦抵抗係数 C_f、形状影響係数 k および粗度抵抗 ΔC_f の推定法について解説する。

1.5.1 摩擦抵抗の推定

(1) 相当平板の摩擦抵抗

船体の摩擦抵抗については前著「船体抵抗と推進」に詳述されているが、船型設計においては船体の摩擦抵抗は相当平板の摩擦抵抗係数で与えられ、その実用的な推定式が提案されている。船体まわりの境界層は乱流となっているので、ここでは乱流境界層における平板の摩擦抵抗係数の代表的な推定式を表1.3に紹介する。

表1.3 相当平板の摩擦抵抗推定式

Schoenherr	$\dfrac{0.242}{\sqrt{C_f}} = \log_{10}(R_n C_f)$
	近似式：$\dfrac{0.463}{(\log_{10} R_n)^{2.6}}$
Prandtle & Schlichting	$\dfrac{0.455}{(\log_{10} R_n)^{2.58}}$
Hughes	$\dfrac{0.066}{(\log_{10} R_n - 2.03)^2}$
ITTC1957	$\dfrac{0.075}{(\log_{10} R_n - 2)^2}$

いずれの推定式もレイノルズ数の関数として表現されている。つまり、摩擦抵抗係数は船体の長さ、速力および水の動粘性係数で決まり、摩擦抵抗は浸水表面積と水の密度で既定される。すなわち、船の長さと浸水表面積以外の船体形状には無関係な推定式である。

(2) 浸水表面積の見積り

船体抵抗の絶対値を算出するには船体の浸水表面積を正しく与える必要がある。一般に排水容積を一定とした場合に船体が細長くなるほど浸水表面積は大きくなる。浸水面積を経験的に概算するためにフルードは次式を与え、船体の肥痩度と関連付けている。

$$S = \nabla^{2/3}\left(3.4 + \dfrac{L}{2\nabla^{1/3}}\right) \tag{1.23}$$

摩擦抵抗は浸水表面積に直接左右されるので精度良く見積る必要がある。設計船のタイプシップがある場合は、元の船型からの変形量から見積るのが普通である。タイプシップのない場合は設計図表を利用して浸水面積を見積ることができる。例としてTaylor図表では以下のように浸水表面積を概算できる。

浸水表面積Sを$C_s = S/(\nabla \cdot L_{WL})^{1/2}$と無次元化し、これが$\nabla/L_{WL}^3$、$C_p$および$B/d$の船型パラメータで図1.12のように図表化されているので、これからC_sを読み取り、浸水表面積を求めることができる。

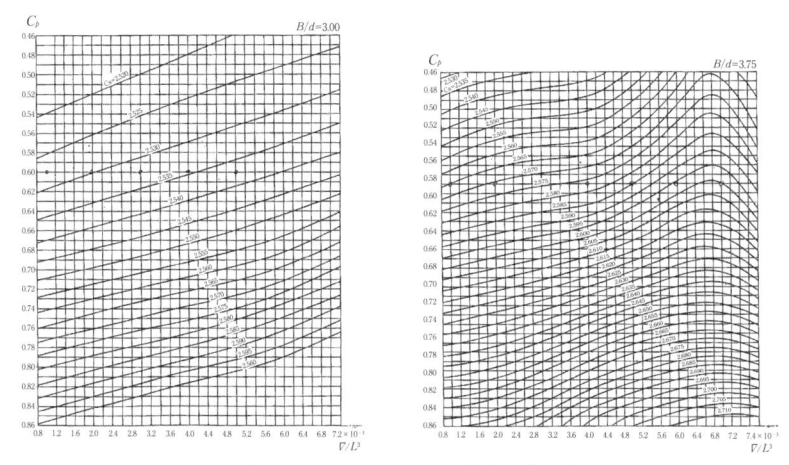

図 1.12　Taylor 図表による浸水面積係数

1.5.2　形状影響係数の推定

(1) 形状影響係数の推定式

　船型設計の初期段階で船体の主要目を与えて形状影響係数の概略を見積もることができれば都合がよい。粘性抵抗成分を推定するために、系統模型試験結果に理論的な考察を加えて船体主要目と形状影響係数との関係式を求めた研究のいくつかを表 1.4 に紹介する。表に記載する C_{F0} は形状影響係数のベースとなる摩擦抵抗式を示す。

表 1.4　形状影響係数の推定式

推定手法 C_{F0}：摩擦抵抗式	形状影響係数　(k)
笹島・田中 C_{F0}：Schoenherr	$\sqrt{\dfrac{\nabla}{L^3}}\left(2.2C_b + \dfrac{P}{C_b}\dfrac{B}{L_R}\right)$ P：r の関数として図で与えられるパラメータ $r = \dfrac{B/L}{1.3(1-C_b)-3.1l_{cb}}$
多賀野 C_{F0}：Schoenherr	$-0.125 + 0.79\dfrac{C_b}{\dfrac{L}{B}\sqrt{\dfrac{B}{d}}} + 8.48\dfrac{\bar{C}_m}{\dfrac{L}{B}\sqrt{\dfrac{B}{d}C_b}}\dfrac{B}{L_R}$
Granville C_{F0}：Schoenherr	$18.7\left(C_b\dfrac{B}{L}\right)^2$
Prohaska C_{F0}：Schoenherr	$0.11 + 0.128\dfrac{B}{d} - 0.0157\left(\dfrac{B}{d}\right)^2 - 3.10\dfrac{C_b}{L/B} + 28.8\left(\dfrac{C_b}{L/B}\right)^2$
Gross・Watanabe C_{F0}：ITTC1957	$0.017 + 20\dfrac{C_b}{(L/B)^2\sqrt{B/d}}$
SSPA C_{F0}：Hughes	$0.355 - 8.58\dfrac{C_b}{L/B\sqrt{B/d}} + 126.8\left(\dfrac{C_b}{L/B\sqrt{B/d}}\right)^2$

(2) 形状影響係数と船型

表1.4に示すそれぞれの推定式は船体主要目が形状影響係数にどのように影響するか直感的に把握するうえでも便利である。これらの推定式から形状影響係数と船型との関係を傾向として掴むと次のようである。

C_b あるいは ∇/L^3 が大きいほど k は大きくなる。とくに run の長さ L_R が小さくなると、同様に lcb が後方になるほど k が大きくなる。B/L_R は船尾水線の平均的な傾斜を表し、これが大きくなれば粘性圧力抵抗が大きくなることが想像できる。

形状影響係数はおもに船尾の粘性圧力抵抗に基いている。粘性圧力抵抗は船尾の境界層の発達や渦の生成によって大きくなるので、船体後半部の主要目のみならずフレームライン形状によっても左右される。船尾の横切面積曲線が同じでもフレームラインに沿ういわゆる二次流れの小さい船型（例えばバトックフロー船型）では、粘性圧力抵抗、したがって形状影響係数が小さくなる。一方、プロペラでの伴流分布を改善するために採用される船尾バルブは形状影響係数を大きくする傾向がある。

1.5.3 粗度抵抗の推定

有効出力の要因のひとつである ΔC_f は船体表面の粗度抵抗によるものである。就航後、船体外板の汚損により粗度抵抗が増加するので粗度に基づく抵抗を評価することが重要である。本節では実船の試運転解析による ΔC_f の推定方法を紹介するとともに、設計の立場から粗面形状に対する粗度抵抗の計算方法を紹介する。

(1) 試運転解析から ΔC_f を求める方法

建造した船の試運転結果とその模型船の水槽試験結果を用いて、次の手順で ΔC_f を求めることができる。併せてプロペラの伴流率も解析できる。

1) 船速 V、プロペラ回転数 N、軸馬力 SHP を潮流と風の修正を施した試運転解析より求める。
2) $DHP = SHP \cdot \eta_T$ より DHP を計算する（η_T：伝達効率）。
3) $K_Q = \dfrac{75 DHP}{2\pi \rho N^3 D^5}$ よりトルク係数を計算する。
4) 前進率 J、推力係数 K_T を実船プロペラの単独性能曲線より求める。
5) $w_{TS} = 1 - \dfrac{JND}{V}$ より実船の伴流率を計算する。
6) $ei = (1 - w_{TM})/(1 - w_{TS})$ より伴流係数の尺度影響を計算する。w_{TM}、w_{TS} はそれぞれ模型、実船の伴流率を表す。
7) $T = K_T \rho N^2 d^4$ より実船の推力を計算する。
8) $R_S = T(1-t) - Rair$ より実船の抵抗を計算する（$Rair$ は風圧抵抗）。
9) $C_{TS} = \dfrac{R_S}{1/2 \rho V^2 S}$ より実船の抵抗係数を計算し、
10) $\Delta C_f = C_{TS} - (1+k) C_{FS} - C_W$ より ΔC_f を求める。

1.5 粘性抵抗の推定法

以上により求めた伴流係数の尺度影響 ei と ΔC_f を模型－実船の相関係数と呼ぶ。多種の船型の試運転解析から ΔC_f を算出した結果を図1.13に示す。船の長さと速力からレイノルズ数 Rn ベースにプロットされているが概ね $\Delta C_f=0.2\sim0.4$ に集中している。

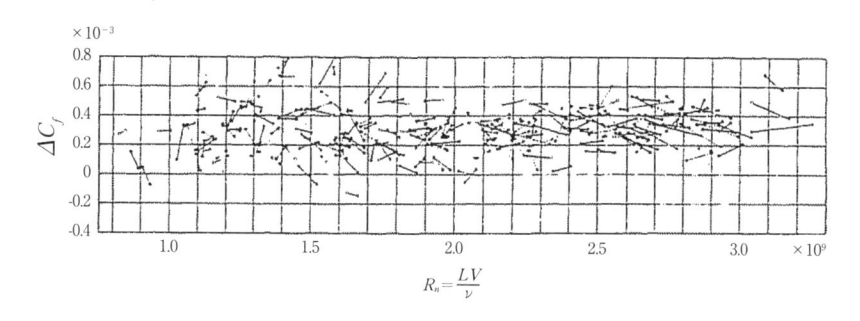

図 1.13 試運転解析による△CF の解析結果

(2) 粗面の形状と粗度抵抗

粗度による境界層内の速度欠損と局部摩擦応力の関係から粗度抵抗を推定することができる。その考え方に基づいて船体表面の性状と粗度抵抗との関係を調査した結果を紹介する。

就航船の粗度抵抗となる要因は主にペイント粗度である。また、外板の出っ張った溶接ビードも粗度抵抗の要因の一つであり、これらの抵抗を求める実用的な計算法を以下に示す。

(a) ペイント粗度による抵抗

ペイントによる粗面を持つ平板の水槽試験を行って粗度抵抗の計測結果を整理し、ペイント粗度による ΔC_f の実用的な推定式として次式が利用できる。

$$\frac{\Delta C_f}{C_{F0}}=0.021\alpha R_n^{7/8}\frac{k_{MAA}}{L_S} \qquad (1.23)$$

ΔC_f：ペイント粗度による抵抗増加
C_{F0}：Schoenherr の摩擦抵抗係数

$$\alpha = 0.018\sqrt{\frac{\lambda}{k_{MAA}}}$$

L_S：船長

$$R_n = \frac{UL_S}{\nu}$$

k_{MAA}：粗度高さ
λ：粗度波長

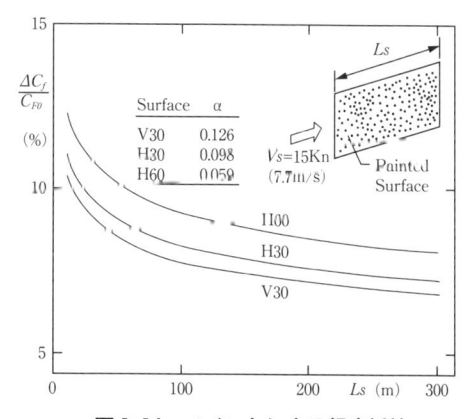

図 1.14 ペイントによる粗度抵抗

この算式によって、ペイントによる粗度が平板の摩擦抵抗の増加量に及ぼす影響を推定した結果を図1.14に示す。

(b) 溶接ビードによる抵抗増加

溶接ビードを模擬した粗面形状を製作して水槽試験を行って粗度抵抗の計測結果を整理し、船長

方向に直角な方向の溶接ビード（バット）の単位長さ当たりの抵抗 $\Delta R/L_W$ の推定式として次式が利用できる。

$$\frac{\Delta R}{L_W} = \frac{1}{2}\rho V^2 h C'_{DW}\left(\frac{u_h}{V}\right)^2 \quad (1.24)$$

$$C'_{DW} = 0.33 + 0.45\frac{h}{b}$$

h：ビードの高さ　　b：ビードの幅

$$\frac{u_h}{V} = \frac{u^*}{V}\left\{5.6\log\left(\frac{Uh}{\nu}\frac{u^*}{V}\right) + 4.9\right\} \quad (1.25)$$

$$\frac{u^*}{V} = \sqrt{\frac{C_{F0}}{2}}$$

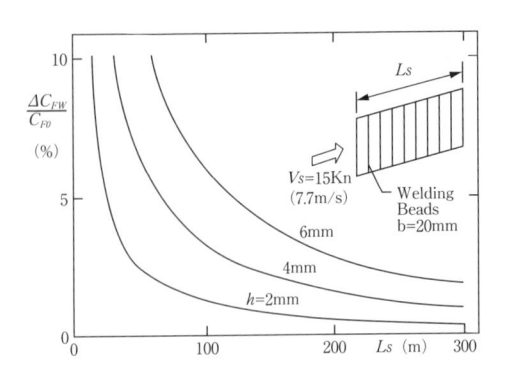

図 1.15　溶接ビードによる粗度抵抗

C_{F0}：Schoenherr の摩擦抵抗係数

この算式によって平板上に置かれたビード（バット）の高さが摩擦抵抗の増加量に及ぼす影響を推定した結果を図 1.15 に示す。

1.6 数値流体解析（CFD）の利用

船の推進性能を推定する方法として CFD の発展はめざましく、本節では船型設計に CFD を活用する観点から、その現状を紹介する。粘性流体の基礎方程式である Navier-Stokes 方程式においてレイノルズ数が大きいと仮定した境界層方程式を解いて船体まわりの粘性流を推定する方法が 1980 年代まで活発に研究された。その後、コンピュータの発達と解析ソフトの開発によってレイノルズ平均の Navier-Stokes 方程式（Reynolds Averaged Navier-Stokes Equation：略称 N-S 方程式）を数値的に解く CFD を利用して船体まわりの流れと抵抗や、さらには船体とプロペラとの干渉影響も考慮して自航要素などを推定するのことができるようになった。以下では現在、船型設計で利用されている CFD についてその概要を紹介する。

1.6.1 CFD コードの概要

CFD 手法の基本的な原理は流体領域を細かい格子に分割し、各分割領域において基本方程式を差分式に置き換え、隣接する領域との間で主要な物理量の連続性を保ちながら速度成分等の物理量を求めてゆくものである。差分の持つ誤差の範囲内で基本方程式に忠実に解を求めて行くものであるので、船体周りの流れを記述することができ、ビルジ渦が存在するような船尾流れについても相当正確な解が得られる。

一般的に非圧縮性 N-S 方程式を解くときの困難は、連続の式を満たすように圧力を決めなければならないことにあると云われている。これに反し圧縮性 N-S 方程式の場合は、すべての未知変数が時間発展形になるため、初期条件、境界条件を与えれば順次解が求まっていく。そこで、非圧縮性の場合にも擬似的な圧縮性を導入して、すべての未知変数を時間発展的に求める方

法がある。

　差分の手法には幾つかあるが、コントロールヴォリュームで体積分して有限体積法で離散化し、時間差分にEulerの陰的解法を用いて解を求める手法を用いる。時間的増分が微小となるまで計算を繰り返し、これを定常解とする。
N-S方程式の系を未知数の数と方程式の数を合わすために幾つかの補助方程式と流れのモデルを必要にあわせて導入している。CFDコードの基本的な解法の一例を表1.5に示す。

表1.5　CFDコードの解法例

支配方程式	疑似圧縮性を用いた3次元非圧縮性RANS
空間離散化	有限体積法
セル形状	六面体
変数配置	セル中心
非粘性Flux	風上差分
粘性Flux	2次中心差分
時間積分	Eulerの陰解法
連立方程式解法	近似因数分解IAF法
乱流モデル	Baldwin-Lomax 0方程式

　CFDでは、船体抵抗を圧力抵抗と摩擦抵抗に分離して計算することになり、圧力抵抗は造波抵抗と粘性圧力抵抗を合わせた抵抗となる。摩擦抵抗は船体表面上の摩擦応力の進行方向成分を船体表面にわたって積分して得られる。解析の条件として水面の変動を考慮しないで、水面を固定平面とする二重模型近似で解析すると、造波抵抗はなく圧力抵抗のすべてが粘性圧力抵抗となる。この粘性圧力抵抗を相当平板の摩擦抵抗で割ると、形状影響係数に相当する量が算出できる。

　プロペラの作用については、擬似圧縮性を導入したN-S方程式にプロペラの外力項を付加することによってモデル化することができる。プロペラ理論のさまざまな方法に対応して多様なモデルが採用される。簡単なものとしてプロペラを無限翼数近似とし、プロペラの推力に比例する束縛渦の循環による流場計算を行う方法がある。他の手法も基本的な考え方は同じであるが、プロペラを揚力線また揚力面としてモデル化する手法もある。計算においては船体抵抗とプロペラ推力が釣り合う回転数とし自航状態をシミュレーションすることができる。この際、船体船尾流場およびプロペラ流入速度に変化が無くなるまで繰り返し計算を行い、定常状態の計算結果を得る。定常状態における船体圧力分布およびプロペラ面における流速分布により、船尾の圧力抵抗増加、プロペラ流入平均速度を計算し自航要素を推定する。プロペラの理論モデルとして伴流の不均一による非線形項を取り入れることによりプロペラ効率比についても扱うことができる。

　次に、現在、船型設計のツールとして利用されている代表的なCFD計算コードの概要を以下に紹介する。これらのCFDコードは船体抵抗のみならずプロペラが作動してときの流れや操縦運動時の流体力を計算することも可能となっている。

コード名	NEPTUNE
開発機関	海上技術安全研究所
計算格子	構造格子
計算スキーム	有限体積法、擬似圧縮法、マルチグリッド、界面追跡型および界面捕獲型の自由表面モデル
乱流モデル	ゼロ方程式モデル（Baldwin-Lomax、その改良版） 1方程式モデル（Spalart-Allmaras、その改良版）
計算対象	二重模型船まわりの粘性流 自由表面流れ 抵抗および自航、斜航、定常旋回、姿勢変化 船型は1軸船、舵付き

コード名	SURF
開発機関	海上技術安全研究所
計算格子	非構造格子
計算スキーム	有限体積法、擬似圧縮法、マルチグリッド、界面捕獲型の自由表面モデル
乱流モデル	1方程式モデル（Spalart-Allmaras、その改良版） 2方程式モデル（k-omega BSL および k-omega SST）
計算対象	二重模型および自由表面計算 抵抗および自航、斜航、定常旋回、姿勢変化 船型は1軸船、2軸船、付加物付き、舵付き

コード名	FLUENT
開発機関	ANSYS（米国）
計算格子	非構造格子
計算スキーム	有限体積法、圧力ベース解法、界面捕獲型の自由表面モデル
乱流モデル	多数
計算対象	非圧縮性流れ、圧縮性流れ プロペラまわりの流れ

コード名	SHIPFLOW
開発機関	FlowTech、スウェーデン
計算格子	パネル法、 構造格子のマルチブロック重合格子
計算スキーム	パネル法による自由表面ポテンシャル流れ解法 有限体積法によるRANSソルバー
乱流モデル	2方程式 k-omega SST、代数ストレスモデル
計算対象	抵抗状態の流れ 自航状態の流れ

1.6.2 船体抵抗の推定

(1) 圧力抵抗

圧力抵抗は（1.26）式で与えられるように船体の表面に働く法線力（圧力：p）の進行方向成分を船体表面で積分して得られる。この抵抗は船首部圧力と船尾部圧力の差で求められ、それは造波抵抗R_Wと粘性圧力抵抗R_{VP}の和となる。

$$R_P = R_W + R_{VP} = \iint_{SH} p(x,y,z) n_x ds \tag{1.26}$$

ここでSHは自由表面の波面までの船体浸水表面を表し、n_xは船体表面の法線ベクトルの進行方向成分である。自由表面を考えない二重模型の船体表面で積分すると造波抵抗は計算されず粘性圧力抵抗のみを与え、船体形状が粘性圧力抵抗に及ぼす影響を検討するのに役立つほか、相当平板の摩擦抵抗に対する形状影響の評価に有用な情報を与える。計算例としてSeries60($Cb=0.6$)船型の二重模型を対象として船体表面上の圧力分布を図1.16に示す。

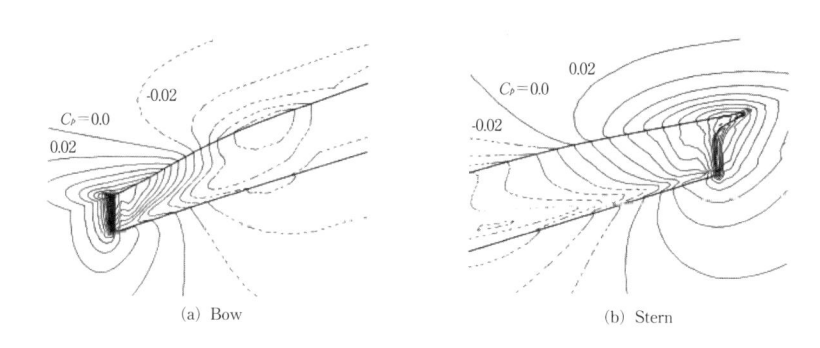

(a) Bow (b) Stern

図1.16 CFDによる圧力分布

(2) 摩擦抵抗

摩擦抵抗は（1.27）式により船体の表面に働く接線力（摩擦応力：σ）の進行方向成分を船体表面で積分して得られる。二重模型の船体表面で積分して摩擦抵抗を求めれば、これを相当平板の摩擦抵抗と比較することにより3次元形状による影響を与えることになる。

$$R_F = \iint_{SH} \sigma(x,y,z) s_x ds \tag{1.27}$$

ここでs_xは摩擦応力の単位ベクトルの進行方向成分である。

図1.17はタンカー船型の後半部における圧力分布（等高線）のうえに摩擦応力（→）を載せて図示した計算結果である。摩擦応力は船尾に向かうほど小さくなることが示されている。また、摩擦応力のベクトルは船体表面上の限界流線の方向を示している。

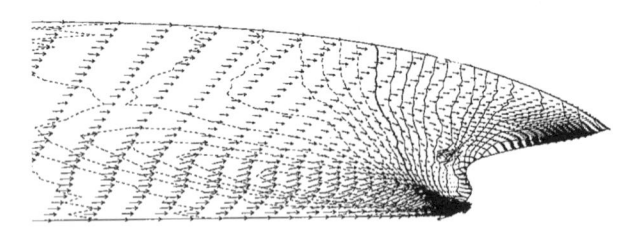

図 1.17 CFD による船体表面上の摩擦応力

(3) 形状影響係数

CFD で計算される二重模型の粘性抵抗は $R_{VP}+R_F$ として求まり、これと相当平板の摩擦抵抗 R_{F0} との比が (1.28) 式で与えるように $1+k$ であり、形状影響係数の評価に有益な情報を与える。

$$1+k=\frac{R_F+R_{VP}}{R_{F0}}=1+k_F+k_P \tag{1.28}$$

ここで k_F は形状影響係数の摩擦抵抗の増加に起因する成分、k_P は圧力抵抗に起因する成分であり k_P は k_F より大きく k の主成分となる。図 1.18 は多種の模型船について CFD によって計算された $1+k$ と水槽試験結果との比較である。この場合には CFD 計算はほぼ 2% 以内の精度で $1+k$ を推定が可能であり、CFD 技術の発展とともに計算精度は向上している。

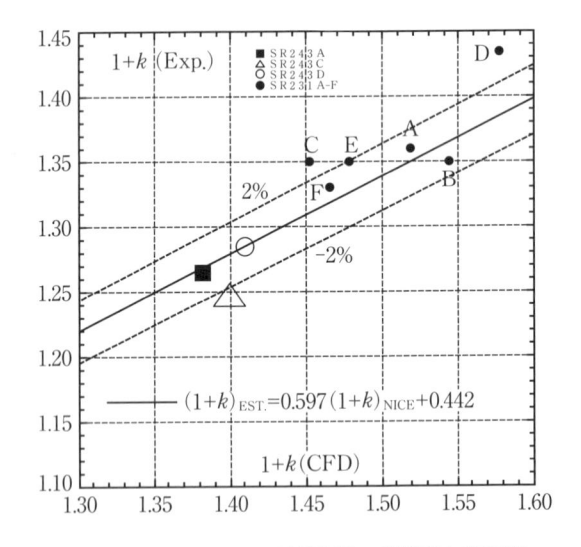

図 1.18 CFD による形状係数の計算値と実測値

1.6.3 船型最適化問題への適用

船型改良の手法としては、模型試験や数値計算の結果を吟味し経験的知見を加味して船体形状を変化させ、その結果を再び実験あるいは数値計算で検討するのが通常の手段である。とくに船尾形状の改良では、船尾流場、粘性抵抗、船殻効率、プロペラへの流入速度分布等を吟味して目

1.6 数値流体解析（CFD）の利用

的の性能が得られるよう船尾の形状を改良してゆくことになる。こうした設計情報は水槽実験、理論計算、CFD 手法等により得ることが可能である

母船型が与えられたとき、その母船型をあるアルゴリズムに従って変形して最適船型を求める手法がある。問題が非線形である場合には非線形最適化手法を適用し、目的関数を CFD により計算できる場合には CFD を導入することができる。

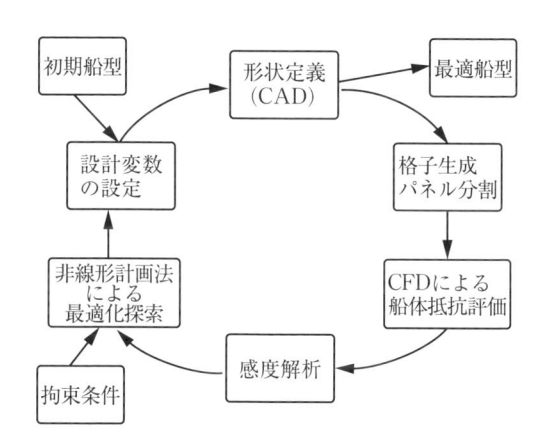

図 1.19 最小抵抗船型の計算手順図

船体形状の最適化の問題は一般に非線形であり、その解を求めるのに実験的手法、理論計算的手法、CFD 手法のいずれかを利用する必要がある。実験的手法は母船型を変化させる毎に実験をしなければならい点で実用的ではない。理論的手法、また CFD 手法がある程度自動的に実施できる環境がある場合には、非線形計画法により最適船型を計算することができる。設計者の経験に基づく手動最適化と異なり、船型変更関数および拘束条件が決まれば、非線形計画法の手法により自動的に最適船型が求まることになる。図 1.19 は非線形計画法により最少抵抗船型を探索するルーチンを示している。次にこの非線形計画法の手法とその試算結果を紹介する。

(1) 船体抵抗最小船型の計算

船体形状に関する拘束条件の下に、CFD 計算により求めた船体抵抗値が減少する方向へ船体形状を変化し、船体形状が一定となるまで繰り返す。船体形状の変更は初期形状（母船型：y_0）に重み関数 $B(x,z)$ をかけて（1.29）式で表現する。

$$y(x,z) = y_0(x,z) B(x,z) \tag{1.29}$$

重み関数としてある特定の関数を選択し、重み関数内のパラメータを設計変数とし、船体抵抗を目的関数として非線形最適化計算を行う。その際、非線形最適化手法には、SQP 法（Sequential Quadratic Programming method）を用いる。

母船型としてタンカー船型の船体後半部を取り上げ、排水量一定の条件で粘性抵抗が最小となる船型を探索する。計算の過程で得られる粘性抵抗の履歴を図 1.20 に示し、最終船型と母船型の

body plan を比較して図 1.21 に示す。計算の結果、改良船型は初期船型に比べて V 型となり、ビルジ渦による抵抗を減ずる方向に変更されている。また、摩擦抵抗に比べて粘性圧力抵抗の低減が顕著では形状影響係数の低減は主に粘性圧力抵抗の減少によってもたらされていることが分かる。

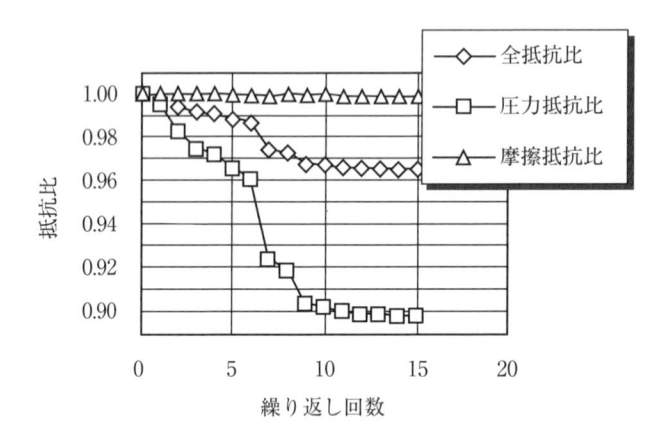

図 1.20　粘性抵抗の減少履歴

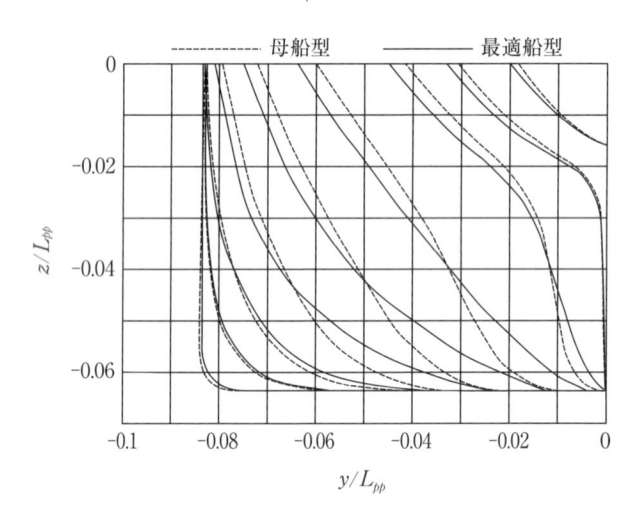

図 1.21　母船型と最適船型の船尾形状の比較

(2) 船尾形状最適設計への応用

　船尾形状の開発においては粘性圧力抵抗、プロペラへの伴流分布、船体とプロペラ、舵の相互干渉の問題を明らかにする必要がある。実用の CFD コードはこれらに対応することが可能であり、図 1.22 に示すように CFD を利用した船尾形状開発システムの構築が行われている。船尾流場の CFD 計算手法では、船体とプロペラとの相互作用を考慮した計算により自航性能の推定が可能である。同時に船体表面上での摩擦応力、圧力分布および船尾流場の情報が得られる。

1.6 数値流体解析（CFD）の利用

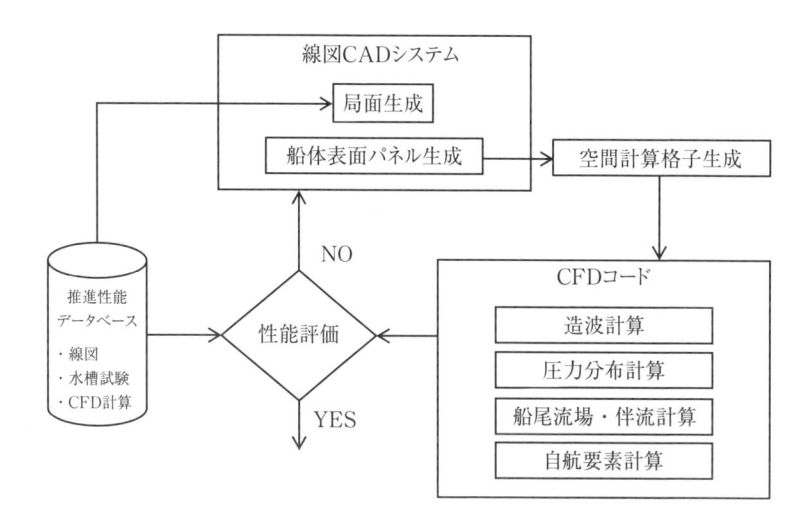

図1.22　船尾形状開発システム

粘性計算で得られる流線はポテンシャル流線と異なり船体表面での流速は零となるので限界流線による流れの様子を把握することができる。またプロペラの無い場合にはプロペラが置かれる面内の速度場からプロペラに流入する伴流分布を求めることができる。

プロペラの作用を考慮する場合には船体との相互干渉の計算が可能なので有効伴流係数を求めることができる。このように船体、プロペラ、舵を含めてCFD計算を行うときの格子生成の例を図1.23に示す。

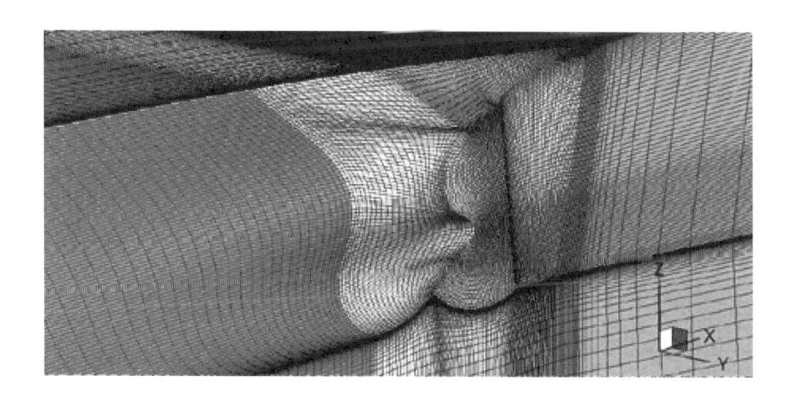

図1.23　船尾離散化セル

1.6.4　その他の応用

(1) 複雑な船型の流場計算

船体の付加物まわりの流れや船体にプロペラと舵を装備した場合の流れの解析など、複雑な形状やそれらを組み合わせた推進システムの流場解析にCFDを応用することが可能である。複数のプロペラを装備した多軸船尾形状のひとつにスケグを採用してプロペラを装備し推進性能の向上を図る場合がある。こうした複雑形状の流れ解析と性能の評価にCFDが活用される。

例として、図 1.24 は非構造格子の CFD コードを用いてスケグ付き船尾のプロペラ位置での流場解析の結果が示されている。上段は渦粘性係数の分布図で右が模型、左が実船スケールのパターンである。下段の左は伴流分布、右は速度ベクトルでそれぞれ模型と実船の比較を示していて、これらの計算情報はスケグ形状や取り付け位置の検討に役立つ。

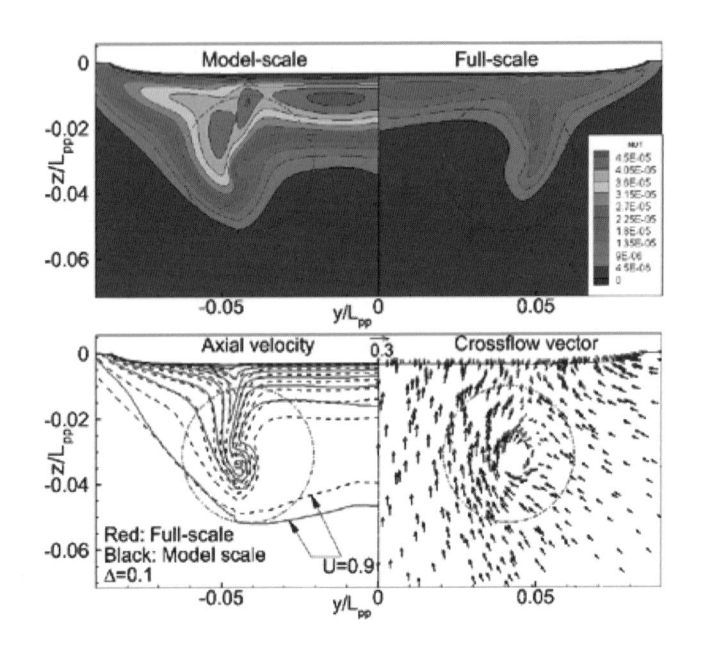

図 1.24 Twin Skeg まわりの流場計算

(2) 実船の抵抗推定

CFD に期待される可能性のひとつは、水槽試験では実現できないフルード数とレイノルズ数を同時に実船の値に合わせ、かつ自航状態で船体まわりの流れと流体力を計算することである。計算機能力の向上もあって、その第一歩として実船相当のレイノルズ数における粘性流場と粘性抵抗の計算が試みられるようになった。

例として、図 1.25 はタンカー船型を対象に種々の乱流モデルを用いて模型スケールから実船スケールまでレイノルズ数を増加させて粘性抵抗を計算した結果を示している。実線は相当平板の摩擦抵抗係数、破線はそれに $(1+k)$ を乗じて推定した粘性抵抗係数である。CFD 計算では乱流モデルを 3 種類変えて平板の場合と船体の場合で粘性抵抗を推定している。粘性抵抗の尺度影響に対する新たな知見や合理的な外挿法の探求にこうした CFD 計算が活用されつつあり、同時に乱流モデルの検討など CFD 解析技術が向上している。

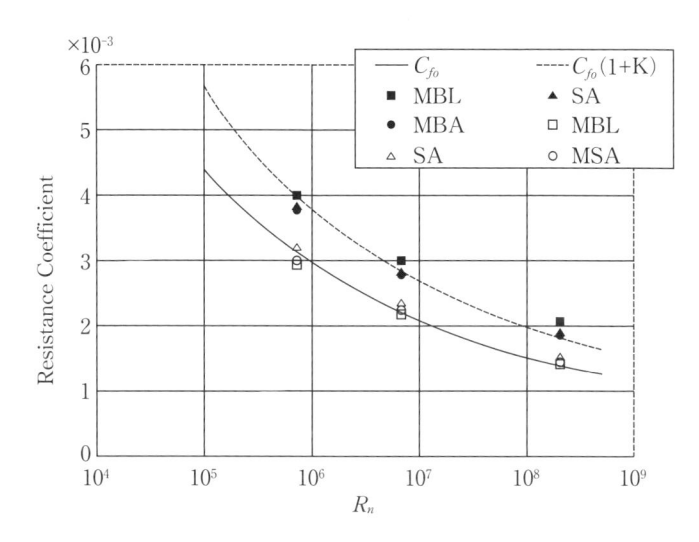

図 1.25　実船レイノルズ数による粘性抵抗の計算

1.7　船型の最適化手法

1.7.1　船型可分原理

一般に船体は図 1.26 に示すように船体前部（entrance）、中央平行部（parallel part）および船体後部（run）で構成される。高速の痩せ型船型では中央平行部がないものが多い。肥大船型を対象とした場合、推進性能上、良好に設計された entrance を持つ肥大船型は parallel part より後方からの造波現象は認められず、造波抵抗は主として entrance 形状のみによって支配される。一方、自航要素は主として run の形状で支配され、entrance 形状の影響をほとんど受けないとして差支えない。run の形状が肥大化すると船尾流れの乱れが大きくなり、自航要素が不安定な様相を呈するので、run 形状の肥大化には船尾流れと自航要素が不安定を起こさせない限界が存在する。これらの性質を総じて船型可分原理と呼ばれる。

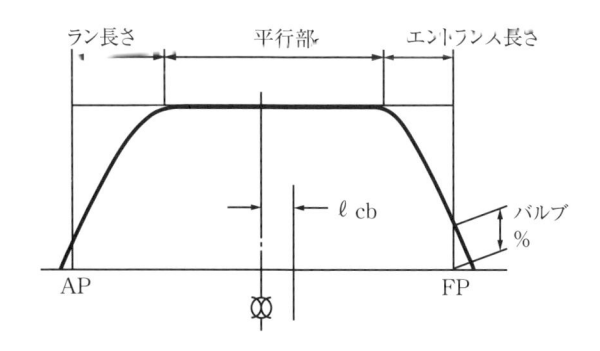

図 1.26　横切面積曲線の区分

(1) 造波抵抗と船首形状

水槽試験で得られた造波抵抗を船幅 B を用いて無次元化し次式で定義されるフルード数 F_{nB} と造波抵抗係数 C_{WB} で表す。

$$F_{nB} = \frac{V}{\sqrt{gB}} \tag{1.30}$$

$$C_{WB} = \frac{R_W}{1/2 \rho V^2 B^2} \tag{1.31}$$

entrance と run が同一形状で parallel part の長さが異なる3隻の船型の造波抵抗係数 C_{WB} を図 1.27 に示す。また、entrance と parallel part が同一で run 形状が異なる3隻の C_{WB} を図 1.28 に示す。これらの結果から3隻の異なる船型の C_{WB} は低速域でよく一致し、船体後半部は造波抵抗係数 C_{WB} に影響を与えていないことを示している。

このような肥大船型では、低速域での造波抵抗は船体前半部形状で決まることが分かる。高速になると船尾からの波の影響が現れ始め、さらに高速では船首からの波が船尾の波と干渉し、造波抵抗曲線にハンプとホローが現れはじめて船型可分原理が適用できなくなる。

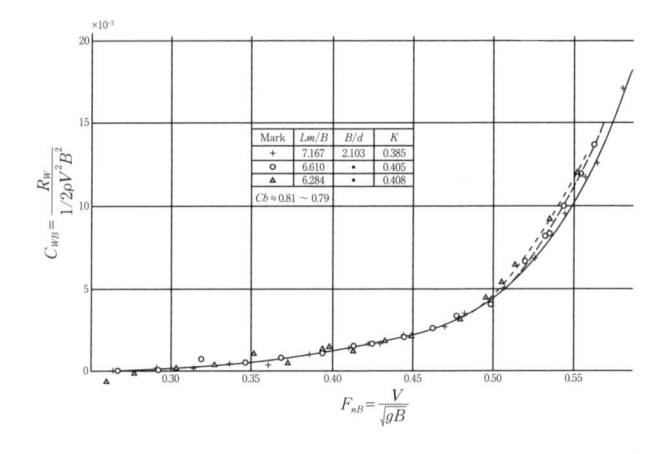

図 1.27 同一 entrance と同一 run を持ち並行部が異なるシリーズの造波抵抗係数

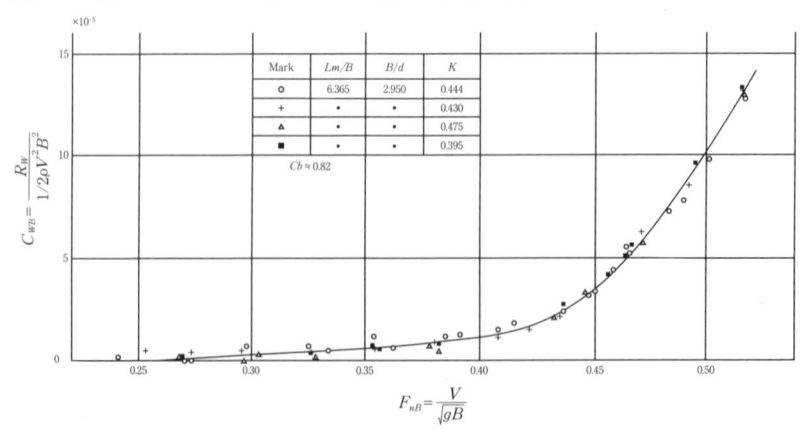

図 1.28 同一 entrance と異なる run を持つシリーズの造波抵抗係数

(2) 自航要素と船尾形状

通常、プロペラは船尾の伴流中で作動し、推進効率はプロペラ単独の効率に船体とプロペラの干渉による影響を掛け合わせたかたちで表される。同一の run と entrance 形状を有し、異なる parallel part 長さを持つ 3 隻の肥大船型の自航試験から、自航要素を比較すると図 1.29 のようになる。すなわち、run 形状が同一ならば自航要素も変わりなく、自航要素には run の形状が大きな影響を及ぼすことが分かる。

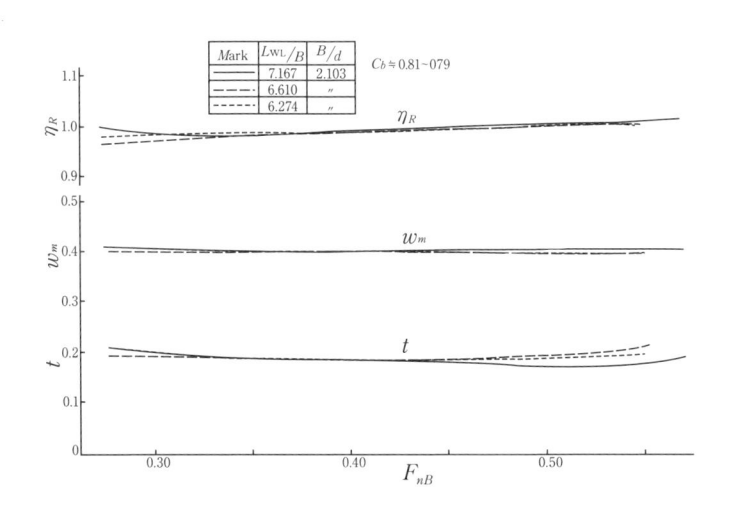

図 1.29　同一 entrance と同一 run を持ち並行部が異なるシリーズの自航要素

中低速船においては、船型可分原理に基づいて、船体前半部の船型開発は造波抵抗を低減することを主眼とし、船体後半部は粘性抵抗あるいは形状影響係数の低減と自航要素の向上を主眼として開発が進められることが多い。

本書では、船体主要目の選定方法についていくつかの方法を紹介するとともに、低速肥大船を対象として造波抵抗の増大を抑えるの観点から船体前半部の船型設計手法を解説し、形状影響係数低減と自航要素向上の観点から船体後半部の船型設計手法について解説する。

1.7.2　肥大船の主要目の選定方法

船の排水量、喫水および速力を一定として船体抵抗をある基準以下とする条件を課したとき、主機の燃費から見た運航採算上、L/B と Cb に対する限界値を与えることができる。このことを検討するために船体の部位が受け持つ推進性能の特性を船型可分原理に基づいて評価することができる。船体を船首部（entrance）、船尾部（run）および中央部（parallel part）に分け船体抵抗を次式のように表す。

$$R_t = \frac{1}{2}\rho V^2 B^2 \{C_{WB} + (1+k)C_f S/B^2\} \tag{1.32}$$

ここで造波抵抗係数 C_{WB} は

$$r_E = \frac{B/L}{1.3(1-C_B) - 0.031 l_{cb}} \tag{1.33}$$

で定義される entrance 係数で整理され、例えば図 1.30 のような図表で与えることができる。これにより造波抵抗係数をある基準値より大きくしない entrance の主要目が与えられる。建造されている船の主要目を整理して entrance 係数の実績を見ると図 1.31 のようになり、これを経験的な標準値とみなすことができる。

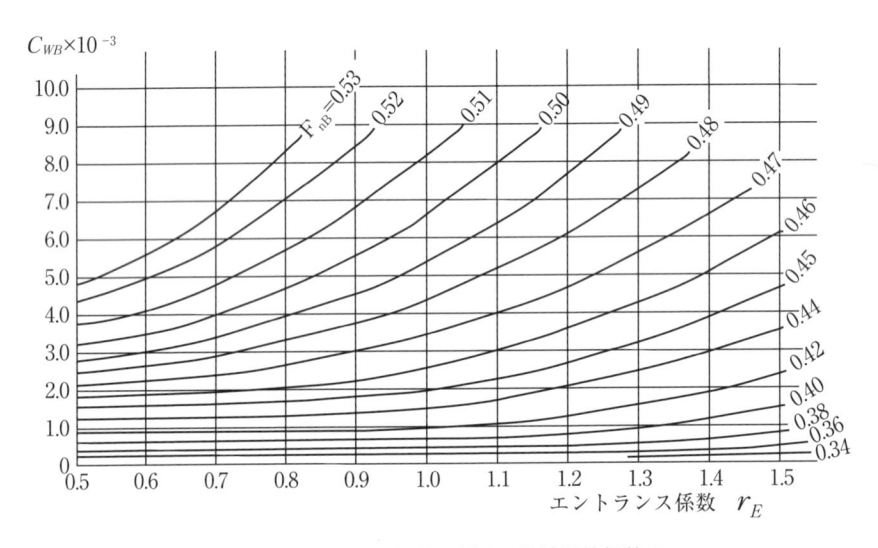

図 1.30　entrance 係数に対する造波抵抗係数 C_{WB}

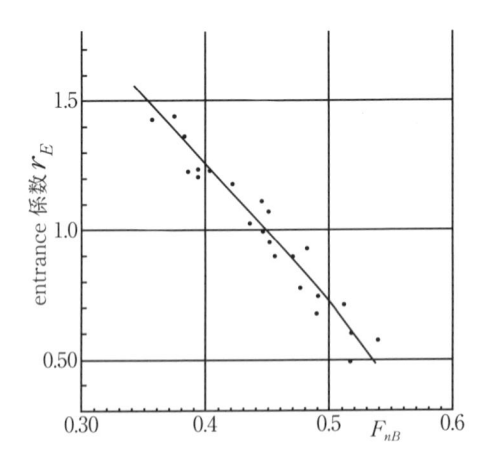

図 1.31　entrance 係数の標準値

一方、妥当な形状影響係数ならびに自航要素を確保するために、run の肥大度を表す run 係数を

$$r_A = \frac{B/L}{1.3(1-C_B) - 0.031 l_{cb}} \tag{1.34}$$

と定義し、これをある基準に抑える必要がある。図 1.32 に建造船の run 係数の実績から見た標準値を示す。こうした検討によりあるフルード数と L/B に対して Cb の限界値を与えることができ、図 1.33 にその解析例を示す。

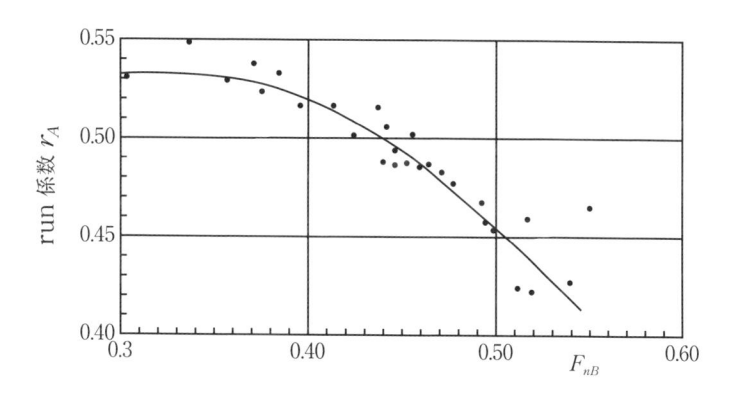

図 1.32 run 係数の標準値

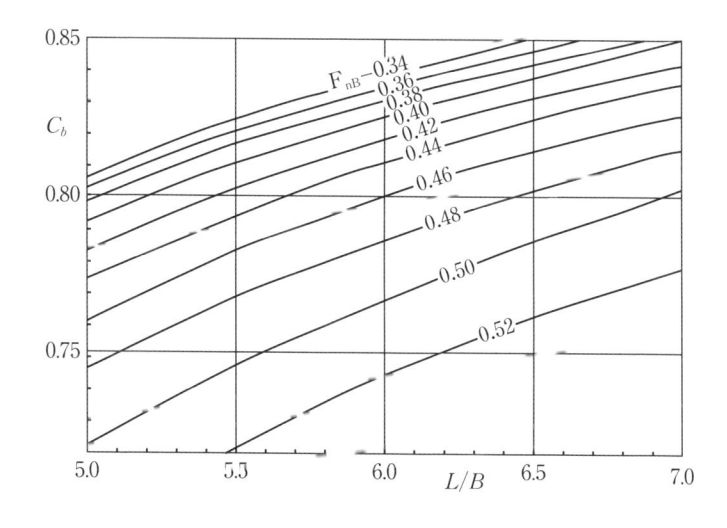

図 1.33 L/B に対する C_b の限界値

1.7.3 抵抗図表の利用

(1) 最小抵抗主要目の解析手順

系統模型船による抵抗図表を用いて最小抵抗の船型の主要目を求める事ができる。例えば、Taylor 図表を利用して、船の排水量 Δ、喫水 d および速力 V が与えられた場合に船体抵抗が最小となる主要目をは次の手順で求められる。

1) 船長 L と柱形係数 C_p について検討する範囲を決める。
2) 与えた L と V に対してフルード数 F_n とレイノルズ数 R_n を計算する。
3) 与えた L と C_p に対し排水量長比 ∇/L^3、$A_M=\nabla/(C_pL)$ より中央断面積を計算する。さらに、$B=A_M/(C_Md)$ より幅 B を計算する。
4) C_p、B/d、$\nabla/L^{1/2}$、∇/L^3 より抵抗図表から剰余抵抗係数 C_r を読み取る。
5) レイノルズ数 R_n より Shoenherr の摩擦抵抗係数 C_f を計算し、$C_t=C_r+C_f$ より全抵抗係数 C_t を計算する。
6) 浸水表面積図表から C_p、∇/L^3 を与えて図1.12より浸水表面積係数 C_s を読み取り、$S=C_s(\nabla L)^{1/2}$ より浸水表面積 S を求める。
7) $R_t=1/2\rho SV^2C_t$ より全抵抗を求める。これを、与えた L と C_P の範囲で繰り返し算定し、最小抵抗となる L と C_P の組み合わせを見つけて3)により主要寸法を求める。

(2) 計算事例

以上の手順に従って、大型高速船の主要目を試算してみる。速力と排水量、中央断面積係数、幅喫水比を表1.6のように与える事とする。

表1.6 設計条件

速力	27.0ノット
排水量	28,000トン
中央断面積係数 C_M	0.85
幅喫水比 B/d	3.75
粗度修正 ΔC_f	0.4×10^{-3}

前記の手順に沿って L_{WL}=150～300 m、C_P=0.48～0.60 の範囲で剰余抵抗と摩擦抵抗ならびに浸水表面積を算出し、最小抵抗となる船体主要目を求めると表1.7の結果を得る。

表1.7 最小抵抗の船体主要目

L_{WL} (m)	260
B (m)	29.86
d (m)	7.96
∇ (m^3)	27,317
L_{WL}/B	8.707
C_p	0.52
S (m^2)	6,775
F_n	0.275
Re	3.039×10^9
C_r	0.550×10^{-3}
C_f	1.335×10^{-3}
C_t	2.285×10^{-3}
EHP (kW)	21,275

以上のように Taylor 図表を用いて、ある特定の排水量、喫水、速力を与えて L/B と C_B の組み合わせを種々変更したときの有効馬力を算出する図表を作ることができる。図 1.34 は例として排水容積 41,600 m³、喫水 10 m、速力 30 ノットのコンテナ船を対象としたときの L/B と C_B に対する等 EHP 曲線である。こうした図表は設計の初期段階で船体主要目と有効馬力の関係を検討するうえで有用である。

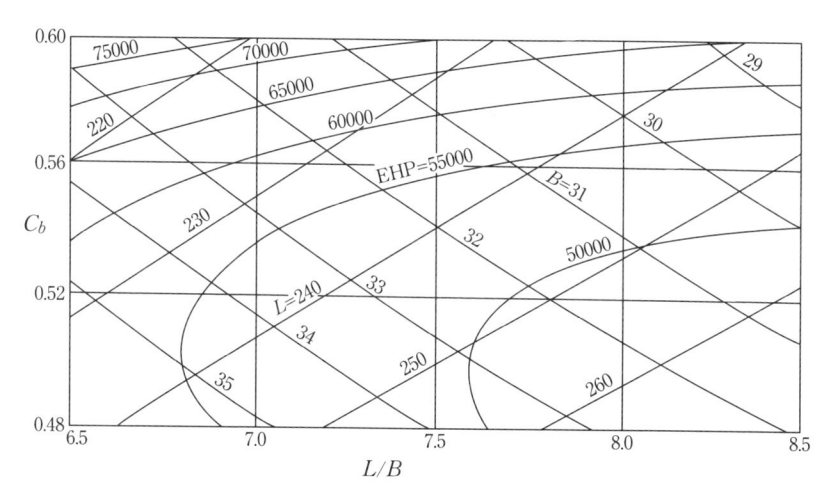

図 1.34　等 EHP 線図

以上の手法とは別に、系統模型試験の膨大なデータを統計処理して目的の船型の抵抗を推定する手法が開発されている。その方法では、船型パラメータを独立変数として剰余抵抗係数を関数表示し、与えられた船型の要目を与えることによって抵抗を回帰解析によって求めるものである。

船体抵抗を造波抵抗成分と粘性抵抗成分に分けたとき、造波抵抗成分が比較的大きい系統模型船の図表を利用した場合、あるいは剰余抵抗を造波抵抗と見なす図表を利用して最小抵抗の主要目を算出すると、造波抵抗成分の減少を狙って細長い船体形状となる。粘性抵抗成分が大きい図表の場合は浸水表面積の減少をねらって肥えた船体形状が最小抵抗となる傾向がある。近年の船型改良の研究成果により造波抵抗成分が極めて小さい船型となり、したがって昔の船型に比べて最小抵抗船型はしだいに肥えた船型となっている。

1.8　造波抵抗と船型

造波抵抗に及ぼす船型パラメータは、船体主要目、横切面積曲線、球状船首形状、水線面形状、フレームライン形状などであろう。これらの船型パラメータが造波抵抗に与える影響について概説する。

1.8.1　船体主要目

船体は細長いほど造波抵抗は小さくなるが、逆に摩擦抵抗は大きくなる。速力が与えられたとき、船長は造波抵抗を大きく左右し、造波抵抗曲線の谷（hollow）となる船長を採用するのが必

定である。船体主要目と造波抵抗係数 C_W との定性的な関係を把握しておく事が肝要であり、次のような傾向がある。

1) 長さ幅比 L/B

　排水量一定とした場合、L/B が大きくなると造波抵抗係数 C_W は小さくなる（図1.35参照）。

2) 方形係数 C_B および柱形係数 C_P

　フルード数によって造波抵抗が極小値をとる C_P が存在し、C_B あるいは C_P が大きくなると造波抵抗係数 C_W は低速域で大きくなり、高速域で小さくなる（図1.36参照）。

3) 幅喫水比 B/d

　横断面積を一定とした場合、B/d が大きいほうが C_W が大きいがさほど顕著な影響を与えない。

4) 排水量長比 ∇/L^3

　$(\nabla/L^3) = C_B/\{(L/B)^2 B/d\}$ と変形することができ L/B、C_B、B/d と同様に C_W に大きく影響し、∇/L^3 が大きいほど C_W が大きくなる。

5) 浮心位置

　浮心が前方にあり船首が肥大すると C_W が大きく、浮心が後方に移ると船首が痩せて C_W が小さくなる。

造波抵抗に最も大きな影響をおよぼす主要目比は L/B と C_B、あるいは ∇/L^3 である。与えられた排水量と速力に対して、L/B と C_B の最適な組合せを選択することが基本設計の要点である。系統模型船の造波抵抗を図1.35、図1.36に例示するように、造波抵抗は L/B に対して単調に変化するが、C_B あるいは C_P は造波抵抗を複雑に変化させので、計画速力に応じて慎重に選ぶ必要があり、C_B の造波抵抗への影響を精度よく推定することが要求される。この影響を解析的理論で予測する場合、線形造波抵抗理論では予測精度が不十分であり、水槽試験結果を整理した実績によるデータベースが有用である。

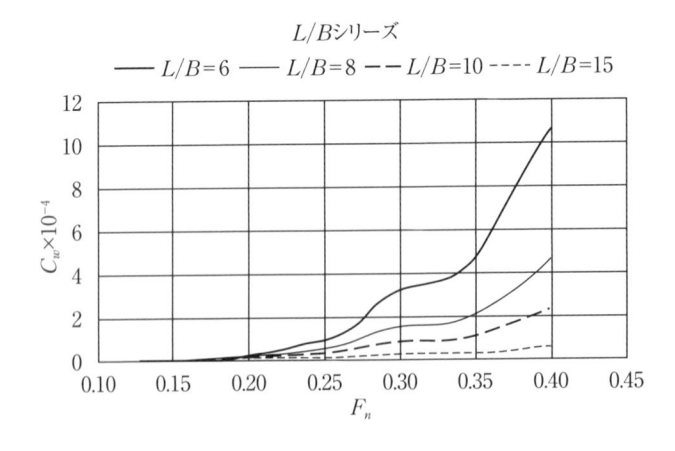

図1.35　L/B シリーズの抵抗試験結果

1.8 造波抵抗と船型

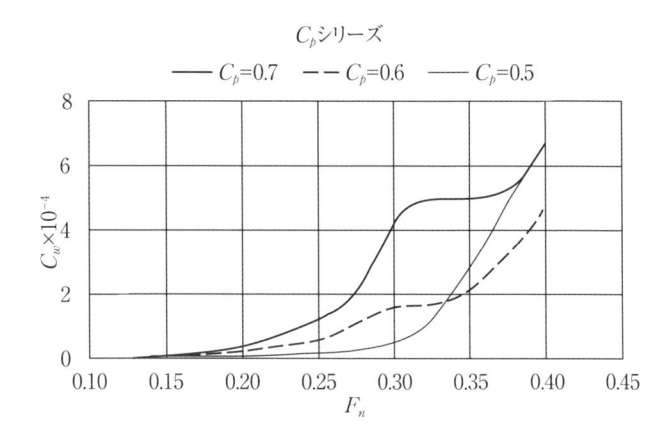

図1.36　C_p シリーズの抵抗試験結果

しかしながら船体主要目は性能のみならず、構造、一般配置、建造コスト等すべてに影響を及ぼすので抵抗だけで船体主要目を決めることはできない。特に船の長さ、幅、喫水は流力性能のほかに次のような要件を満足することが重要である。

　　長さ：船体重量、建造コスト
　　幅　：復原性
　　喫水：航路、港湾の深さ

このように、特殊な目的の船舶を除いて、一般の船の基本計画では性能に加えてあらゆる観点から船長、速力、排水量、幅、喫水の重要項目を決めてから船型設計の実務に着手するのが通常である。

1.8.2　横切面積曲線

横切面積曲線は船体主要目に次いで造波抵抗に大きな影響を与える。船体の排水量と速力に加えて長さ・幅・喫水が決まると、それに見合った最適な横切面積曲線を求める必要がある。横切面積曲線の特徴を「肩張り」「肩落ち」という表現で捉えると、肩張りは船首尾端が痩せていて、肩落ちは船首尾端が肥えた形状を呈する。定性的な傾向として低速域では肩張りが造波抵抗が小さく、肩落ちの造波抵抗は高速域で有利となる。

痩せた高速船の造波抵抗の定性的な傾向を検討する際に、線形造波抵抗理論を活用して横切面積曲線の最適化を図ることができる。船体横断面形状の影響は小さいとして、横切面積曲線を与えて造波抵抗を計算する細長船理論である。さらに、与えられた排水量と速力のもとに造波抵抗を最小とする水線面形状あるいは横切面積曲線を求める極小造波抵抗理論を活用することができる。フルード数、喫水および C_p を与えて造波抵抗が最小となる横切面積曲線の計算例を図1.37に示す。理論上の極小造波抵抗船型は前後対称となるが、実用上はこの計算により船体前半部の横切面積曲線の最適化に利用される。

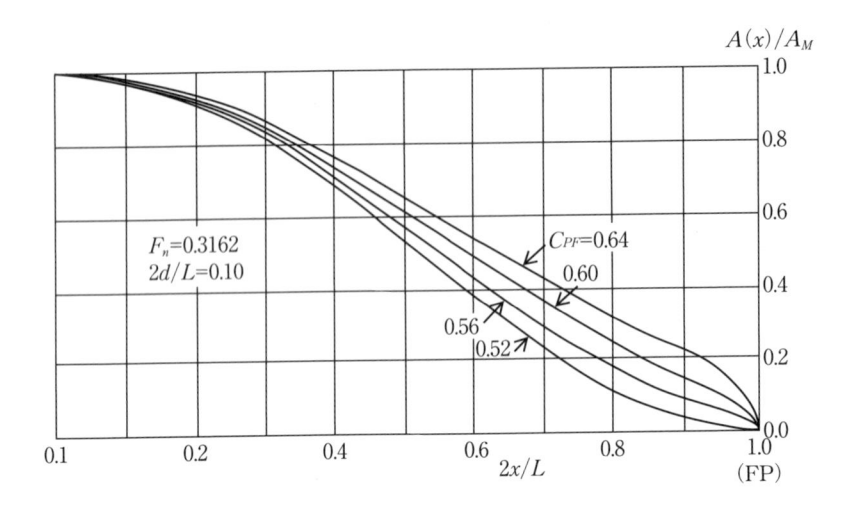

図 1.37 極小造波抵抗理論による横切面積曲線の計算例

ある船型を基準船型として、その波形解析を行って得られる情報から基準船型の横切面積曲線を改良することが可能である。基準船型の振幅関数を $C_0(\theta)$、$S_0(\theta)$ とし、造波抵抗係数を C_{W0} とする。基準船型の半幅を $\eta(x,z)$ だけ変形させたとき振幅関数が $C_0(\theta)+C(\theta)$、$S_0(\theta)+S(\theta)$ と変化したとすると、変形後の造波抵抗係数 C_W は次のように表される。

$$C_W = C_{W0} + 2\pi \int_0^{\pi/2} \{C(\theta)^2 + S(\theta)^2\}\cos^3\theta\, d\theta + 4\pi \int_0^{\pi/2} \{C_0(\theta)C(\theta) + S_0(\theta)S(\theta)\}\cos^3\theta\, d\theta \tag{1.35}$$

ただし、

$$\left.\begin{array}{c}C(\theta)\\S(\theta)\end{array}\right\} = \pm\frac{2k_0^2}{\pi}\sec^4\theta \int_{x_0}^{x_1}\int_{z_0}^{z_1}\eta(x,z)\alpha e^{k_0 z\sec^2\theta}\cos(k_0\eta_0(x,z)\sin\theta\sec^2\theta)\left\{\begin{array}{c}\sin\\\cos\end{array}\right\}(k_0 x\sec\theta-\beta)\,dz\,dx \tag{1.36}$$

ここで、(x_0,x_1)、(z_0,z_1) は船型に変形を施す範囲、α,β は基準船型からの影響を表す修正量を示す。さらに $\eta(x,z)$ を三角級数を用いて次のように表示する。

$$\eta(x,z) = \sum_{m=1}^{M}\sum_{n=1}^{N} a_{mn}\sin\left\{\frac{m\pi(x-x_0)}{x_1-x_0}\right\}\sin\left\{\frac{n\pi(z-z_0)}{z_1-z_0}\right\} \tag{1.37}$$

(1.37) 式を (1.36) 式に代入し、変分法の手法によって排水量一定の条件で C_W を最小となる未定係数 a_{mn} を求め、改良すべき変形量 $\eta(x,z)$ を計算することができる。

一例として、$L/B=8$、$B/d=3$、$C_P=0.6$ の船型を基準船型として、$F_n=0.283$ で最小造波抵抗となる船体前半部の最適形状を求め、横切面積曲線および造波抵抗の変化をそれぞれ図 1.38、図 1.39 に示す。

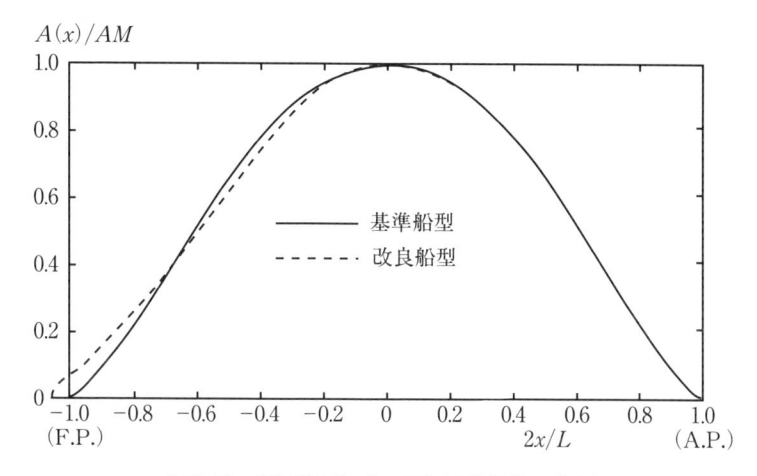

図1.38 波形解析による横切面積曲線の改良例

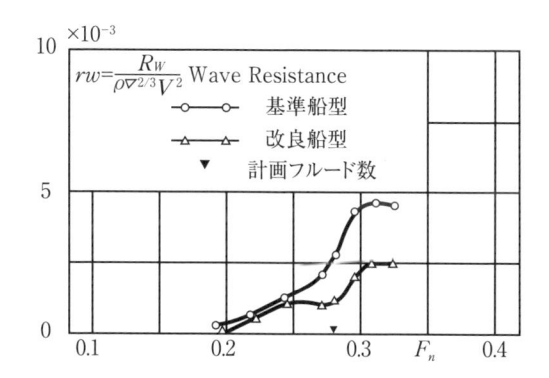

図1.39 波形解析による造波抵抗の低減

1.8.3 球状船首

造波抵抗を低減するための球状船首の採用は一般的になっている。船首からの波を船首から突出したバルブからの波と干渉させることによって造波抵抗を低減させる理論はあらゆる船種に渡って広く普及している。高速船の場合は船首バルブと主船体との造波干渉によりバルブの大きさと主船体の横切面積曲線の最適化が図られる。もともと造波抵抗成分の小さい低速肥大船の場合は、船首の水切り角をできるだけ小さくして抵抗低減を図る目的で船首バルブが付けられる。

船型設計の観点から、バルブの形状を次の2点で表現するのが普通である。
● バルブの大きさをFPでの断面積を船体中央断面積の比（% A_m）で表す。
● バルブの突出量をFPからバルブの先端までの距離を船長の比（% L_{PP}）で表す。

ある特定の船型に対する最適なバルブの大きさ（% A_M）は、その船のフルード数に強く依存し、フルード数が高いほど大きなバルブとするほうが造波抵抗の低減効果が大きい。一方、タンカーのような低速肥大船型で造波抵抗成分が小さい船でも球状船首となっているが、これは

entrance 角を小さくし、船長を長くする効果を持たせ、かつ船首水面付近の流れの乱れを抑制することによって船首での波崩れによる抵抗や粘性圧力抵抗を低減させる効果を狙ったものである。

　タンカーのように、バラスト状態で航行する船舶では、船首バルブの効果が喫水によってどのように変わるかも重要な関心事である。図 1.40 は異なる船首バルブ形状を示すが、バラスト状態において著しく抵抗が異なる。球状船首を持つ船のバラスト状態では、図 1.41 に示すようにしばしば抵抗曲線の低速域にハンプを生じる。これは、船首水面付近の砕波現象に伴ういわば造波抵抗成分である事が分かっている。この砕波現象を抑えて造波抵抗を低減するためにバルブの突出量を大きくし、船首が水面を鋭角に切るような形状も提案されている。

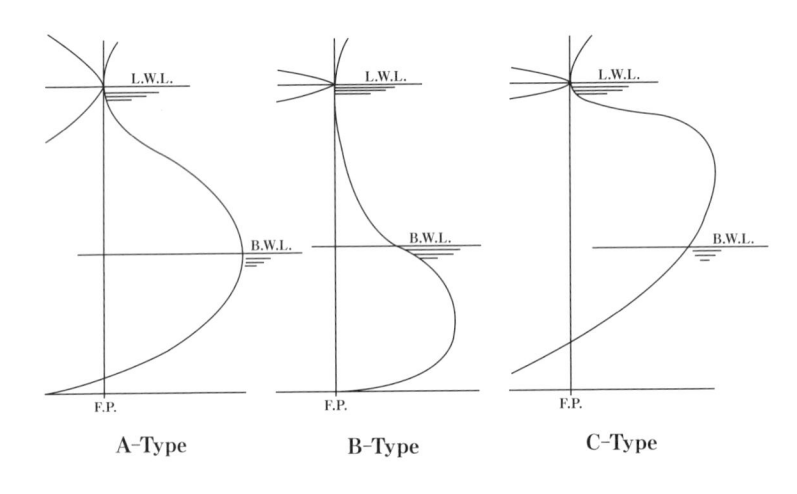

図 1.40　船首バルブ形状

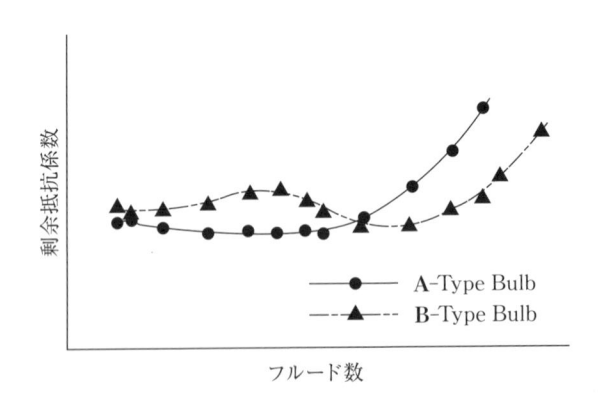

図 1.41　バラスト状態における剰余抵抗係数

1.8.4 水線面形状

一般に船体前半部では横切面積曲線が同一でも entrance 角を小さくして水面の水切り角を小さくしたU型フレームラインを持つ船型の方が造波抵抗が小さい。船体前半部で排除された流れが再び集まる船体後半部では、むしろ造波抵抗より、船体まわりの二次流れ、すなわち船長方向に直角な断面内のフレームラインに沿う流れに基づく粘性抵抗の増大を防ぐようにV型フレームラインとし、水線幅を広くした船型の方が抵抗上有利である。

1.8.5 船尾形状

低速肥大船においては船体後半部の形状に起因する造波抵抗は小さく、船体後半部の船型設計においてこの要素を考慮することは少ない。しかしながら、中高速の痩せ型船においては船尾からの造波現象を無視することはできなくなり、造波抵抗の問題は船首から船尾の形状を加味して船体全体として考えなければならない。

船尾からの造波現象は、船体のみならずプロペラや舵による造波抵抗の問題となることがある。プロペラの没水深度が小さく、かつ荷重度の大きいプロペラから波が発生し、明らかに波形造波抵抗(C_{WP})を増大させている事例が図1.42に示されている。このような場合には、プロペラによる抵抗増加であるので推力減少の要因の一部として扱われることになる。

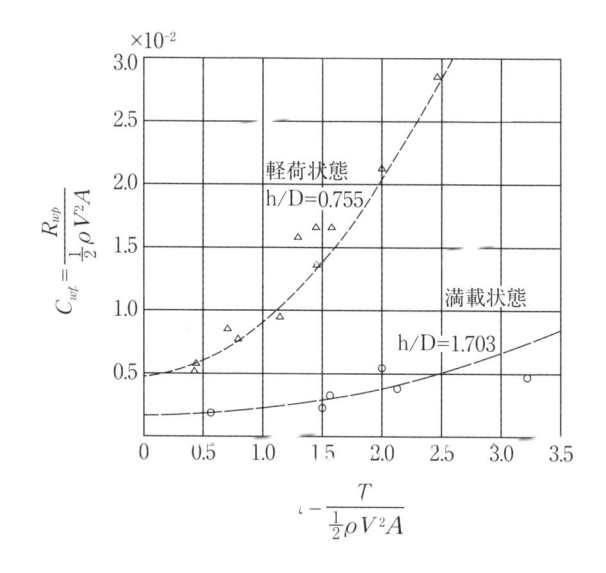

図1.42 プロペラによる造波抵抗

またトランサムスターンを持つ船型においては図1.43に示すようにトランサムで波崩れが生じ、砕波抵抗が増大することがある。この抵抗は図1.44に示すように船体後方の水面近くの伴流において船幅付近に発生する速度欠損によるものである。トランサムスターンを採用する場合、これによる抵抗が表れることに注意を払う必要がある。

図1.43　砕波抵抗成分の割合

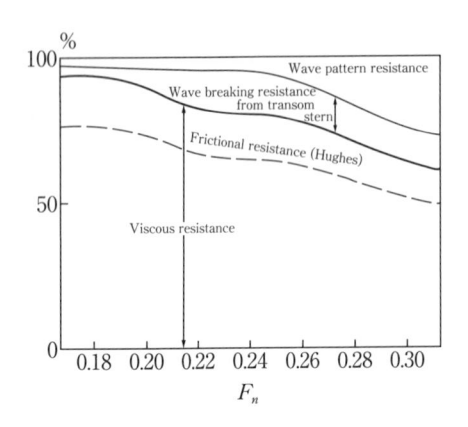

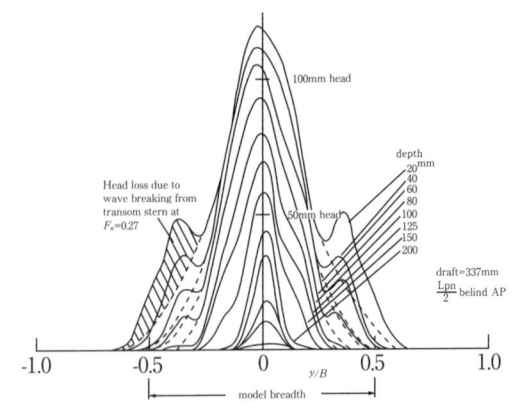

図1.44　伴流計測による速度欠損

1.9　粘性抵抗と船型

粘性抵抗は摩擦抵抗と粘性圧力抵抗の和である。摩擦抵抗を小さくするには浸水表面積を小さくするのが効果的であり、船型は L/B の小さいずんぐりした船型となる。一方、粘性圧力抵抗を小さくするには、船尾の肥大度を痩せさせて run の角度を小さくするのが効果的である。粘性抵抗だけを考えてもこうした相反が生じ、これを克服して船型の最適化を図ることが船型設計の要件となる。

1.9.1　Run の長さ

船体の粘性圧力抵抗は船体後半部の形状によって大きく影響を受ける。run 部の長さ $L/B(1-C_{PA})$ を小さくすると粘性圧力抵抗が大きくなるばかりでなく、伴流も不安定になりプロペラに悪い影響を与えるので、run 係数はある限度を超えないようにするのが通常である。多数の建造実績のある船型データを整理し、例えば図1.32に示すような run 長さの標準的なデータベースを作成しておくと有益である。

1.9.2　船尾フレームライン形状

航空流体力学における小アスペクト比の翼理論から、主流方向に直角な断面内で発生する渦分布によって誘起される運動エネルギーは渦抵抗に相当する仕事をなすことが分かっている。このことからの類推により、船体表面に沿う流線が船体の進行方向に直角な断面内でフレームラインに沿ういわゆる二次流れを発生する場合、二次流れのエネルギーの大きさが粘性圧力抵抗の大小を示すバロメータになる。したがって、ある排水量を有する船体で船首からの流線が船尾まで最短距離で到達するような船型が最も抵抗が少ない船型となることが容易に推察できる。この二次流れによるエネルギーを最小とするフレームライン形状を求めると各断面のフレームライン形状が相似形になり、回転体はその典型である。船体の幅／喫水比と横切面積曲線を与え、二次流れのエネルギーが最少となるフレームライン形状を求める研究によると、一例として図1.45に示すフレームライン形状が得られる。

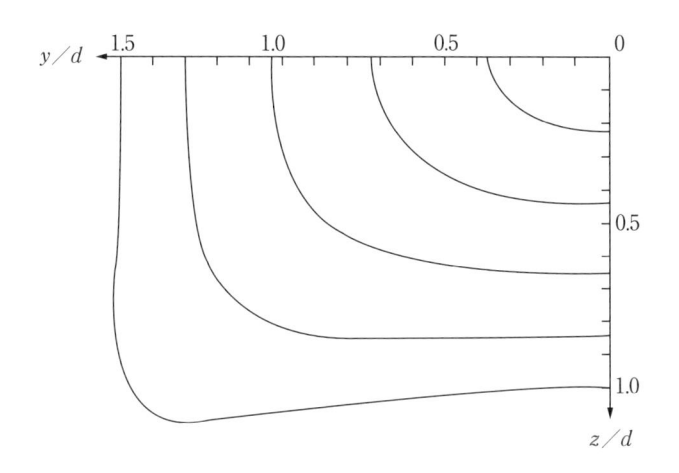

図 1.45　二次流れエネルギーが最少となるフレームライン形状の例

　実際の船型に採用されるバトックフロー船型もフレームラインに沿う二次流れが小さく粘性圧力抵抗すなわち形状影響係数が小さくなる船型である。しかし、そうした船型の推進効率において船殻効率が必ずしも高くならないので、バトックフロー船型は多軸プロペラの必要性や一般配置上の利点が大きい場合に採用される。多軸船ではプロペラ軸をスケグで覆ってバトックフロー船型の船殻効率の低下を防ぐ船型が開発されている。

　船尾にはプロペラや舵が装着されるので、船体抵抗のみを考えて船型を決めることはできない。実際には主機関の配置も考慮してフレームライン形状が設計されている。とくに、プロペラと船体との相互干渉が推進性能を大きく左右することから、船体後半部はプロペラに流入する流れを熟知してフレームライン形状を設計する必要がある。

　図1.46はタンカー船型の後半部で3種類のフレームライン形状を比較したものである。B船型→A船型→C船型の順でフレームラインがV型からU型に変化している。船尾フレームラインの一般的な傾向としてV型よりU型の方が浸水表面積は小さくなるが、形状影響係数は大きくなる。一方、船体とプロペラとの干渉において伴流係数 $(1-w)$ は小さくなり、自航要素を向上させる要因にもなる。このように、船尾フレームライン形状は粘性抵抗とプロペラへの流場や自航要素に与える影響が著しいので船型と船体まわりの流れとの関係を正しく把握しておく事が肝要である。

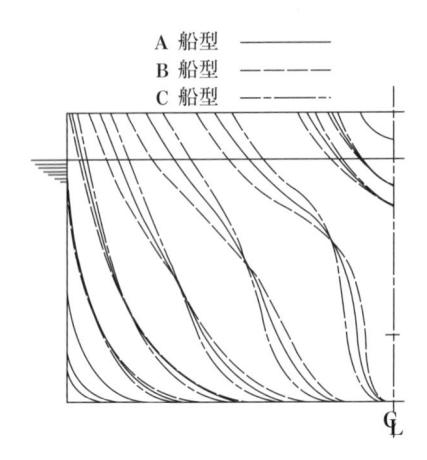

図 1.46　船尾フレームライン形状シリーズ

1.9.3　船尾バルブ

　プロペラは船尾の伴流中で作動することによってより高い効率で推進力を発生する。プロペラに流入する流れは船速より遅く、できるだけ遅い流れの中で作動した方がプロペラの効率が向上する。前述の二次流れが最小となる船尾形状は境界層が薄く、粘性抵抗は小さくなるがプロペラへの流入速度が速くなり推進効率からは必ずしも有利な流れとならない。

　プロペラの位置と直径を設定し、プロペラ面に流れ込む伴流を多く集め、かつプロペラ円周に沿ってできるだけ流速が均一になるような流れを作ることが重要であり、そうするために船尾バルブが採用される。

　図 1.47 は通常の船尾フレームラインに対して船尾バルブとなるよう変形した比較図である。船尾バルブの膨らみの大きさと位置は、粘性抵抗への影響とプロペラとの相対位置に応じて慎重な検討を要する。プロペラの上方あるいは下方を通過する流れは二次流れのエネルギーを小さくして粘性抵抗の増大を抑えるようＶ型フレームラインとし、プロペラ面に伴流を誘い込むようなバルブを形成するのが望ましい。

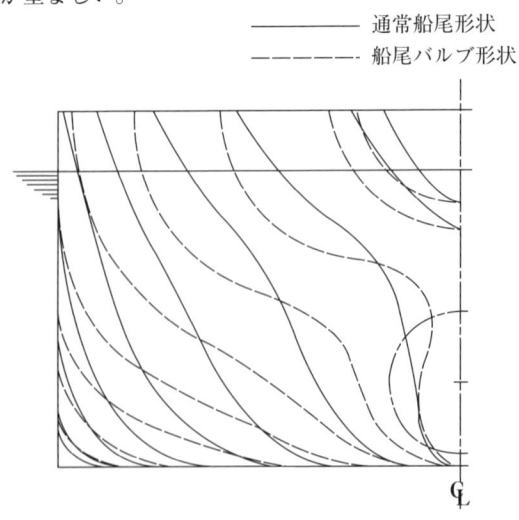

図 1.47　船尾バルブ形状

1.9.4 プロペラ　クリアランス

　船尾形状の設計はプロペラによる推力減少の抑制やプロペラ起振力の抑制からも重要である。船尾形状が推力減少係数に及ぼす影響やプロペラによる変動力の船体への影響は極めて局所的であることが分かっているので、プロペラと船体との間隙を十分吟味して決める必要がある。図1.48にプロペラ　クリアランスの設定を示す。ここで α はプロペラによるキャビテーションが舵に与える影響を考慮して決め、β は船殻効率における推力減少係数を考慮して決める。また、γ は船体へのプロペラ起振力を考慮して決めることが肝要である。プロペラによる起振力は不均一流中のプロペラ回転による周期的な変動力に加えて、プロペラが発生するキャビテーションの変動による流体力の影響が大きい。プロペラ　クリアランスは推進性能のみならずプロペラキャビテーションと船体振動の観点から慎重に検討する必要がある。

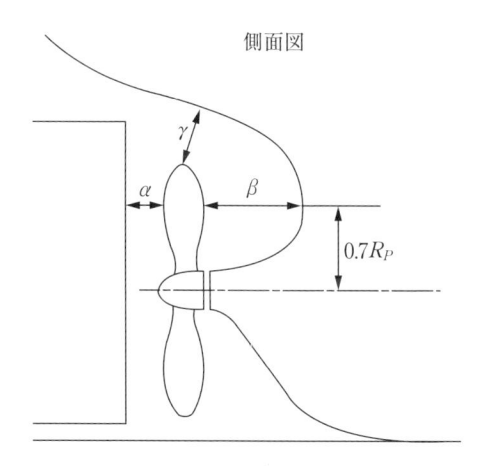

図1.48　プロペラ　クリアランス

第2章　推進性能と船型設計

2.1　実船の推進性能

2.1.1　出力

「出力」は一般には仕事（Watts（kN・m/s））として表される概念である。船舶は内燃機関による仕事によりプロペラシャフトを回転させ、プロペラシャフトはその回転をプロペラの回転に伝える。プロペラはトルク Q(kN-m) に打ち勝ち、回転数 n(rps) で回転して推力 T(kN) を発生し、プロペラ流入速度 v_a(m/s) で動いていることになる。このプロペラの仕事により、船体は抵抗 R(kN) に打ち勝ち速度 v(m/s) で進行することになる。

ここでは、船の推進に係わるいくつかの「仕事」を定義する。まず、内燃機関（ディーゼル機関とする）による仕事がある。これは機関出力として次のように表される。機関の軸で計測されるトルクを Q_B とすると、

$$BHP = 2\pi n Q_B \qquad (2.1)$$

この機関の仕事はプロペラシャフトに伝達される。

機関よりプロペラシャントに伝達された仕事はシャフトを回転させる仕事に転化される。プロペラ軸で計測される捻りトルクを Q_S とすると、軸出力は次のように定義される。

$$SHP = 2\pi n Q_S \qquad (2.2)$$

プロペラ軸の仕事はプロペラを回転させる仕事に転化される。回転数は変わらずに軸のトルク Q_S がプロペラトルク Q となる。軸からプロペラに伝達される仕事は伝達出力 DHP と定義される。

$$DHP = 2\pi n Q \qquad (2.3)$$

伝達出力でプロペラが作動し、プロペラにより発生する推力の仕事はプロペラが推力 T により単位時間で v_a の距離を移動するので、推力出力は次の様に定義される。

$$THP = T v_a \qquad (2.4)$$

推力出力は船体が一定速度で航走するための仕事に転化される。平水中を航走する船体が抵抗 R に打ち勝ち速度 v_a で進行するとき、船体の運動による仕事としての有効出力は次式で表される。

$$EHP = Rv \tag{2.5}$$

　機関の仕事は船体が一定速度で航走するために費やされる仕事に転化されることになる。このことは船体が一定速度で航走するときの仕事を知ることにより必要とする機関の仕事すなわち出力を推定することが可能であることを意味する。

　各出力の間の関係は、それぞれの出力の転化の割合、すなわち効率として表される。次に各出力の関係を効率により考察する。

2.1.2　諸効率の定義

　出力の伝達には必ず何らかの損失が伴い、ある出力から他の出力へは 100% 仕事が伝わる訳ではない。この状況を元の出力に対する伝達された出力の比で表し、それを効率と呼ぶ。

　機関出力からプロペラ軸出力への伝達は次の機械効率であらわす。

$$\eta_M = \frac{SHP}{BHP} \tag{2.6}$$

軸からプロペラに伝達される出力の比を伝達効率と呼び、次式で定義される

$$\eta_T = \frac{DHP}{SHP} \tag{2.7}$$

プロペラ軸出力を計測しない場合、機関出力と伝達出力の比を伝達効率として定義する場合があり、このとき伝達効率 η_T は

$$\eta_T = \frac{DHP}{BHP} \tag{2.8}$$

で定義される。

　以上の各出力は回転数とトルクの積で定義される仕事で表されており、回転数は機関からプロペラまで変化せず一定であるので、トルクが各出力で異なっていることになる。

　プロペラの伝達出力で生み出されるプロペラの推力出力と、船体の後で作動するプロペラの伝達出力との比でプロペラ船後効率が定義される。

$$\eta_B = \frac{THP}{DHP} \tag{2.9}$$

同じプロペラが船体の後でなく、無限流体中を平均流速 v_a の一様流中で作動する場合にはプロペラ単独効率 η_O が定義され、船後プロペラ効率との比をプロペラ効率比 η_R と呼ぶ。

$$\eta_R = \frac{\eta_B}{\eta_O} \tag{2.10}$$

2.1 実船の推進性能

プロペラを付けない船体の抵抗 R に打ち勝って速度 v で進ませるための仕事（有効出力）とプロペラ付きの船体を速度 v で進ませるためプロペラの推力のする仕事（推力出力）の比を船殻効率 η_H と定義する。

$$\eta_H = \frac{EHP}{THP} = \frac{Rv}{Tv_a} = \frac{T(1-t)v}{T(1-w)v} = \frac{1-t}{1-w} \tag{2.11}$$

ここで船体抵抗 R とプロペラの推力 T の関係を推力減少係数により表わし、また船速 v と船後で作動するプロペラに流入する平均流速 v_a との関係を伴流係数により表わしている。

$$R = (1-t)T \tag{2.12}$$
$$v_a = (1-w)v \tag{2.13}$$

機関の出力は最終的には船体を速度 v で航走させるのに必要な仕事（有効出力）に伝達されるものと考えると、船の系を推進させるための効率すなわち推進効率を次のように定義することができる。

$$\eta = \frac{EHP}{BHP} = \frac{SHP}{BHP}\frac{DHP}{SHP}\frac{THP}{DHP}\frac{EHP}{THP} = \eta_M \eta_T \eta_B \eta_H = \eta_M \eta_T \eta_R \eta_O \eta_H \tag{2.14}$$

船体とプロペラの系がいかに効率的に航行することができるかの指標を推進効率が示すことができ、推進効率の良いものが良い船となる。

推進効率の式の両辺の対数微分をとるとき、機械効率、伝達効率については変化が無いものとして省略でき、推進効率の変化は

$$\frac{\Delta \eta}{\eta} = \frac{\Delta \eta_R}{\eta_R} + \frac{\Delta \eta_O}{\eta_O} + \frac{\Delta \eta_H}{\eta_H} \tag{2.15}$$

と表される。これより推進効率を改善または維持するにはどの効率に注目すべきかを知ることができる。

一般的にプロペラ効率比 η_R を改善すること、船殻効率 η_H を改善することはより良い船尾形状の設計によって達成され、プロペラ単独効率 η_O を良くすることはより良いプロペラの設計による。推進効率の改善は、プロペラの改良設計に加えて船尾形状の改良設計およびこれらの効率に関係する省エネ装置の効果により達成されることになる。

推進効率は機関出力と有効出力の比であるから次のように表される。

$$\eta = \frac{Rv}{2\pi nQ} \tag{2.16}$$

両辺の対数微分を取ることにより次の式が得られる。

$$\frac{\Delta \eta}{\eta} = \frac{\Delta R}{R} + \frac{\Delta v}{v} - \frac{\Delta Q}{Q} - \frac{\Delta n}{n} \tag{2.17}$$

一般的に船体抵抗が速度の2乗に、トルクが回転数の2乗に比例すると考えると、

$$\frac{\Delta \eta}{\eta} \cong 3\frac{\Delta v}{v} - 3\frac{\Delta n}{n} \tag{2.18}$$

であり、推進効率の向上は船速の増大またはプロペラ回転数の減少によりもたらされる。船速の増大は推進効率を向上させるが、直接的に機関出力の減少をもたらすわけではない。しかし回転数の減少は機関出力の減少に直接結び付くのでプロペラ回転数の減少による推進効率の向上は燃料消費量の減少に直接寄与することになる。

2.1.3 出力の推定

出力の推定法にはさまざまな手法が使用されているが、船型試験（抵抗試験、プロペラ単独試験、自航試験）に基づく解析的手法が最も信頼でき、かつ一般的な手法である。この手法の基礎について整理して解説する。

船が船速 v(m/s) で航行する場合の機関出力 BHP を推定する。この場合の基礎式は前節で示した推進効率の式から導くことができる。

$$BHP = EHP/\eta \tag{2.19}$$
$$\eta = \eta_M \eta_T \eta_R \eta_O \eta_H \tag{2.20}$$

ここで機械的効率は機関および軸が与えられたとき決定されているものとして扱い、仮に $\eta_M=1.0$, $\eta_T=1.0$ とすると、推進効率は船体とプロペラの系による効率となり、次式で表わされる。

$$\eta = \eta_R \eta_O \eta_H \tag{2.21}$$

したがって、船体およびプロペラ、船速が与えられたときの機関出力は、抵抗試験による有効出力 EHP、プロペラ単独試験からのプロペラ単独効率 η_O、および自航試験からの自航要素、すなわち推力減少係数 $1-t$、伴流係数 $1-w$、船後プロペラ効率比 η_R により推定される。ただし、これらの試験は一般に模型船による船型試験であり、実船の出力の推定に際しては適切な尺度影響を模型試験の結果に対して施さなければならない。

抵抗試験と実船抵抗の推定法については第1章で、またプロペラ特性については第3章で詳しく解説されているので、ここでは自航試験と自航要素について解説することにする。

2.2 自航試験

自航試験の目的は自航要素すなわち推力減少係数、伴流係数および船後プロペラ効率比を求めることである。このため模型の船体に模型プロペラを取り付けた系による自航試験を行うことで実船対応の自航要素を推定する。

プロペラを取り付けない抵抗試験では、実船のフルード数と模型船のフルード数を合わせた速度 v_m(m/s) で直進する船体の抵抗 R_m(kN) が計測される。この模型船の抵抗値から実船の船体

2.2 自航試験

抵抗 R_s を推定して実船が流体に与える仕事、すなわち有効出力が次式で定義される。

$$EHP(kW) = R_s v_s \tag{2.22}$$

ここで、実船の速度 v_s はフルード数が模型船と一致している船速である。

　実際の船が一定速度で直進航行するためにはプロペラにより必要な推力が与えられなければならない。この推力をプロペラ推力 T_s (kN) と呼ぶ。またこのプロペラ推力による仕事はプロペラを回転させる仕事で与えられなければならない。プロペラをある回転数 n_s で回転させるには回転モーメントが必要である。このモーメントをプロペラトルク Q_s (kN−m) と呼ぶ。

　プロペラ推力による仕事はプロペラが流体中を進む相対速度 v_{sa} (m/s) と推力の積で定義される。

$$THP(kW) = T_s \cdot v_{sa} \tag{2.23}$$

またプロペラが船後の流体中を回転するに必要な仕事はトルクと回転数の積で定義される。

$$DHP(kW) = 2\pi n_s Q_s \tag{2.24}$$

　プロペラを船後の流体中で回転させる仕事は、機関効率およびプロペラ軸系の損失による効率の変化等を介して、機関の仕事と結び付けられる。以下に述べる自航試験解析および出力推定においては、プロペラに伝達する仕事と機関の出力が同じであるとして解説する。すなわち、

$$BHP = DHP \tag{2.25}$$

　プロペラを船後の流体中で回転させる仕事とプロペラが推力により一定速度で進むための仕事の比は船後におけるプロペラ効率 η_B として定義される。

$$\eta_B = \frac{THP}{DHP} = \frac{T_s \cdot v_{sa}}{2\pi n_s Q_s} \tag{2.26}$$

船後プロペラ効率はプロペラ単独の効率 η_O と船後プロペラ効率比 η_R により表すことができる。

$$\eta_B = \frac{T_s \cdot v_{sa}}{2\pi n_s Q_O} \frac{Q_O}{Q_s} = \eta_O \eta_R \tag{2.27}$$

これにより推進効率が次式で表される。

$$\eta = \eta_B \eta_H \tag{2.28}$$

　模型船に模型プロペラを取り付け一定速度 v_m で航走させる自航試験を行い、プロペラの回転

数 n_m、推力 T_m およびトルク Q_m を計測し、以上の関係式を利用して実船の回転数 n_s、推力 T_s およびトルク Q_s を推定する手法を自航試験法と呼ぶ。

このような試験にはいろいろな方法が提案されているが、模型船の完全自由航走状態を想定する試験と、模型船は拘束されておりプロペラの推力と模型船の抵抗を計測する拘束試験方法の二つについて述べる。

2.2.1 自由航走自航試験

自由航走方式の自航試験は通常図2.1に示す方法により行われる。模型船に取り付けたガイド装置は左右方向の運動を拘束し模型船が直進するように前後方向の運動は自由とする役割を果たしている。自航試験では模型船と実船との摩擦抵抗係数の差に相当する修正量として曳航力 $F = \Delta R_F$ を加え強制的に模型船を曳航する形となっている。プロペラの回転数を調整しつつ模型船が設定された速度 v で完全に自航する回転数 n を見出し、このときの推力 T、トルク Q を計測し船体抵抗とプロペラ推力、トルクの関係から自航要素を求める方法で自航試験が行われる。

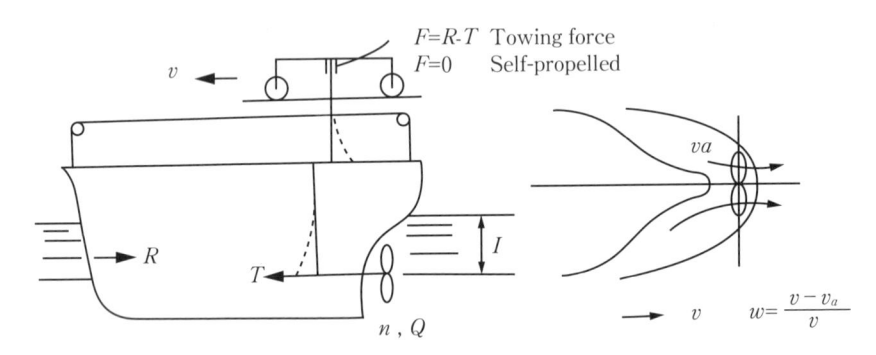

図 2.1 自航試験概略図

模型船と実船のフルード数を同じにするときレイノルズ数は大きく異なる。このため模型船により実船の自航状態を再現するためには摩擦抵抗の修正が必要となる。後に述べる供試船（$L = 150\,\mathrm{m}$）と模型船（$L = 7\,\mathrm{m}$）の全抵抗係数と摩擦抵抗係数の関係を図2.2に示す。

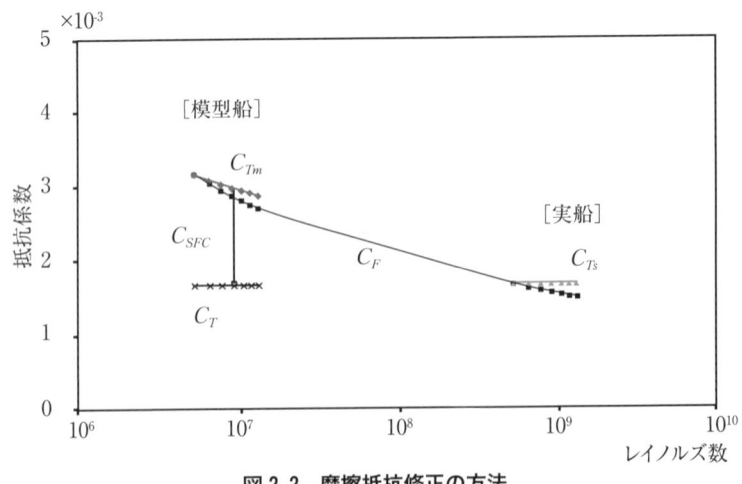

図 2.2 摩擦抵抗修正の方法

摩擦抵抗の修正（Skin Friction Correction：SFC）は模型船と実船のレイノルズ数の違いによる摩擦抵抗の相違を修正し、模型船の自航試験により実船の自航状態を実現するものである。模型船及び実船のフルード数を同じくしたときの全抵抗係数をそれぞれ C_{Tm} と C_{Ts} とすると、SFCの抵抗係数は次のように定義される。

$$C_{SFC} = C_{Tm} - C_{Ts} \tag{2.29}$$

模型による自航試験はSFCを修正した模型船の抵抗係数 $C_T = C_{Tm} - C_{SFC}$ をプロペラ無しの実船相当の船体抵抗係数と見なして解析することになる。

自航試験のプロペラ付きの船体の抵抗を R とする（プロペラ無の抵抗試験の時の抵抗 R_0 とは異なる）。付加された曳航力を $F = SFC$ とするとき、船を自由自航させるのに必要な推力は $T = R - F$ となる。この推力となるよう、すなわち船が完全自走状態となるようプロペラ回転数を設定し、このときプロペラ動力計で計測される推力およびトルクが求める計測量となる。

2.2.2 荷重度変更試験

完全自走状態の自航試験とは別に、荷重度変更試験に基づく自航試験法にてついて解説する。プロペラを付けた模型船は抵抗動力計に繋がれて抵抗を計測すると同時に模型船の前後方向の運動も拘束する形式とする。

船はプロペラによる自由航走ではなく、プロペラによる推力と抵抗動力計による曳引力とで一定速度で走行する。このとき抵抗動力計で抵抗 $F = R_M$ を計測する。プロペラの回転数 n によりプロペラ推力 T が生じる。このとき抵抗動力計で計測される力 F は、船体が流体から受ける抵抗を R として、$F = R - T$ となる。同時に推力 T、トルク Q、回転数 n が計測される。

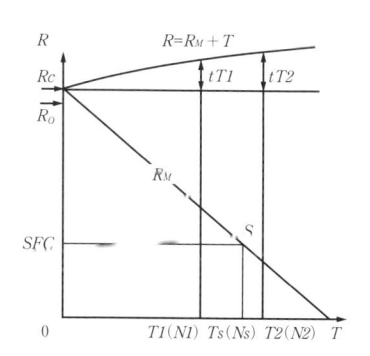

図 2.3 荷重度変更法

推力が $T = 0$ から $T = R$ となるよう回転数を幾つか変化させて計測を行うことにより荷重度変更試験が行われる。結果は図 2.3 のように $R - T$ 線図として表わされる。

摩擦修正は荷重度変更試験の $R - T$ 線図（図 2.3）において、抵抗動力計の抵抗 R_M が摩擦修正点 SFC となる点（S：Ship point）において実現される。このS点における回転数 n_S、推力 T_S およびトルク Q_S を計測することにより自航点の計測がなされる。実際には自航点を含む数点の計測により内挿により計測点を求めることが多い。

プロペラが回転数 n で作動し、そのときの推力が T であるとするとき、抵抗動力計で計測される抵抗量は $F\ (=R_M)$ である。したがって船体に働く全抵抗は、

$$R = T + F \tag{2.30}$$

である。推力 T が零となるよう回転数を調整したときの F を船体抵抗 R_C とする。

$$R_C = F \quad at \quad T = 0 \tag{2.31}$$

船体抵抗 R_C はプロペラを船後に設置しない抵抗試験の際の船体抵抗 R_0 と一致しないことが知られている。一般的には痩船では R_C は R_0 より大きく、肥大船では R_C は R_0 より小さくなる場合も観測されている。プロペラが作動している場合の全抵抗 R は R_C より大きく、抵抗と推力の関係を次式で表す。

$$R = R_C + tT \tag{2.32}$$

係数 t は推力減少率と呼ばれている。

また F が零となるようにプロペラ回転数を増加するとき、全抵抗 R は推力 T と一致し、模型船はプロペラにより完全に自航している状態になる。摩擦抵抗修正量を $SFC = R_M$ とする場合、$R_C - SFC$ は実船のプロペラ無しの船体抵抗となる。

2.3 自航試験の解析

自航試験では、船速 v(m/s)、プロペラ回転数 n(rps)、推力 T(kN) およびトルク Q(kN−m) が計測される。プロペラを装備しない船体抵抗 R_0(kN) は抵抗試験により計測されているとする。またプロペラ推力特性 K_T、プロペラトルク特性 K_Q およびプロペラ単独効率 η_0 は自航試験に使用したプロペラについて与えられ、プロペラ特性として図 2.4 のように表される。

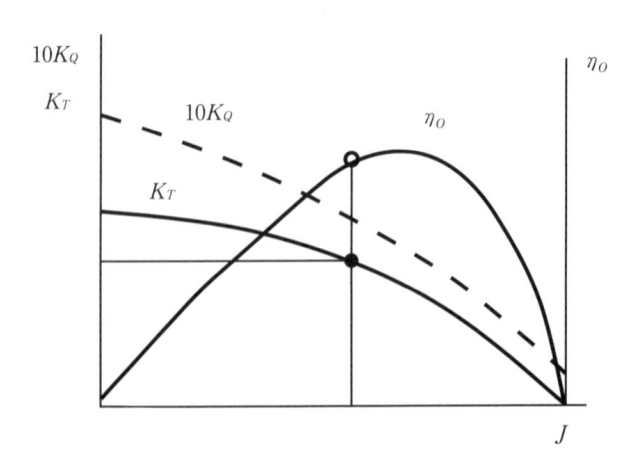

図 2.4 推力一致解析の方法

2.3.1 推力減少係数の定義

一般に自航状態のプロペラ推力は抵抗試験時の船体抵抗より大きい。自由航走自航試験法では、プロペラ無の船体抵抗 R_0 とこれに摩擦修正を施した抵抗値と自航時の推力の比を推力減少係数と定義する。

$$1 - t = \frac{R_0 - SFC}{T} \tag{2.33}$$

また荷重度変更法では、推力が T のときの船体抵抗 R と推力が零の時の船体抵抗 R_C との差 $R - R_C$ と推力の比を推力減少率と定義することができる。

$$t' = \frac{R - R_C}{T} = \frac{R_M + T - R_C}{T} \tag{2.34}$$

推力減少係数は自由航走の場合と同じ形式で次のように表わされる。

$$1 - t' = \frac{R_C - R_M}{T} \tag{2.35}$$

荷重度変更試験で $R_M = SFC$ とするとき、$R_C - R_M$ は実船のプロペラ無しの船体抵抗に相当するので、推力が零のとき船体抵抗がプロペラ無の場合の船体抵抗と同じであれば両式は同じとなる。

2.3.2 推力一致法による伴流係数の定義

自航試験の解析におけるプロペラ流入速度 v_a は船尾流場の物理的実態を表しているものではなく、プロペラ単独特性を利用して自航試験解析の結果得られる有効伴流として定義されるものである。実際のプロペラ面への流入速度分布は一様ではないがプロペラ面に流入する流量から計算される平均流速の一様流を仮定し、プロペラ特性を利用して船後プロペラの推力と回転数により有効平均流入速度 v_a を定義する。

ある速度での自航状態におけるプロペラ推力および回転数が計測されているので推力係数は計測値を用いて次のように計算される。

$$K_T = \frac{T}{\rho n^2 D^4} \tag{2.36}$$

推力係数がこの値となる点をプロペラ推力特性曲線上で特定し、この値を与える前進常数 $J = v_a/nD$ を求める。回転数が計測されているのでプロペラ流入速度は次の式で定義される。

$$v_a = nDJ \tag{2.37}$$

プロペラ流入速度は一般に船速と異なり、船速に対するプロペラ流入速度の比を伴流係数として次式で定義する。

$$1-w=\frac{v_a}{v} \tag{2.38}$$

2.3.3 トルク一致法およびプロペラ効率比

トルクが計測されている場合にはトルク一致法を推力一致法と同様に考えることが可能である。しかしこの場合、船後のプロペラ流場はプロペラ単独特性のときのプロペラ流場と異なり一様流ではないので、プロペラ単独トルク特性曲線をそのまま使用することができない。実際の船後プロペラ流場に対応する船後プロペラトルク特性曲線を使用しなければならない。船後プロペラトルク特性は、船後で計測されたトルク係数で定義される。

自航試験で計測されるプロペラトルク Q_B は船尾の流場中で作動するプロペラによるもので、プロペラ単独特性の場合のように一様な流れ場での作動によるものではない。このことにより自航試験計測から得られるトルク係数は、推力一致法で求められた前進常数に対応する単独プロペラトルク係数と異なる。

$$K_{QB}=\frac{Q_B}{\rho n^2 D^5} \neq K_Q(J)=\frac{Q_O}{\rho n^2 D^5} \tag{2.39}$$

このようにして得られる船後トルク係数と、同じ前進常数における単独トルク特性の比は自航要素の一つであるプロペラ効率比として定義される。

$$\eta_R=\frac{K_Q(J)}{K_{QB}(J)} \tag{2.40}$$

ここで K_{QB} は船後トルクによるトルク係数である。プロペラ効率比は船後および単独トルク特性において同じ回転数に対するものであるので、トルクの比として表すことができる。

$$\eta_R=\frac{Q_O}{Q_B} \tag{2.41}$$

トルク一致法は、出力曲線および回転数曲線あるいは出力特性曲線が与えられている場合に自航特性の逆解析を行うのに使用することができる。すなわち試運転解析または航海実績解析に利用する場合に有力な手法である。

2.3.4 プロペラ単独効率

推力一致法により求められたプロペラ前進常数に対応する単独プロペラ推力係数および単独トルク係数によりプロペラ単独効率が次式で定義される。

$$\eta_0=\frac{Tv_a}{2\pi n Q_O}=\frac{1}{2\pi}J\frac{K_T(J)}{K_Q(J)} \tag{2.42}$$

この効率はプロペラ特性曲線においてプロペラ効率として与えられ、図2.4のプロペラ単独特性

に示されている。なお、プロペラの単独特性については第3章のプロペラ設計において詳述される。

2.3.5 自航試験結果の表示

以上の手法で解析された自航試験の結果はフルード数をベースに図2.5のように表される。自航試験による自航要素から、実船の馬力推定計算を行なうことができ、次節でその解析例を示す。

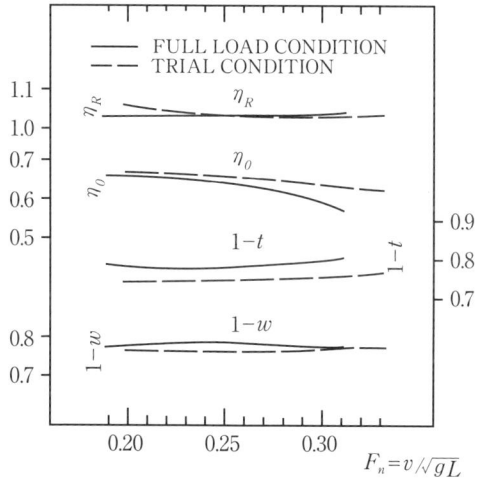

図 2.5 自航要素の表示例

2.4 供試船の自航試験解析例

ある供試船を想定して、その自航試験の解析例を紹介する。供試船の船型とプロペラが設計され、模型試験等から有効出力曲線とプロペラ単独試験によるプロペラ特性曲線が与えられているとする。ここで、供試船の主要目は $L \times B \times d = 150\,\mathrm{m} \times 190\,\mathrm{m} \times 7\,\mathrm{m}$ であり、プロペラは直径 $D = 4.0\,\mathrm{m}$、ピッチ比 $H/D = 1.0$ とし、模型船は $L_m = 7\,\mathrm{m}$ とする。

2.4.1 有効出力曲線

模型船の抵抗試験から推定された供試船の抵抗曲線および有効出力曲線を次式のように速力 V のべき乗で表わし、有効出力曲線を図2.6に示す。

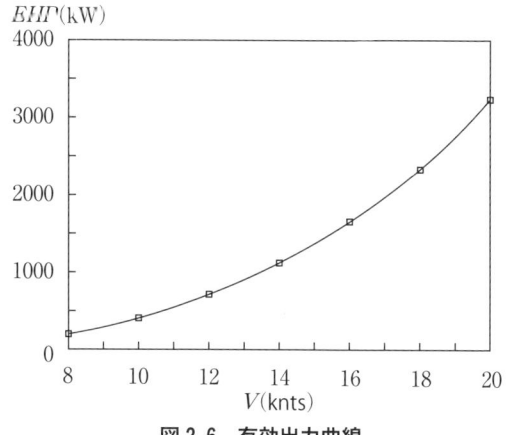

図 2.6 有効出力曲線

$$R(V) = 0.78716\, V^2 \text{(kN)}$$
$$\text{EHP}(V) = 0.40495\, V^3 \text{(kN)}$$

2.4.2 プロペラ単独特性

供試船のプロペラ単独特性は図 2.7 のように与えられ、ここではプロペラ特性曲線を次のように前進常数の 2 次式で近似されているものとする。

単独プロペラトルク係数　　　$10K_Q(J) = -0.1626 J^2 - 0.2316 J - 0.5289$

船後プロペラトルク係数　　　$10K_{QB}(J) = -0.1563 J^2 - 0.2227 J - 0.5086$

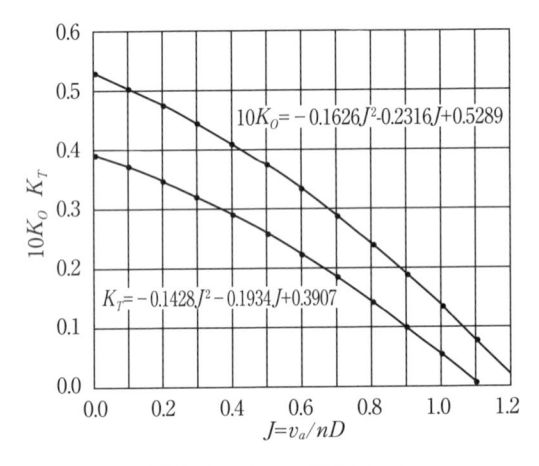

プロペラ推力係数　　　　　　$K_T(J) = -0.1428 J^2 - 0.1934 J - 0.3907$

図 2.7　プロペラ特性曲線

2.4.3 自航試験解析

供試船 ($L=150$ m) に対する模型船 ($L=7$ m) で自航試験を行う。自航試験は自由航走方式とし、実船に対応する抵抗を得るため、図 2.2 に示す摩擦修正を行う。実船対応のフルード数での速度で自航試験を実施し摩擦修正値、プロペラ回転数、推力およびトルクを計測する。これより推力減少係数は (2.33) 式により求められる。またプロペラ流入速度は図 2.4 に示す推力一致法により計測された推力係数から前進常数を求めることにより (2.37) 式で求め、これらの解析結果を表 2.1 に示す。伴流係数は (2.38) 式により計算される。

表 2.1　供試船模型の自航試験結果

V(m/s)	R_T(kN)	SFC(kN)	T_m(kN)	n_m(rps)	Q_m(kN-m)	$(1-t)_m$	J_m	$(1-w)_m$
0.889	1.007×10^{-2}	4.947×10^{-3}	6.081×10^{-3}	5.107	1.686×10^{-3}	0.842	0.6950	0.7452
1.334	2.174×10^{-2}	1.022×10^{-2}	1.368×10^{-2}	7.661	3.794×10^{-3}	0.842	0.6950	0.7452
1.778	3.759×10^{-2}	1.711×10^{-2}	2.432×10^{-2}	10.214	6.745×10^{-3}	0.842	0.6950	0.7452
2.223	5.754×10^{-2}	2.554×10^{-2}	3.800×10^{-2}	12.768	1.054×10^{-2}	0.842	0.6950	0.7452

模型船の試験から供試船の出力解析を行った結果を表 2.2 に示す。表 2.2 の各段は表 2.1 に対応している。模型船と供試船で推力減少係数が変化しないとして供試船の有効出力曲線から推力

2.4 供試船の自航試験解析例

が計算される。供試船の伴流係数については尺度影響を次のように与えている。

$$\frac{(1-w)_s}{(1-w)_m} = 1.05$$

これより供試船のプロペラ流入速度が定まり、供試船の推力を与えるプロペラ回転数をプロペラ推力係数曲線を利用して求める。また前進常数、プロペラトルク係数が計算され、供試船の出力を求めることができる。

表 2.2 供試船の出力解析結果

V(knt)	R(kN)	$(1-t)_S$	$(1-w)_S$	T_S(kN)	n_S(rps)	J_S	Q_S(kN-m)	P(kW)
8	50	0.842	0.7825	60	1.127	0.7145	36	254
12	113	0.842	0.7825	135	1.690	0.7145	81	858
16	202	0.842	0.7825	239	2.253	0.7145	144	2035
20	315	0.842	0.7825	374	2.817	0.7145	225	3974

表 2.2 の出力解析結果から供試船の推力曲線、機関の出力曲線、機関特性、プロペラの回転数曲線を次のようにあてはめることができる。

推力曲線（船体） $T_s(V) = 0.9349\,V^2$

出力曲線（機関） $P(V) = 0.4968\,V^3$

機関特性曲線（機関） $P_E(N) = 0.0008232\,N^3$

プロペラ回転数曲線（rpm） $N_0(V) = 8.4506\,V$

図 2.8 に出力曲線、図 2.9 に機関特性曲線および図 2.10 に回転数－速度曲線を示す。

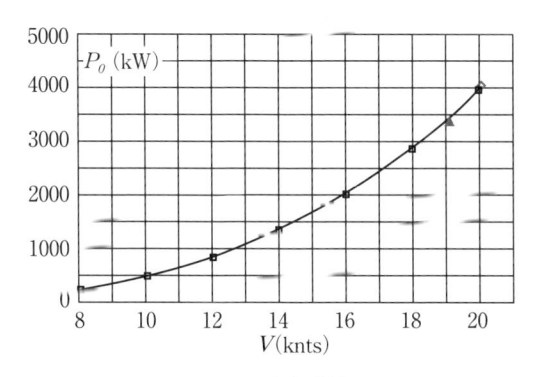

図 2.8 出力曲線

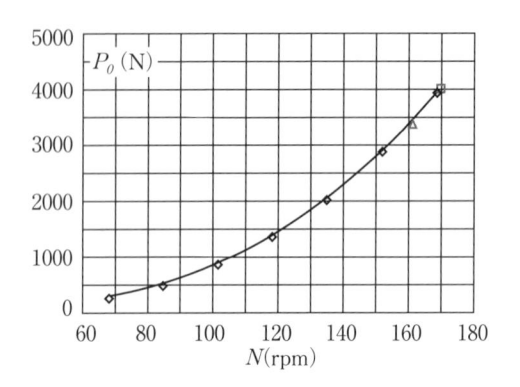

図 2.9　機関特性曲線

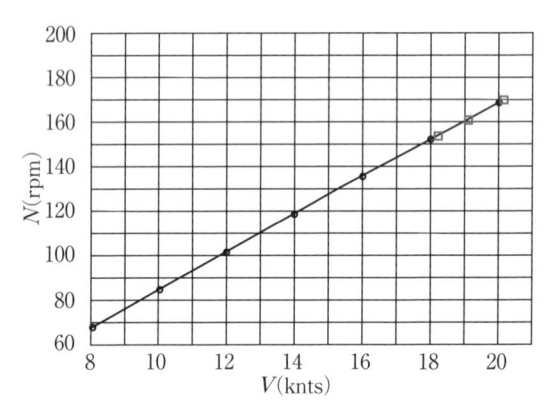

図 2.10　回転数曲線

2.5　自航要素の一般的性質

自航要素は船尾形状およびプロペラ、舵の組み合わせにより影響を受けるが、共通する自航要素の一般的性質についてまとめて示す。

2.5.1　自航条件による伴流係数

船体の後でプロペラが作動するとき、プロペラに流入する平均速度 v_a は船速 v より小さい。船速に対する相対割合を伴流率と呼び、これを次式のように定義する。

$$w = \frac{v - v_a}{v} \tag{2.43}$$

推力係数は推力と回転数により定義される量であるので、プロペラ特性が判っているとき、流入速度は推力と回転数により推定される。推力は船体抵抗から推力減少係数により速度の関数として与えられる。

推力が船速の関数として与えられたものとしてプロペラ流入速度を求めることができる。船を

2.5 自航要素の一般的性質

速度 v(m/s) で進めるのに必要なプロペラ推力は、船の自航条件から次式で与えられる。

$$F(v_a) = T(v) - \rho n^2 D^4 K_T(v_a/nD) = 0 \tag{2.44}$$

第一項は船体抵抗に打ち勝って船体を速度 v(m/s) で進める力であり、第二項はプロペラ回転数 n(rps) のときプロペラが出す推力である。推力係数が速力の関数として具体的に与えられると流入速度 v_a(m/s) について解くことが可能である。

$$v_a = F^{-1}(v,n) \tag{2.45}$$

さらにプロペラ回転数が船速の関数として与えられるとき、プロペラ流入速度が船速の関数として推定される。

$$v_a = F^{-1}(v,n(v)) \tag{2.46}$$

抵抗から推定される推力が船速の2次関数で与えられているとする。

$$T(v) = EV^2 + FV + G \qquad V(\text{knots}) = v/0.514444 \tag{2.47}$$

またプロペラ回転数と船速の関係が線形の関係であるとする。

$$n(v) = PV + Q \qquad V(\text{knots}) = v/0.514444 \tag{2.48}$$

さらに推力特性が前進常数 $J = v_a/nD$ の2次関数で表わされているとする。

$$K_T(J) = AJ^2 + BJ + C \tag{2.49}$$

これよりプロペラ流入速度が次の二次方程式を解いて得られる。

$$\frac{A}{D^2} v_a^2 + \frac{Bn}{D} v_a + Cn^2 - \frac{T(V)}{\rho D^4} = 0 \tag{2.50}$$

以上の関係により伴流係数は次のように表現できる。

$$1 - w = \frac{v_a}{0.514444 V} = \frac{\alpha + \beta x + \sqrt{\gamma + \delta x + \varepsilon x^2}}{0.514444} \tag{2.51}$$

ここで

$$x = \frac{1}{V}、\quad \alpha = -\frac{D}{2A}BP、\quad \beta = -\frac{D}{2A}BQ$$

$$\gamma = \left(\frac{D}{2A}\right)^2 \left\{(B^2-4AC)P^2 + \frac{4}{\rho D^4}AE\right\}$$

$$\delta = \left(\frac{D}{2A}\right)^2 \left\{(B^2-4AC)2PQ + \frac{4}{\rho D^4}AF\right\}$$

$$\varepsilon = \left(\frac{D}{2A}\right)^2 \left\{(B^2-4AC)Q^2 + \frac{4}{\rho D^4}AG\right\}$$

(1) 計算例1　供試船の伴流係数

　この節で示した供試船を対象として (2.51) 式で計算された伴流係数を図2.11に示す。伴流係数は表2.2に示した自航解析の結果と同じものを与える。

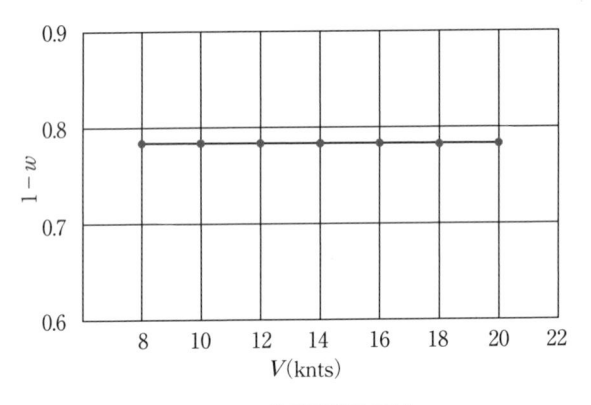

図2.11　供試船伴流係数

(2) 計算例2　大型肥大船の伴流係数

　別の例として大型肥大船のバラスト状態および満載状態の伴流係数の解析例を図2.12と図2.13に示す。自航試験で計測される推力 T を速度の二次関数として平滑化して表わす場合 (2.51) 式で伴流係数が計算される。

　自航条件による伴流係数は、プロペラ推力特性曲線 (2.49) 式、推力曲線 (2.47) 式、回転数曲線 (2.48) 式のみにより定まり船体抵抗および推力減少係数とは直接関係無いことが分かる。

2.5 自航要素の一般的性質

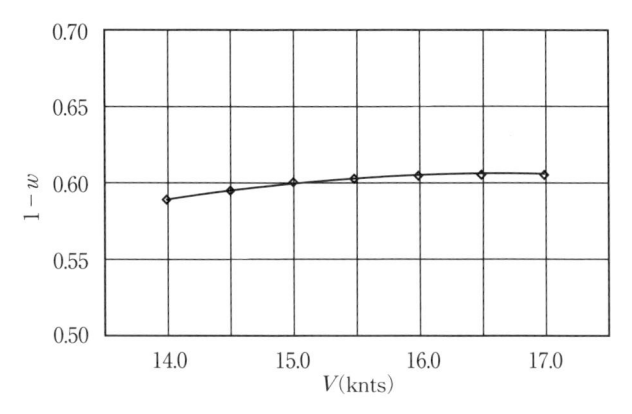

図 2.12 肥大船バラスト状態における伴流係数の計算

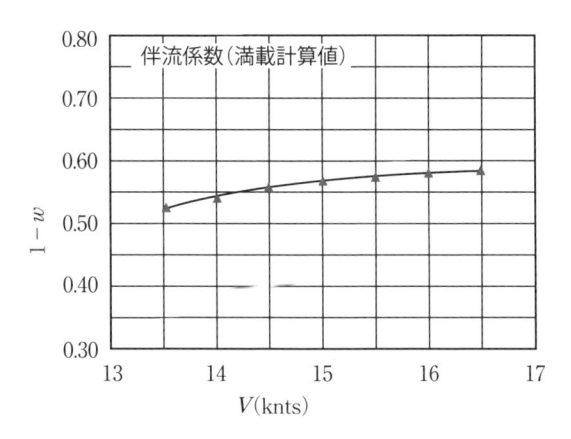

図 2.13 肥大船満載状態における伴流係数の計算

2.5.2 推力減少係数と船尾圧力

船の直後でプロペラが作動するとき、プロペラの無い抵抗試験時の抵抗に比べ、船体＋プロペラの系の全抵抗は増加する。これはプロペラの作動により船体後部の流れが加速され圧力が下がることにより抵抗が増加するためである。

プロペラはその作動面で流体を加速し、流体質量を後流に押しやる。その作用の結果としてプロペラ前方の流体を吸い込み、この吸い込み作用による流体の加速が船体後部の圧力を低下させる。

この相互作用による抵抗の増加ΔRはプロペラにより誘起されるものである。船体を推進する推力はプロペラ付きの船体で推力が零の場合の船体抵抗R_Cと相互作用による抵抗増加ΔRの和として表現される。

$$T = R_C + \Delta R = (R_C + t'T) \tag{2.52}$$

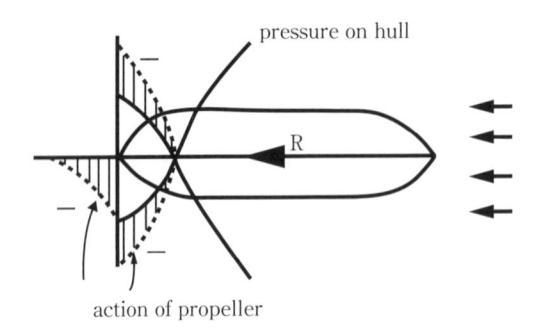

図 2.14　プロペラ作用の船体圧力分布の概念図

ここで推力減少率 t' を導入する。上式の定義から推力減少率は

$$t' = \frac{T - R_C}{T} \tag{2.53}$$

となる。推力減少係数は

$$1 - t' = \frac{R_C}{T} \tag{2.54}$$

で定義される。推力減少係数はプロペラの作動による船体抵抗の増加の割合として定義される。推力が零の場合の船体抵抗 R_C は船体にプロペラの付いている場合であるが、プロペラの付かない場合の船体抵抗 R_0 を使用するときも同様に推力減少率と推力減少係数を定義することができる。

$$t = \frac{T - R_0}{T} \tag{2.55}$$

一般に $R_C \neq R_0$ であるので二つの定義式による推力減少率は異なる。プロペラの付いている場合の推力減少率は、ポテンシャル計算の結果と同じく速度による変化また尺度影響はない。

プロペラ作動によりプロペラ前方の船尾の表面流速が加速され、境界層の速度分布も影響を受けることになる。したがって、抵抗増加としては圧力抵抗と摩擦抵抗の両者の増加があることになる。しかし、摩擦抵抗の増加は圧力抵抗の増加と比べて小さく、推力減少の要因としては圧力抵抗のみを考えることができる

2.5.3 船殻効率の要素

船殻効率は（2.55）式による推力減少係数、プロペラ特性曲線および推力曲線で計算される伴流係数（2.51）式により定義される。推力減少係数は速度に関係なく一定値とされる。このとき船殻効率は、

$$\frac{1-t}{1-w} = 0.51444 \frac{R_0}{T} \frac{1}{\alpha+\beta x+\sqrt{\gamma+\delta x+\varepsilon x^2}} \quad (2.56)$$

となる。

船殻効率は船体とプロペラの相互作用による船尾後流のエネルギー損失とプロペラによるエネルギー利得の比であり、プロペラ回転数、推力およびプロペラ特性曲線により表わされる。船殻効率を船尾形状の変化により改良することは、上式からも明らかなようにプロペラ特性にも関係するので、船殻効率の改良は船尾形状とプロペラとを組み合わせて検討しなければならない。

2.5.4 プロペラ効率比と船尾流場

プロペラ効率比は船後流場で作動するプロペラのトルクに対する一様流中を単独で作動するプロペラトルクの比として次のように定義される。

$$\eta_R = \frac{Q_0}{Q_B} \quad (2.57)$$

この場合、船後のプロペラに流入する平均流速 v_a は推力一致法により計算される流速である。船後で作動するプロペラの直前の位置での流速計測は特別の装置でないと困難であるが、プロペラの付かない船体のプロペラ位置での流速計測は日常的に行われている。このような計測からプロペラの作動する流場における流速の変化はプロペラ半径方向の変化と回転の周方向の変化の二つの成分が重なったものである。

半径方向の流速変化はあるプロペラ半径位置の面積 $2\pi r dr$ を通る平均流速の半径方向の分布として定義される。図2.15に肥大船の典型的な半径方向伴流分布を示す

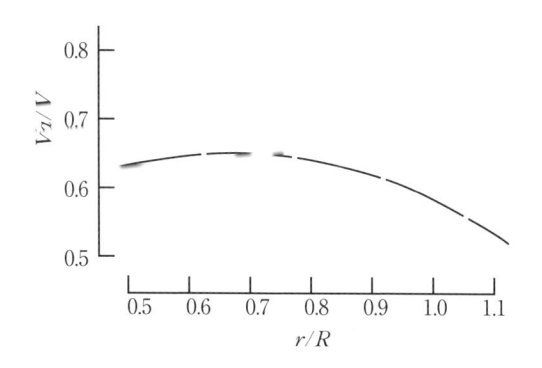

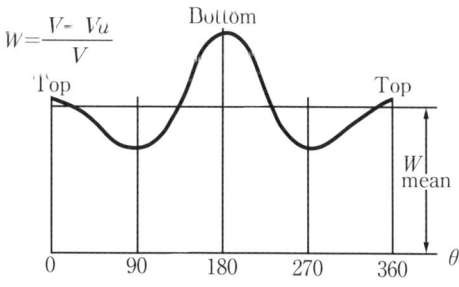

図2.15 半径方向での平均伴流　　**図2.16 周方向位置での平均伴流**

周方向の伴流変化はプロペラ面上でプロペラの中心を頂点とする微小扇面 $\frac{1}{2}R^2 d\theta$ ($R = D/2$) の面積を通過する平均流速の周方向の分布として定義され、周方向変化は図2.16のようにな

る。プロペラ面を通過する伴流の平均値は周方向の伴流分布の平均値として求められる。流速は周方向の各位置で一定でなく、プロペラ上方では遅く、プロペラ下方では比較的早くなっている。

このように変化している伴流を平均したものがプロペラ流入速度として扱われる。実際の船後流れは一様流と異なるので、プロペラ性能特性も一様流の場合と異なるものとして扱われる。

船後プロペラのトルクとプロペラ単独のトルクの相対比

$$\frac{Q_B - Q_0}{Q_0} \tag{2.58}$$

はプロペラ効率比を定義する要素である。プロペラ翼理論に非定常流場を導入し不均一流の非線形項を含む相対比の算定式を導くことができる。この相対比は流入速度分布の半径方向成分と周方向成分を含む二つの項により表わされる。この式で半径方向の速度変化だけを含む項は $\eta_R \approx 1.0$ を与えることが示され、周方向変化を含む項は負の寄与があることが示される。このことは $\eta_R > 1$ となり得ることであり自航解析でも示されている。そのような計算例を表2.3に示す

表2.3 プロペラ効率比の比較果

	TEST	PREDICTION	
		r and θ terms	without θ term
MODEL	1.045	1.025	1.003
SHIP		1.041	1.010

この例では半径方向の不均一成分の影響は少なく、周方向流速変化の不均一成分の非線形効果がプロペラ効率比を説明している。

肥大船尾の伴流分布は周方向の変化が大きいことが知られており、またプロペラ効率比も $\eta_R > 1$ となることが観察される。痩せ形船尾では半径方向および周方向変化も小さく、プロペラ効率比も $\eta_R \approx 1.0$ となる場合が多い。

2.5.5 自航要素の近似的推定法

自航要素を求めるのに水槽試験を行うのが一般的であるが、船型設計の初期段階では類似の形状を持つ船舶のデータベースにより、与えられた船型とプロペラについて近似的に自航要素を求めることが行われる。しかしながら、船尾の形状の違いにより自航要素が大きく変わり得るのでその適用法には限度があると考えなければならない。

痩せ型の一軸船について自航要素の近似式の例を以下に示すが、これらは自航要素と船型との関係について大まかな傾向を表すものである。

(a) 伴流率

$w = 0.5 C_B - 0.05$ Taylor

$w = 0.75 C_B - 0.24$ von Lammeren

(b) 推力減少率

$t = 0.5 C_B - 0.15$ von Lammeren

$t = 0.6 w$

(c) プロペラ効率比

$\eta_R \approx 1.0$

これまでにいくつかの船型に対して性能推定図表が用意されている。Todd の Series 60、SR45 の高速貨物船、山県の標準船型に対する推定図表等には、自航要素を推定する図表が付属しているのでこれらを利用することもできる。船型およびプロペラ直径の違い、プロペラ位置等が自航要素に及ぼす影響についての修正用チャートも用意されている場合もあり、船型によってはかなりの精度で自航要素を推定することも可能である。

2.6 自航要素の尺度影響

これまで自航要素について説明した中で尺度影響の大きな現象は、境界層の厚さおよびプロペラ翼面上の摩擦抵抗である。プロペラの揚力および誘導抗力に関する現象は粘性のないポテンシャル流れで説明できるので尺度影響はないものとして扱うことができる。

プロペラに働く推力 T、トルク Q の変化は次のように表される。

$$dT' = dT - R_f \sin\psi \tag{2.59}$$

$$dQ' = dQ + R_f r \cos\psi \tag{2.60}$$

dT と dQ に関しては、模型プロペラと実船プロペラでは作動条件が同じであれば、尺度影響は無いが、プロペラ翼に働く摩擦抵抗については尺度影響を考慮しなければならない。しかしプロペラへの流入角 ψ は小さいため、推力に関する摩擦抵抗の寄与は小さく一般的に無視することができる。したがって、トルクのみに摩擦抵抗の尺度影響が残ることになる。

推力減少率はプロペラ推力をプロペラ面での吸い込みとして扱い、この吸い込みによる船体後部の圧力変化に基づくものと説明でき、その大きさは粘性を考えないポテンシャル流れとして扱うことができる。したがって推力減少率には尺度影響は小さいとしてこれを無視して扱われる。

また、伴流率については、プロペラ位置における境界層の相対的厚さが模型船と実船でどのくらい異なるかに関係する。境界層の厚さ比はレイノルズ数の比の平方に比例するので、尺度影響はレイノルズ数に関係することになる。表 2.4 に伴流係数 $(1-w)$ の標準的な模型船 ($L=7$ m) に対する実船の伴流係数の尺度影響の程度を示す。船長が長くなるほど伴流係数は模型船に比べ大きくなることが示されている。

表 2.4 伴流係数の尺度影響

Ship Length	$(1-w)s / (1-w)m$
～ 100 m	1.0
100 m ～ 130 m	1.02 ～ 1.04
130 m ～ 160 m	1.04 ～ 1.07
160 m ～ 180 m	1.08 ～ 1.10
180 m ～ 200 m	1.10 ～ 1.15
200 m ～ 220 m	1.15 ～ 1.20

プロペラ効率比は船後流場で作動するプロペラのトルクと一様流中で作動する場合のトルクの比として表される。実船のプロペラのトルクには摩擦抵抗の尺度影響があるが、船後流場と一様流でのトルクの比をとるので、プロペラ効率比では摩擦抵抗分は打ち消し合い尺度影響としては大きく表れないと考えられる。以上より、自航要素については伴流率にのみ尺度影響を考慮すればよいことになる。

実船計測で船速、プロペラ回転数、トルク（出力）が計測されるとき、有効出力曲線、プロペラ特性等を利用した航海解析により有効伴流率、推力減少率、プロペラ効率比等を算出することが可能である。また前進常数、船殻効率、プロペラ効率および推進効率等も求めることができる。図 2.17 にこれらの要素が模型船と実船について示されている。これらの要素の尺度影響については基本的には伴流率、推力減少率、プロペラ効率比の 3 要素について考慮すればよいが、図 2.17 に示す模型船試験と実船解析の比較からも尺度影響は伴流率に大きく現れることが示されている。

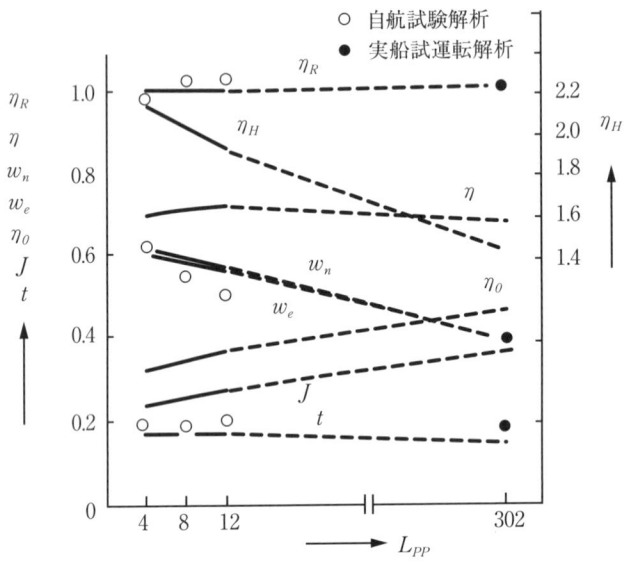

図 2.17　自航要素の尺度影響

2.7　出力の推定と出力曲線

実船の出力の推定には基本的に 3 つの手法がある。それらは、類似船の試験データに基づく手法、船型試験のデータに基づき推定する手法、および数値計算手法である。最も広く利用されているものはこれまで述べてきた船型試験データに基づく手法である。

プロペラの装備されていない船体について、模型船から実船の抵抗が推定される。この場合、模型船と実船の抵抗の大きな差はレイノルズ数の違いによる摩擦抵抗の差であった。造波抵抗については模型船と実船とでフルード数を同じにすることができるので模型試験から実船の造波抵抗を推定することには問題はない。摩擦抵抗の尺度影響を導入して、模型船の船型試験データから実船の抵抗が実用上問題なく推定される。このようにして、模型船の抵抗試験から実船の有効出力が推定される。

実船はプロペラが装備された状態で航行するので推進効率を推定することにより機関出力が定められる。船体とプロペラの系については、この系を所定の速度で航走させるための条件が、自航試験により自航要素として求められた。また模型船と実船の自航要素について尺度影響を考慮して実船の出力推定がなされる。図2.17に示されるように伴流係数に尺度影響が表れ、それにより前進定数が変化し、対応するプロペラ単独効率も変化する。推力減少係数およびプロペラ効率比は尺度影響がないとし、模型による自航試験から実船の出力推定のための推進効率が推定される。

$$\eta = \frac{1-t}{1-w}\eta_0\eta_R$$

以上に述べたように、実船を所定の速度で航走させるために必要な出力推定のためのデータが、船型試験（抵抗試験、自航試験）から得られることになる。通常、船の出力曲線は満載状態のほかに試運転の速力試験の喫水に対応して作成される。気象海象条件は無風状態、平穏な海面状態で推定されたものである。船型試験に基づく解析的手法で計算された出力曲線の例をいくつかを図2.18に示す。出力、回転数および推進効率を船速に対して表示している。それぞれの図ではいくつかの類似船型の出力を比較して表わしている。

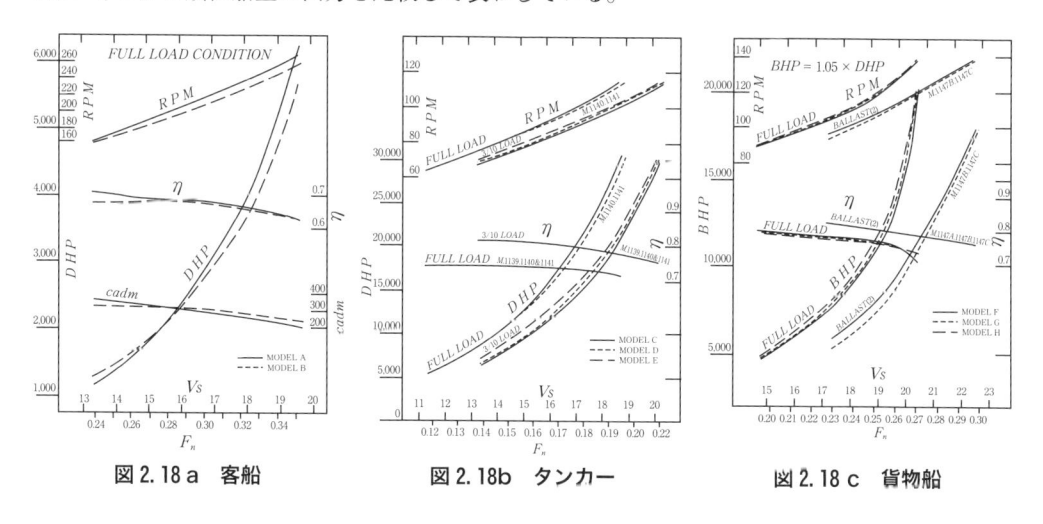

図2.18a　客船　　　　**図2.18b　タンカー**　　　　**図2.18c　貨物船**

2.8　推進性能と船尾形状設計法

船体後半部の設計は、船体のみならず推進器や操舵装置との相互干渉が影響し、抵抗推進性能に加えて操縦性能にも関係してくるので、多角的な検討をしなければならない。省エネルギー化のための船型改良や省エネ装置の開発など省エネ効果を最大とするためにも船体後半部の設計は重要である。

さらに船体後半部の流場は前半部と異なり境界層が発達して厚くなり、船尾部のビルジを回る流れにより3次元剥離、渦流れを起こす場合が少なくなく、船体抵抗の増加の一因となる。またこのような流れがプロペラ作動面に流入するためプロペラ流場は不均一流場となる。このような流れ場に置かれるプロペラの変動的な力による船尾振動の発生、またキャビテーションの発生による振動等の問題が生じる。これらの防止対策は船尾形状の設計に深く関わるものである。した

がってこれらの諸現象を物理的に正しく把握しておくことが設計者にとって重要である。

船舶の大型化、肥大化に伴い航海速力が相対的に低下する傾向にあり、船体前半部形状に起因する造波抵抗の影響は小さくなり、船体後半部の形状の推進性能に及ぼす影響が大きくなっている。またこのような船舶についても省エネ化を極限まで追求する努力が行われているのが実情である。

船体後半部の流れは次のように特徴づけられる。

- ポテンシャル流れに比べ船尾で圧力が回復しない
- 境界層が厚くなっている
- ビルジ部を回る流れで剥離、渦が生じる
- 船尾の形状によりプロペラに流入する流れが均一でない

これらの流れの特徴を踏まえて粘性流体の理論を適用して、最適な船尾形状の設計を行わなくてはならない。一般の大型肥大船型では船型可分原理に基づいて船体前半部の設計と後半部の設計は推進性能上分離して行っても大過ないことが知られている。そのような船では、船体前半部は与えられているとして、船体後半部の設計を考えることが許される。

ここでは船体とプロペラの相互干渉の観点から船尾形状の設計に際して要求される要素を明らかにし、その要素に包含される物理現象を理解して具体的な設計手法について解説する。

2.8.1　船尾形状の設計で考慮される要素

船体とプロペラの相互作用の観点から、船体後半部の形状により推進性能に直接関係すると考えられる要素は次のようであろう。

- 船体とプロペラおよび舵の相互干渉
- プロペラに流入する速度場

船体の存在によりプロペラに流入する平均速度 v_a は船速 v と異なる。この平均速度は船尾の境界層および 3 次元剥離流、ビルジ渦などにより影響される。この速度場で作動するプロペラの推力により船体は一定船速で航走する。

推力を発生するプロペラはプロペラ面に吸い込みを持ち、この吸い込みにより船尾流速が加速され、船尾の圧力が下がり抵抗として作用する。すなわちプロペラの作用により抵抗増加が生じる。

船速 v の船体が抵抗 R で航走するときの仕事は Rv であり、このときプロペラ推力による仕事は Tv_a である。この二つの仕事の比は船殻効率と定義される。

$$\eta_H = \frac{Rv}{Tv_a} = \frac{1-t}{1-w}$$

船体とプロペラの相互干渉は、プロペラによる抵抗増加のエネルギー増加と、伴流によるエネルギー回収として表現されている。この両者を別々に扱うことは困難である。しかし船尾形状の工夫により船殻効率を改良することは可能であり、船体とプロペラの相互干渉は船尾形状の設計にとって重要な要素となる。

船尾の流れの中におかれるプロペラ単独の効率は、平均流入速度を同一とした場合の一様流中のプロペラの効率との比で表される。

$$\eta_R = \frac{\eta_B}{\eta_O}$$

プロペラ効率比は船尾の形状によるプロペラ流入速度の半径方向および周方向の分布で定まる。

　プロペラに流入する速度場は推進性能のみならず、船体振動の面からも重要である。プロペラによる起振力はプロペラの不均一作動によるものであるので、プロペラへの流入速度場の分布はできる限り均一であることが望ましい。またプロペラ面上に発生するキャビテーションは局所的翼面荷重の大きさによるので、プロペラに流入する速度場をできるだけ均一に保つことがキャビテーションの被害を未然に防止するためにも必要である。

　以上に述べた船体とプロペラの相互作用および船尾における粘性流場が船尾形状の設計に取り重要な要素である。

2.8.2　船尾における推進性能評価手法

　船尾の形状により推進性能が影響されることを解析する手段がこれまで幾つか開発されてきている。これらを大別すると次のように分類される。

　　●実験的手法
　　●理論解析的手法
　　●数値計算的手法

次節ではそれぞれの手法に基づいて推進性能の評価方法について解説する。

2.9　実験的手法による評価

2.9.1　自航試験

　自航試験による計測値の解析から自航要素が求められ、推力減少係数$(1-t)$、伴流係数$(1-w)$およびプロペラ効率比η_Rが計算される。

これらより、

$$\text{船殻効率}\quad \eta_H = \frac{1-t}{1-w}$$

が求められる。船尾形状を種々変更して抵抗試験と自航試験を繰り返し、試験データを整理することによって、プロペラによる船体抵抗増加やプロペラ流入量と船尾形状との関連性として把握することができる。船舶設計において船尾形状の系統的な変更に対して自航要素の変化をデータベースとして整理しておくことは最も有用な情報を与えるものとなる。

2.9.2　圧力計測による推力減少係数

　船尾の船体表面に圧力計測用の計測孔あるいは圧力計を配置し抵抗状態と自航状態の圧力を計測することにより船体とプロペラとの相互作用を詳細に調べることができる。また十分な数の圧力計測点により、船体表面圧力の積分を行うことでプロペラ作用による抵抗増加を算出することも可能である。

　図2.19、図2.20はプロペラの作用による船体表面圧力分布の実験値を示す。自航状態で船尾

の圧力が下がっていることが分る。計測値による推力減少率の計算は船尾部の圧力変化を計測し圧力の船体進行方向の成分力を積分することにより行うことができる。

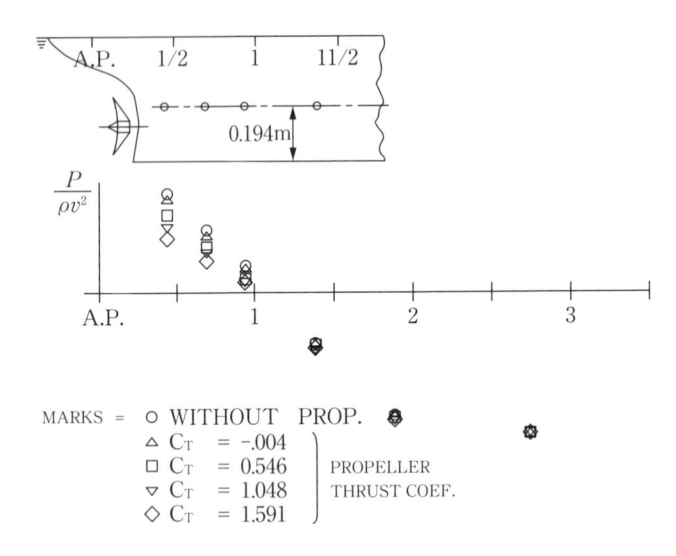

図 2.19 プロペラ作用による圧力低下

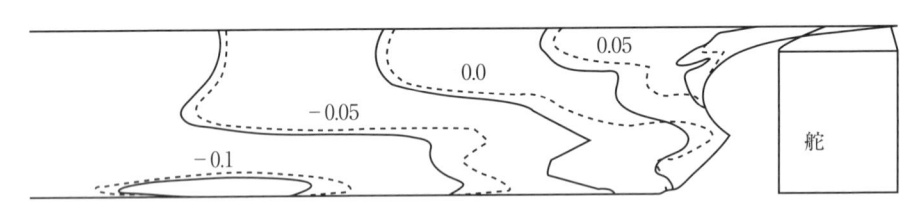

図 2.20 曳航、自航時の船体表面圧力分布

2.9.3 船尾流場計測

　船体後半部の流れの様子を知るために流場の可視化手法により流線や剥離線の観測を行うことができる。

　可視化には塗膜法による流線観測（図 2.21）、タフト（糸）による流れの方向ベクトル観測およびピトー管による多点流速計測等が利用できる。さらに可視化技術の進歩と共にプロペラ作動時の船尾流場の計測が可能である。船体後半部の境界層内の速度分布、これによる渦度の測定、ビルジ渦の形成等の計測が行われるようになってきている。代表的な手法としてはピトー管による流速計測が実用的であり、さらに非接触型のセンサーとしてレーザードップラー流速計等がある。

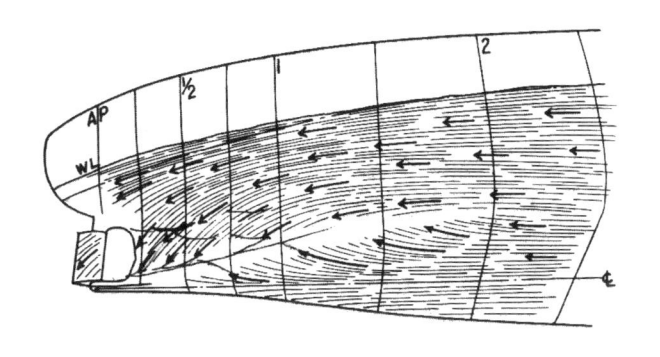

図 2.21 塗膜法による流線観察

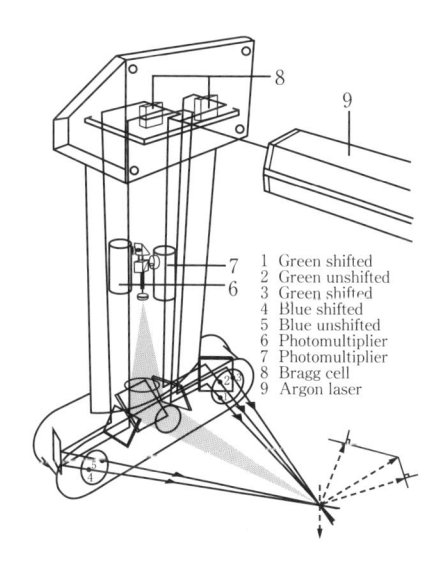

1 Green shifted
2 Green unshifted
3 Green shifted
4 Blue shifted
5 Blue unshifted
6 Photomultiplier
7 Photomultiplier
8 Bragg cell
9 Argon laser

図 2.22 レーザードップラー流速部

　レーザードップラー流速計ではプロペラの作動している船尾流場を任意の位置で計測することが可能である（図 2.22）。プロペラは船体の流場の影響を受けるとともに、船体もプロペラの作動による影響を受ける。特に船体後半部の形状により推進効率が大きく変化するので、流線観測の結果を利用してこれらの相互影響を十分理解することが、船の推進性能を正しく推定するために必要である。

　伴流係数は船体によるプロペラへの流速に与える影響度を示している。図 2.23 にプロペラが作動する場所における模型船の流場を計測した例を示す。ただし、プロペラが作動していない場合の計測である。

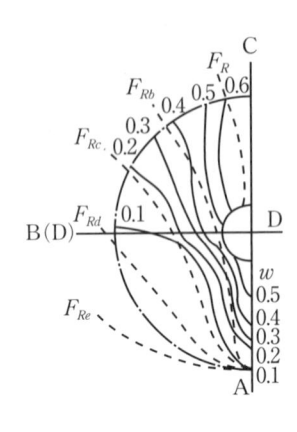

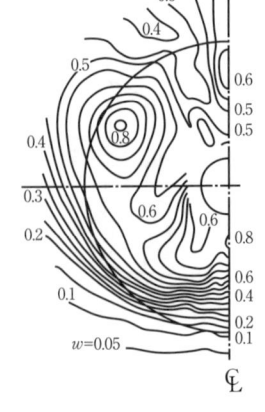

図 2.23 a　痩せ型船のプロペラ面伴流　　　　　　**図 2.23 b**　肥大船のプロペラ面伴流

　図 2.23 a ではプロペラの前方の船体のフレームライン（F_{Ra}、....、F_{Re}）と流速分布を示す。プロペラ面への流れは船体表面に沿って流れる流線上での境界層が発達し厚くなっていることが分かる。この計測例は痩型船であるので、伴流は流線に沿う境界層の発達によることが分かる。肥大船の場合にはビルジ部での剥離現象、船体後半部形状の急激な絞込みによる剥離等により伴流分布は図 2.23 b に見られるように複雑な形状となる。

　これらの伴流計測はプロペラの作動状態ではないので、船体のプロペラへの影響しか分からない。プロペラの船体への影響を加味した伴流計測は、プロペラを船体に取り付け、回転させた状態での流場計測が必要である。そのような計測はレーザードップラー流速計で行うことができ、計測例を図 2.24 に示す。

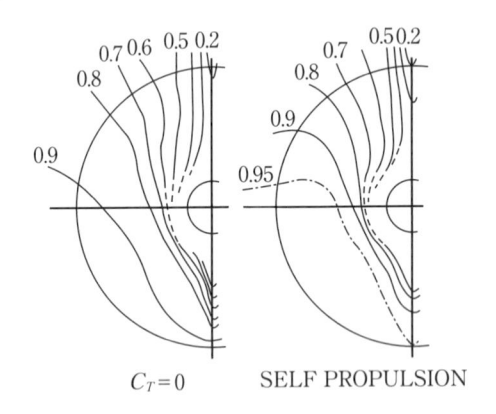

図 2.24　プロペラの作動の有無による伴流の比較

　プロペラが作動することによって伴流が増速されているのが分かる。一様流の場合もプロペラの吸引作用によりプロペラ面上では加速流となるため、伴流の増速はプロペラ吸引力の作用によるものが大きな部分を占めるが、加速流のために圧力が減圧作用となり境界層の厚みを少なくする効果もある。プロペラ作動時の流場計測は船体とプロペラの相互作用を理解するのに有益な情報を与える。

2.10 理論解析的方法による評価

　船体後半部の流場については、その流場を支配する方程式は Navier-Stokes の方程式（N-S 方程式）であり、この方程式は数値的に説くことができる。その手法の適用は船尾形状の改良の方向性は示すものの、具体的に何処をどのように変えればよいかの直接的な情報を提供するものではない。ここで述べる理論解析的手法は、船尾流れ場をその解析の目的とする現象に合うように、N-S 方程式を簡略化して解くものであり、またその結果が実測値との乖離が大きくなければ解析目的がはっきりしているので、設計の初期段階において有用な情報を与えることが可能である。

　船体後半部の設計で考慮されなければならない要素について、以下の手法が利用できる。

　●ポテンシャル理論による計算
　●境界層理論による計算

2.10.1　ポテンシャル理論

(1)　推力減少係数

　推力減少係数はプロペラの作動による船体抵抗の増加の割合として定義される。プロペラの作動によりプロペラ前方の流速が加速され圧力が下がる。また船体表面の流速と圧力が変化するので境界層の速度分布も影響を受けることになる。したがって、抵抗増加としては圧力抵抗と摩擦抵抗の両者の増加があることになる。しかし、摩擦抵抗の増加は圧力抵抗の増加と比べて小さく、推力減少係数としては圧力抵抗のみを考えることが多い。

　プロペラの推力 T はプロペラ面での圧力差 $\Delta P_P(r,\theta)$ の積分で表されるとするとき、

$$T = \int_{r_B}^{r_o} dr\, r \int_0^{2\pi} d\theta\, \Delta P_P(r,\theta) \tag{2.61}$$

プロペラ前方の船体表面に及ぼす圧力 P_P はプロペラ面で円筒座標を採用すると次の式で表すことができる。

$$P_P(x,y,z) = \frac{1}{4\pi} \int_{r_B}^{r_o} dr'\, r' \int_0^{2\pi} d\theta'\, \Delta P_P(r',\theta') \frac{\partial G_0}{\partial n_p'} \tag{2.62}$$

ここで (x,y,z) 点は船体表面上の点であり、関数 G_0 は次式で表される。

$$G_0 = \{(x'-x)^2 + (y'-y)^2 + (z'-z)^2\}^{-\frac{1}{2}} + \{(x'-x)^2 + (y'-y)^2 + (z'+z)^2\}^{-\frac{1}{2}}$$

　プロペラ作動時の抵抗増加を推定する一つの方法を述べる。船体表面の自航時の圧力とプロペラ推力がゼロのときの圧力の差を $\psi(x,y,z)$ とすると、この圧力によるポテンシャルを次のように表すことができる。

$$\psi(x,y,z) = \frac{1}{4\pi} \iint_{S_{HA}} dS\, \psi(x',y',z') \frac{\partial G_0}{\partial n'} \tag{2.63}$$

船体表面の圧力の変化分はプロペラによる圧力 P_P に等しいという条件から、船体表面上での圧力差に関する積分方程式を導くことができる。

$$\frac{1}{4\pi}\iint_{S_{HA}}dS\psi(x',y',z')\frac{\partial G_0}{\partial n'}=P_F(x,y,z) \tag{2.64}$$

圧力差 ψ の船尾部での積分によりプロペラによる抵抗増加が計算され、この抵抗増加とプロペラ推力との比として推力減少率を推定することができる。

$$t_P=\frac{-\iint_{S_H}dS\psi(x,y,z)n_x}{T} \tag{2.65}$$

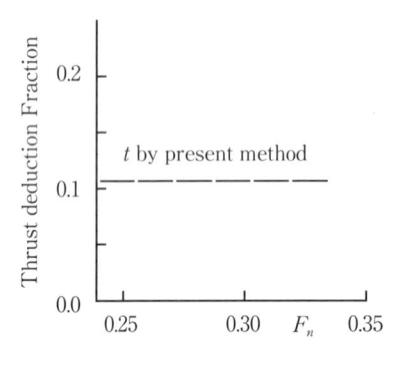

図 2.25 a　痩せ型船の推力減少率 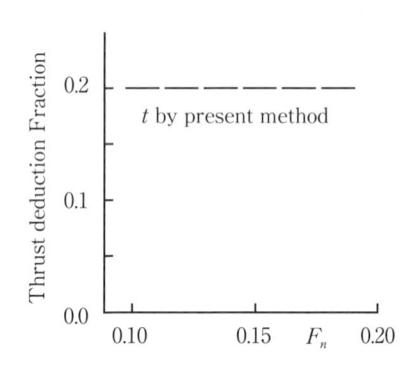　　　　図 2.25 b　肥大船の推力減少率

このようなポテンシャル理論による推力減少率の計算例を図 2.25 に示すが、推力減少率は速度に関係なく一定となる。

プロペラの作用については、推力を与える圧力差をプロペラ面の面素の束縛渦の循環分布とする方法がある。循環とプロペラ面に流入する流れとの作用を求め推力を計算し、船体抵抗と推力が一致するようプロペラ回転数を調整し束縛渦の循環を求める手法である。

プロペラの作用による船体抵抗の増加は、プロペラによる船体表面上の圧力変化に起因し、したがってプロペラ面での圧力差 $\Delta P_P(r,\theta)$ を表す束縛渦の循環分布に比例しているとしてよい。循環分布はプロペラ流入速度に比例するので次に定義される推力減少率は分母と分子でプロペラ流入速度が打ち消し合い、推力減少係数は流入速度と関係ない量となる。

$$t_P=\frac{-\iint_{S_H}dS\psi(x,y,z)n_x}{\int_{r_B}^{r_o}drr\int_0^{2\pi}d\theta\Delta P_P(r,\theta)} \tag{2.66}$$

(2)　ポテンシャル船尾流場

船体の造波抵抗の計算においてポテンシャル理論が有効であることを見たが、船尾の形状についてもポテンシャル流線の計算が設計にとって有用な情報を与えてくれることがある。船体形状

2.10 理論解析的方法による評価

が与えられると、船体周りの流速を与える速度ポテンシャルが次式で計算できる。

$$\Phi(x,y,z) = Ux - \frac{1}{4\pi}\iint_{S_H} d\xi' d\eta' H_H(\xi',\eta') \frac{\sigma(\xi',\eta')}{R} \tag{2.67}$$

ここで、

$$R = \sqrt{|x-x_H(\xi,\eta)|^2 + |y-y_H(\xi,\eta)|^2 + |z-z_H(\xi,\eta)|^2}$$

$$H_H(\xi,\eta) = \left\{\left(\frac{\partial(y_H(\xi,\eta), z_H(\xi,\eta))}{\partial(\xi,\eta)}\right)^2 + \left(\frac{\partial(z_H(\xi,\eta), x_H(\xi,\eta))}{\partial(\xi,\eta)}\right)^2 + \left(\frac{\partial(x_H(\xi,\eta), y_H(\xi,\eta))}{\partial(\xi,\eta)}\right)^2\right\}^{\frac{1}{2}}$$

速度ポテンシャルによる速度成分を

$$v_x = \frac{\partial \Phi}{\partial x}, \quad v_y = \frac{\partial \Phi}{\partial y}, \quad v_z = \frac{\partial \Phi}{\partial z} \tag{2.68}$$

で表すと、船体表面では次の条件を満たさなければならない。

$$n_x v_x + n_y v_y + n_z v_z = 0 \quad on \quad S_H \tag{2.69}$$

この条件から吹き出し分布を求める積分方程式が得られ。船尾の流線は次の方程式を解くことにより求められる。

$$\frac{dx}{v_x} = \frac{dy}{v_y} = \frac{dz}{v_z} \tag{2.70}$$

図 2.26 に船尾形状の異なる 3 隻の船型について計算された流線を示す。船尾形状の違いによりポテンシャル流線が変化していることが分かる。プロペラ円板を図中に表示することによってプロペラに流入する流れの概略をつかむことが可能である。

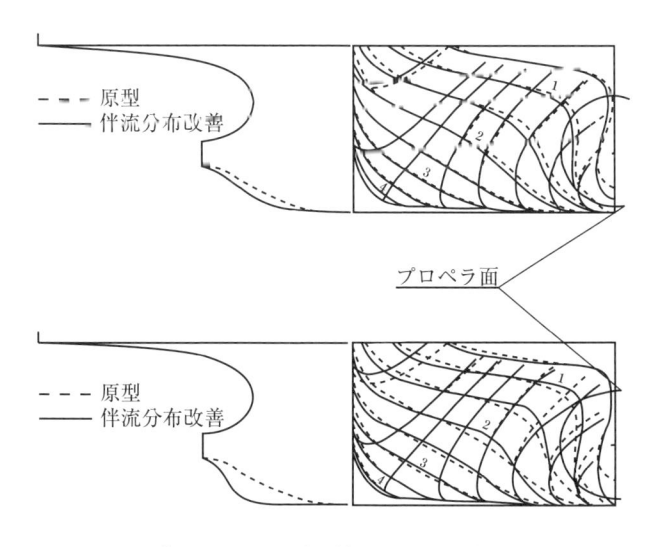

図 2.26 ポテンシャル理論計算による流線（2 重模型近似）

ポテンシャル流は船体後半部では発達した境界層また剥離現象、ビルジ渦の発生等で実際の流れとは異なるが、船尾形状の変化による流れについての基本的な情報を与えるものである。

図 2.26 の三つの船型では、G 船型は E 船型のフレームライン形状の傾向を変えずに、船尾バルブを一様に大きくして伴流利得を大きくする狙いがある。このとき粘性抵抗の変化は原型の E 船型と変わらないレベルであるようにする。船尾流線の傾向は両船であまり変わらず、船尾バルブを大きくした分だけ G 船型の伴流係数 $1-w$ が小さくなることが期待される。H 船型はさらに船尾バルブの中心を下げ、ビルジ渦をプロペラ面に導くため、船底を膨らましている。このようにして船尾形状を変化させて設計の意図を反映させるには、さらに境界層計算等を行い、最終的には実験で確認することになるが、ポテンシャル計算による流線や圧力分布を検討して設計の意図が実現されているかどうかを確かめることが可能である。また流線の拡大縮小率および曲率も計算できるので、境界層内の圧力変化、またビルジ渦の発生等の判定に役立てることができる。

2.10.2　境界層理論による船尾流場

粘性流体の運動は連続の式と N-S 方程式で記述され、これらの方程式から境界層理論が導かれるが、船体の流れのようにレイノルズ数が大きい流れでは乱流境界層理論を適用する必要がある。

乱流の場合は速度成分に時間平均値に変動成分を重ね合わせ、この速度成分を入れた方程式を平均した平均流についての基礎方程式（レイノルズ方程式）が導かれる。CFD を私用する手法ではこの方程式を基に数値的処理を行うが、境界層理論では境界層の厚さが物体の代表長さに比べ小さいとして境界層近似を行い、レイノルズ方程式を大幅に簡略化して計算を行う。

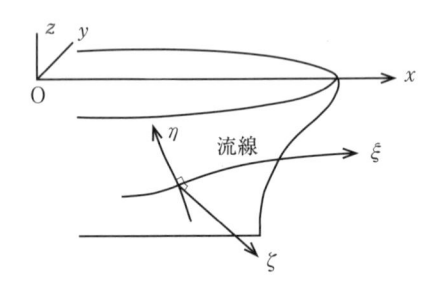

図 2.27　境界層計算の座標系

境界層計算は基礎方程式を船体表面から境界層外端まで積分した関係式を使って解かれる場合が多い。船体の境界層計算では一般に船体表面のポテンシャル流線を基礎とする流線座標を採用して計算が行われる（図 2.27）。

流線座標を使った基礎方程式において、流線方向の流れに比べ船体表面で直交する流れが小さいとする微小二次流れの仮定を置くと、境界層方程式は次のように書くことができる。

$$\frac{\partial}{h_1 \partial \xi}(U^2 \theta_{11}) + U\theta_{11}(H+2)\frac{\partial U}{h_1 \partial \xi} - K_1 U^2 \theta_{11} = \frac{\tau_\xi}{\rho} \tag{2.71}$$

$$\frac{\partial}{h_1\partial\xi}\left(U^2\theta_{21}\right)+2\theta_{21}U\frac{\partial U}{h_1\partial\xi}-2K_1U^2\theta_{21}+K_2U^2\theta_{11}\left(H+1\right)=\frac{\tau_\eta}{\rho} \qquad (2.72)$$

船体のように細長い物体では微小二次流れの仮定はほぼ満足されているとして、船尾流れの解析的手法として採用されている。

境界層方程式を解くためにはポテンシャル流線による流線座標、幾何学的パラメータ（h_1, h_2, K_1, K_2）また境界層外端の流速 U（ポテンシャル流速と一致するとされる）および境界層に関する幾つかのパラメータ（$\delta_1, \delta_2, \theta_{11}, \theta_{12}, \theta_{21}, \theta_{22}$）の計算が必要である。さらに境界層内の流れおよび局部摩擦則のモデル化の表示、摩擦応力の計算、その他のモデル化が必要であるが、これらについては船尾流れの解析に必要な式が提案されている。これらを組み合わせて成立する連立微分方程式の数値計算はルンゲクッタ法等の手法により比較的簡単に行うことができるため設計の初期段階における検討に適している。

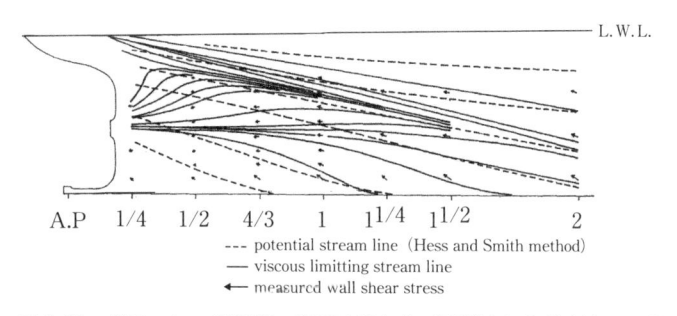

図 2.28　ポテンシャル流線、限界流線および計測された剪断力の比較

ビルジ渦の強くない瘠せた船型については境界層計算により伴流の推定が可能であり、船尾部の流場と船体表面での剪断力（摩擦抵抗）が求められる（図 2.28）。また、粘性に起因する渦を伴う流れ場をある程度予測できるので、プロペラ面に流入する伴流の推定を行うことができる。

粘性理論による船尾流場の計算では、プロペラ面に流入する速度分布を求めることができ、プロペラ無しの船尾流場から公称伴流が得られる。境界層計算による伴流分布の一例を図 2.29 に示すが計算は実測の傾向を良く表している。

プロペラ面での流速ベクトルが計算されるので、伴流の半径方向および周方向の流速分布が得られる。比較的ビルジ渦の弱い船型では境界層計算は実験と比較して傾向的には良い結果を与える。

プロペラが付いていない状態でプロペラ面上の流速分布から計算される伴流率を公称伴流と呼び、自航解析により得られる伴流率を有効伴流と呼ぶ。

境界層計算ではプロペラが作動している場合の流場の推定は困難である。したがって、類似の船型の境界層計算と実験値の差異を考慮して、実際に近い有効伴流の推定が行われる。

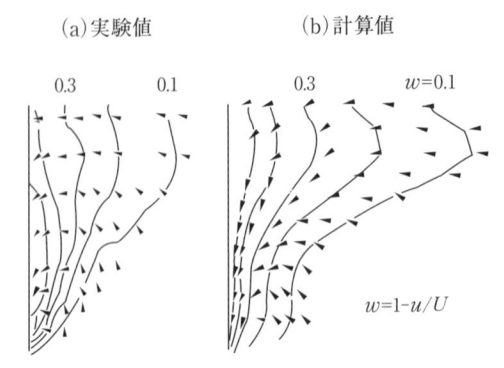

図 2.29　プロペラ面における流速分布

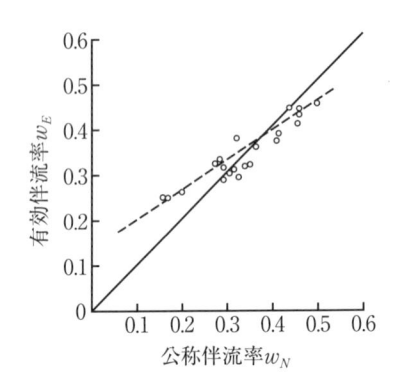

図 2.30　プロペラ面における流速分布

　類似船型の公称伴流率 w_N と有効伴流率 w_E の相関を図 2.30 のように示すと相関係数は次のように表わされる。

$$w_E = 0.666 w_N + 0.135$$

船種毎にこのような相関係数が用意されていれば、境界層計算の結果を船尾設計の有用な手段として利用することができる。

2.11　数値計算的手法（CFD）による評価

　第 1.6 節で解説した CFD の手法を用いて船尾まわりの流場およびプロペラの作用による船体・プロペラの相互干渉、いわゆる自航要素の推定が可能になりつつある。したがって、CFD は船尾形状の性能設計を行う上で有用な評価手法として活用される。ここでは、船尾形状の性能設計における CFD を活用方法について解説する。

2.11.1 船尾流場の計算

境界層理論においては剥離や強いビルジ渦を十分予測することが困難であるが、CFD計算ではこれらの現象を再現できる。プロペラが作動している船尾の流場を図2.31aに示す。この流れ場は船尾直後の船体中心面での流線と速度ベクトルを示している。

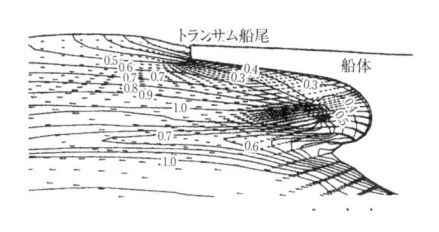

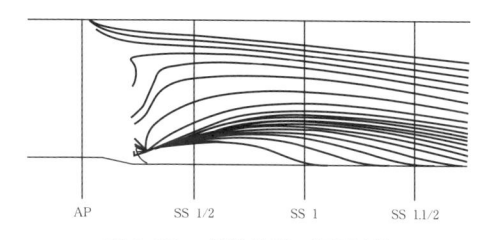

図2.31a　船尾直後の流場　　　　　　**図2.31b　船体後部の限界流線**

図2.31bの船尾近傍の限界流線は流れの剥離の傾向および再付着線を明瞭に示しており、また船尾付近の水線から船底方向への下降流、船底からの上昇流の傾向もよく表されている。

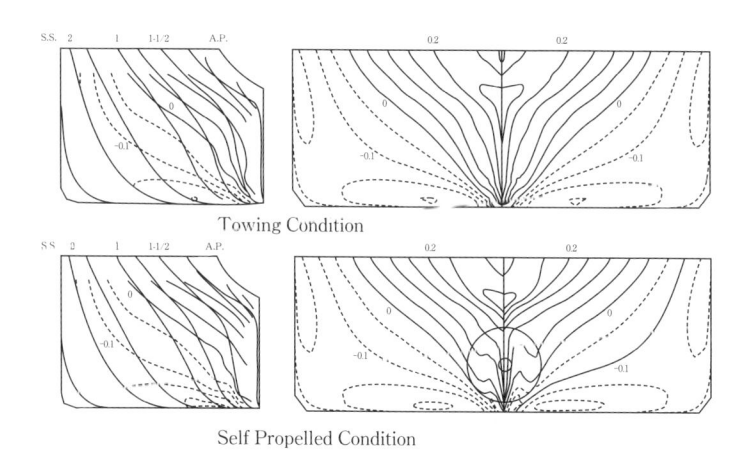

図2.32　プロペラ作動による船体表面の圧力変化

さらに図2.32はプロペラの作動による船体表面圧力の変化を示している。舵を装備してプロペラ作動時の計算も可能であるので、水槽試験に対応した自航状態での計算を行うことができる。

2.11.2 プロペラ面流速分布

プロペラ面上の伴流分布の実験結果とCFD計算をそれぞれ図2.33a、bに示す。CFD計算では強いビルジ渦を扱うことが可能であり、肥大船特有の伴流の特徴を捕まえることができる。

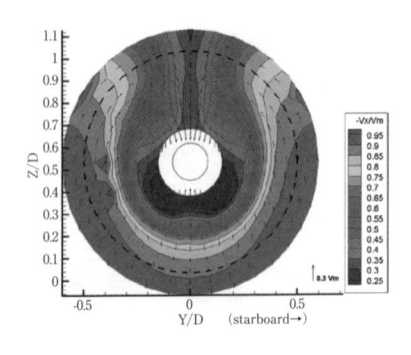

図2.33a プロペラ面上の伴流分布と速度ベクトル（実験）

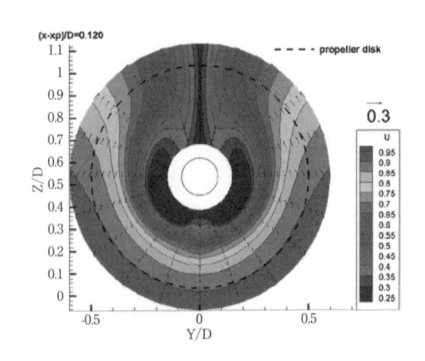

図2.33b プロペラ面上の伴流分布と速度ベクトル（CFD）

　これらの伴流分布の積分値により公称伴流が求められる。実測値との間には定量的には差が見られるが、幾つかの同様な船型による計算と実測の比較から相関を取ることにより計算値に対する修正が可能である。

2.11.3　CFDによる自航要素と出力曲線

　CFD計算による自航要素では、船尾流場の計算にプロペラの理論モデルを導入することにより、推力減少率や有効伴流を直接計算することが可能である。そのような方法による自航要素の計算例を次に示す。

　7種類の船型に対してプロペラの作動による船体表面圧力を積分し、推力減少係数を計算した結果を図2.34に示す。複数の船型に対する計算値と自航試験結果との相関を示したものである。推力減少係数が推定可能であるばかりでなく、圧力分布の詳細が計算されるので船尾船型の改良の方向を知るために有益な情報が得られる。

　CFD計算による推力減少率はプロペラによる船体表面上の圧力変化から求めているが、ポテンシャル計算による推力減少率とCFDによるものとは基本的に大きな差がなく、傾向的には図2.25のポテンシャル計算と同様な結果となっている。

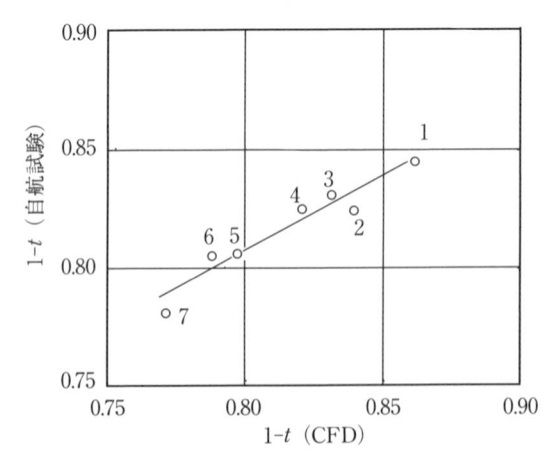

図2.34　推力減少係数のCFDと自航試験結果の相関

2.11 数値計算的手法（CFD）による評価

伴流係数についても同様な相関が図 2.35 に示されている。定量的には自航試験の結果と少し離れているが、傾向的には船型の変化を反映している結果を与えている。プロペラの計算モデルおよび計算における自航条件の適用の方法等による差が表れている。しかしプロペラ面における流場の詳細が計算されるので、船尾形状の設計のための情報として有用である。

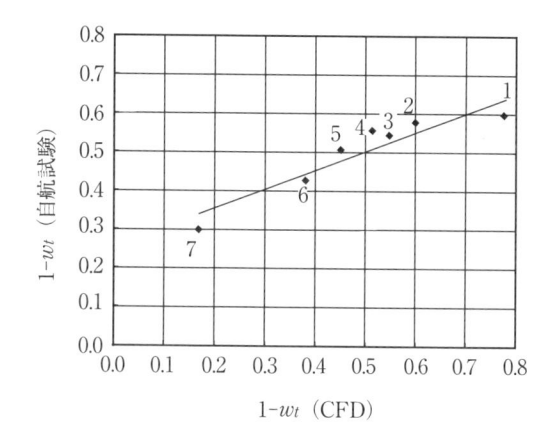

図 2.35 伴流係数の CFD 計算と自航試験結果の相関

他の船型の出力推定に応用した CFD 計算の例を図 2.36 に示す。推力減少係数は実験値と比較的よく合っているが、伴流係数に差が出ており、図 2.35 の例と同じ傾向を示している。しかしながらその他の量については良い結果を与えており、実用上十分設計に適用できることが示されている。この例の CFD 計算では、船体、プロペラ、舵がモデル化されており、実船相当のレイノルズ数における自航条件を満足させることにより、プロペラ回転数および出力を直接計算することが可能である。

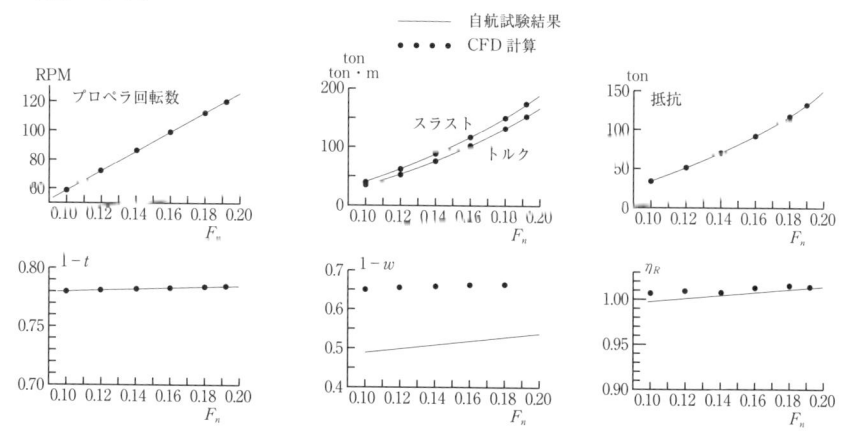

図 2.36 出力解析における CFD 計算と自航試験の比較

図 2.36 には出力計算に必要な抵抗、プロペラ回転数および自航要素等の CFD 計算結果が模型試験による推定値と共に示されている。伴流係数の推定に際して、CFD 計算値に実測との相関による修正を加えることが実用上問題ないことを示している。

出力曲線を求めた結果の一例を図 2.37 に示す。CFD による計算値が自航試験による出力計算結果とよく一致していることが示されている。CDF が水槽試験と同じように利用される可能性を示す例である。

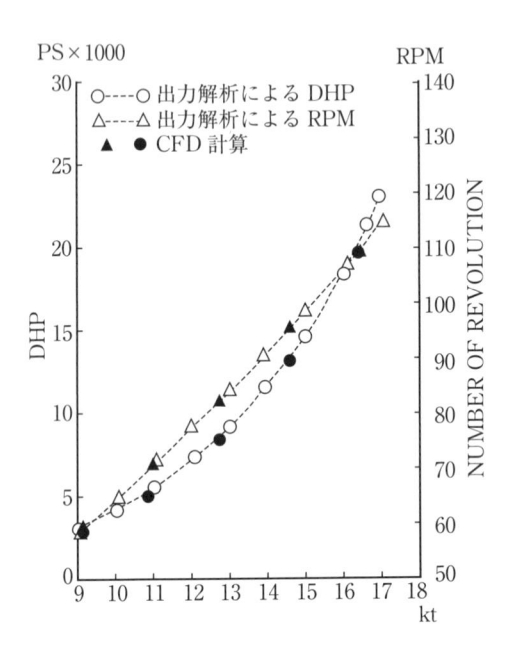

図 2.37　CFD による出力曲線と出力解析結果の比較

第 3 章　プロペラ設計

　第 1 章、第 2 章で船型設計について解説されたが、プロペラはその下流設計にあり、また船後で用いられるために常に船型設計の影響を大きく受ける。例えば船型設計で厳しい伴流分布、浅喫水、狭いプロペラアパーチャ等が採用されれば、プロペラ設計は一気に難しくなる。そして、船速不足、振動・騒音等の問題が発生すれば真っ先にプロペラの改善要求が出る。非常に厳しい役どころであるが、言い換えれば、それだけプロペラは船の主要な性能に大きく影響し、また改善もできる重要な部品と言える。

　本章では、最初に、現在実用されているいくつかの舶用推進器について説明する。次に、最も一般的なスクリュータイプの一般商船用プロペラを対象として、プロペラ設計で考慮すべき性能、プロペラ理論、プロペラ設計に必要な基礎知識について概説した上で、パナマックス・バルクキャリア（Panamax Bulk Carrier）を対象としたプロペラの設計例を示す。設計例では、まずプロペラ設計図表を用いて MAU プロペラを設計する。次にプロペラ理論を用いて MAU プロペラを修正して伴流中のプロペラ性能を改善し、最終的には NACA 翼断面をもつ伴流プロペラを設計する。その設計例を通じて

- ● プロペラ設計条件と設計用データ
- ● プロペラ主要目選定上のキーポイント
- ● プロペラ設計図表を用いたプロペラ設計
- ● 到達速力計算（所要出力計算）
- ● ハイスキュー、チップレーキによるプロペラ起振力の軽減
- ● プロペラ理論によるプロペラ性能評価とプロペラ効率の改善　等

について理解を深める。

3.1　推進器の種類

　古来より推進器として櫓、櫂、オール、さらにパドル等が用いられてきたが、現在、効率、大出力等の点で優れたスクリュープロペラが多く用いられている。本節では最近実用されている、あるいは実用が検討された舶用推進器の中からスクリュープロペラ、ジェット推進器、電磁推進器について解説する。

3.1.1　スクリュープロペラ

　現在実用されているプロペラの大半はこのスクリュープロペラであり、種類も多種多様である。分類も多様で、構造的には一体型、組立型、可変ピッチ型に分けられ、船速によって低速船用と高速船用に分けられる。ここでは通常のスクリュープロペラと比べて設計概念の変わったスクリュープロペラをいくつかピックアップしてその概要を説明する。

(1) ハイスキュープロペラ

ハイスキュープロペラは翼のスキュー（回転方向のそり）を大きくしたプロペラで、回転後方にスキューしたものをバックワード、その逆をフォワードハイスキュープロペラと呼び、通常、バックワードハイスキュープロペラが用いられる。従来、スキュー角が360°/(2×翼数)以上をハイスキューと呼んだが、現在では船級協会ルールでハイスキューの扱いが25°以上となったためにスキュー25°以上をハイスキューと呼んでいる。ハイスキュープロペラの利点はサーフェスフォースの1次翼振動数成分を大幅に減らせることであり、振動が問題となるコンテナ船、自動車運搬船等の中・高速船ではほとんどの船で実用されている。ただ、スキューを大きくすると翼応力が増すので強度対策が必要となる。（図3.1参照）

図 3.1　ハイスキュープロペラ

(2) チップレーキプロペラ

チップレーキプロペラは翼のレーキ（軸方向のそり）を先端部で局所的に大きくしたプロペラであり、船側にレーキしたものをフォワード、舵側にレーキしたものをバックワードチップレーキプロペラと呼び、バックワードチップレーキプロペラが多く用いられている。バックワードチップレーキプロペラの利点はサーフェスフォースの2次以上の翼振動

図 3.2　チップレーキプロペラ

数成分を減らせることであり、またプロペラ効率向上も期待できることから最近、中・高速船のみならず低速船にも実用されている。ただ、チップレーキを大きくすると翼応力が増すので強度対策が必要となる。（図3.2参照）

(3) ダクトプロペラ

断面がエアロホイールをしたダクトの中央部にインペラ（プロペラ）を配置したプロペラで、ダクトの内側を加速するようにエアロホイール断面を設けたものを加速型、減速するように設けたものを減速型ダクトプロペラと呼び、通常、加速型ダクトプロペラが用いられる。加速型ダクトプロペラの利点は高荷重度でのプロペラ効率の向上であり、曳船でよく用いられ、一時期、大型タンカーにも実用された。ただ、ダクト内面にプロペラによるキャビテーションエロージョンが発生しやすいのでその対策が必要である。（図3.3参照）

図 3.3　ダクトプロペラ

3.1 推進器の種類

(4) 二重反転プロペラ

回転方向の異なるプロペラ2基を同軸で配置したプロペラで、中空軸に小径軸を通して2基のプロペラの回転を制御するラインシャフト方式と通常プロペラとポッドプロペラ（プロペラと舵を組み合わせた推進器）を組合せたタンデム方式がある。二重反転プロペラでは前後のプロペラの回転方向を逆にすることで、前方プロペラにより生じる回転流を後方プロペラの回転流で相殺させて回転流によるロスエネルギーを回収することができ、大きなプロペラ効率の改善が期待される。ただ、構造が複雑となるためにイニシャルコストのアップと細やかなメンテナンスが必要となる。（図3.4参照）

図3.4 二重反転プロペラ

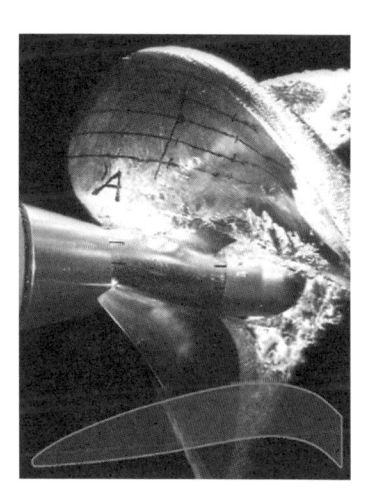

(5) スーパーキャビテーションプロペラ

小型の高速船、高速艇において船速が40~45ktをこえると通常のプロペラでは翼のバック面が全面キャビテーションで覆われてスラストブレークダウンが生じ、回転を上げても船速が上がらなくなる。そこで、全面キャビテーションで覆われても十分なスラストが発生するようにフェイス面の形状に特徴のある特殊な翼断面を採用したスーパーキャビテーションプロペラが用いられる。ただ、スーパーキャビテーションプロペラは低速で全面キャビテーションにならない場合、プロペラ効率が通常プロペラより低下する。（図3.5参照）

(6) サーフェスプロペラ

さらに50~60kt以上の高速になると、スラストブレークダウンの他に船体付加物（ブラケットやプロペラ軸等）の造波抵抗が急激に増加して船速が上昇しにくくなる。そこで、プロペラ効率は少し低いが、造波抵抗を減らすために船体付加物を水面上に配置してプロペラを半没水状態で使用するサーフェスプロペラが用いられる。サーフェスプロペラでは翼が水中と空中を交互に通過するために翼のバック面が常に空気で覆われるのでスーパーキャビテーションプロペラと同様な翼断面が用いられる。（図3.6参照）

図3.5 スーパーキャビテーションプロペラ

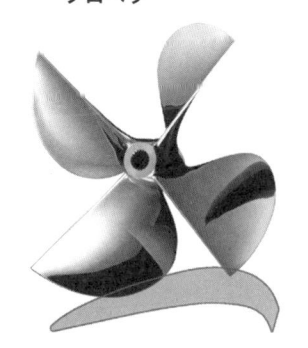

図3.6 サーフェスプロペラ

3.1.2 ジェット推進器

(1) ウォータージェット

高速時のキャビテーションや付加物抵抗の問題を回避するもう1つの推進器としてウォータージェットがある。ウォータージェットは船底からインレット、ダクトを通じて吸い込んだ水をポ

ンプにより増圧してノズルからジェット噴出して推進力をうるものであり、キャビテーションによる振動の問題がなく高速、高出力が可能である。現在では大型高速船をはじめ、巡視船や漁業取締艇にも装備されている。(図3.7参照)

(2) ポンプジェット

ポンプジェットはウォータージェットを円筒状にユニット化、コンパクト化したもので、ユニットの中心部から水を吸い込んで外周部のノズルから斜め下方に水を噴出して推進力をうる。大きな出力を出すのは難しいが、外周のノズルが360°旋回可能であり、船底に取り付けて全方位に推進力をうることができる。そのために水上バス、台船、内航船の主・補助推進器として実用されている。(図3.8参照)

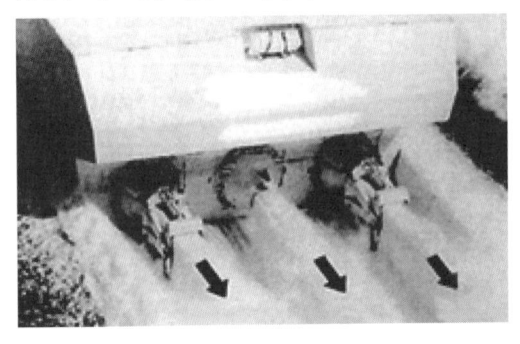

図3.7 ウォータージェット

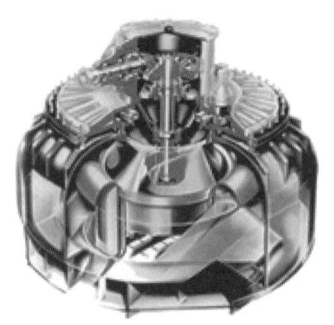

図3.8 ポンプジェット

3.1.3 電磁推進器

ジェット推進器は、ポンプ、ユニット内に吸い込んだ水をインペラ(スクリュープロペラ)により増圧して噴出することにより推進力をうるが、電磁推進器は、超電導電磁石により強力な磁場を作り、磁場中の海水に電流を流してローレンツ力により海水を噴出して推進力をうる。ジェット推進器の一種であるが、ジェット噴射の原理が全く異なる。インペラや内燃機関が不要であり、無音に近い航走が可能である。1992年、ヤマト－1により世界で初めて超電導電磁推進器の海上航走試験に成功したが、推進効率、重量、低出力、磁気遮蔽等の課題が残り、実用には至っていない。(図3.9参照)

図3.9 電磁推進器

3.2 プロペラ設計で考慮すべき性能

スクリュープロペラの設計は所定の主機出力、回転数で所定の船速をうるようにプロペラ形状を決めることであるが、一般商船用プロペラではさらに以下の4つの基本的事項（性能）を満たさねばならない。これらがプロペラ設計のキーポイントとなる。

- 高効率である（プロペラ単独性能）
- キャビテーションエロージョンが発生しない（キャビテーション）
- 低振動である（プロペラ起振力）
- 強度が十分である（プロペラ強度）

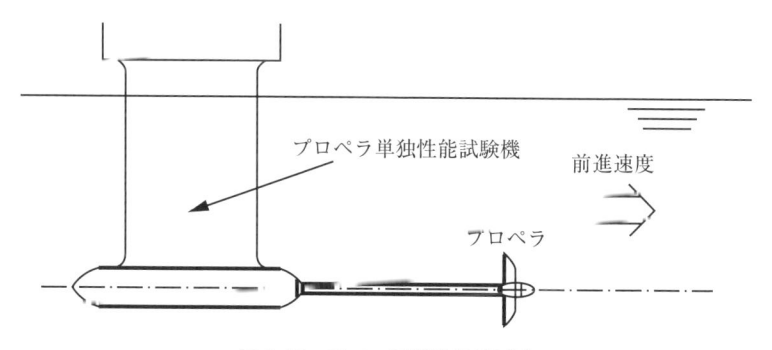

3.2.1 プロペラ単独性能

プロペラ単独性能とは、一様流中で作動するプロペラに生じるスラスト、トルクとそれらがなす仕事の比率であるプロペラ単独効率をいう。最も基本的なプロペラ性能であり、主機との回転数のマッチングや省エネルギー等の重要事項に関連している。従来からプロペラ単独性能を確認するためにプロペラ単独性能試験が実施され、系統的なプロペラ単独性能試験結果をまとめてBシリーズプロペラ、MAUプロペラなどの設計図表が作成されている。

(1) プロペラ単独性能試験

プロペラ単独性能試験は通常、直径250 mm前後の模型プロペラを用いて曳航水槽で実施される。（図3.10参照） 一定のプロペラ回転数で所定のプロペラ前進係数となるように前進速度を設定してプロペラ単独性能試験機によりプロペラのスラスト、トルクが計測される。

図3.10 プロペラ単独性能試験

試験結果は、通常、プロペラ前進係数J、スラスト係数K_T、トルク係数K_Q、プロペラ単独効率η_oなどの無次元係数で表され、横軸にJ、縦軸にK_T、K_Q、η_oをとったプロペラ単独性能曲線で表示される。図3.11に4翼、展開面積比0.40のMAUプロペラの単独性能曲線を例示している。

$$J=\frac{v_A}{nD} \ , \ K_T=\frac{T}{\rho n^2 D^4} \ , \ K_Q=\frac{Q}{\rho n^2 D^5} \ , \ \eta_o=\frac{J}{2\pi}\frac{K_T}{K_Q} \tag{3.1}$$

ここで、
D：プロペラ直径（m）
T：スラスト（N）
n：プロペラ毎秒回転数（rps）
ρ：水の密度　　　　$=1025(\mathrm{kg/m}^3)$　　（海水）
　　　　　　　　　　　$=1000(\mathrm{kg/m}^3)$　　（真水）

v_A：プロペラ前進速度（m/s）
Q：トルク（Nm）

である。

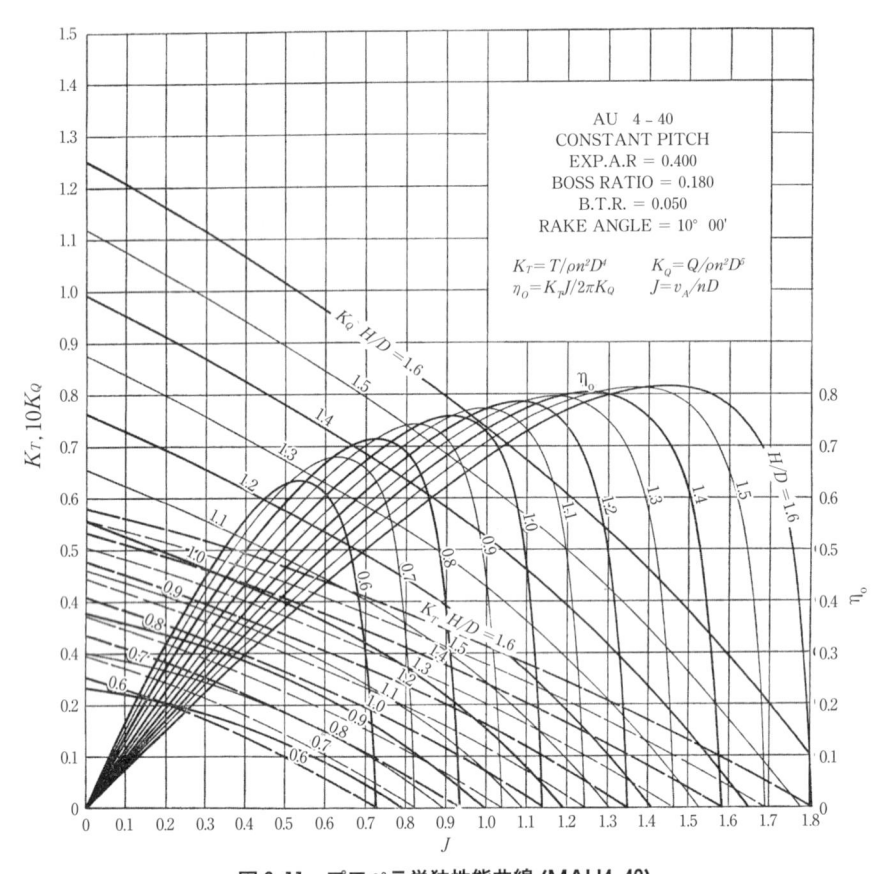

図 3.11　プロペラ単独性能曲線 (MAU4-40)

プロペラ効率やプロペラ回転数について 1～2% のこまかな精度が要求される場合、以下の点に十分注意してプロペラ単独性能試験を実施しなければならない。

① プロペラ試験回転数の設定

　プロペラのレイノルズ数 R_n がある値を越えればプロペラ周りの流れの大半が乱流となり、プロペラ単独性能はある一定値に落ち着くといわれている。そのレイノルズ数を臨界レイノルズ数と呼び、臨界レイノルズ数以上で試験を実施しなければならない。そのために通常、次式で定義される Kempf のレイノルズ数 R_{N_K} が 6×10^5 以上となるように試験回転数を設定している。

$$R_{N\_K} = \frac{c_{0.7R}\sqrt{v_A^2+(0.7\pi nD)^2}}{v} \tag{3.2}$$

ただし、

$c_{0.7R}$ ： 0.7R の翼幅（m）

ν ： 水の動粘性係数　　　$= 1.187 \times 10^{-6}$(m²/s)（海水）
　　　（15℃）　　　　　　$= 1.139 \times 10^{-6}$(m²/s)（真水）

② 模型プロペラの製作精度

　模型プロペラの製作精度はプロペラ単独性能に大きく影響する。とくに翼の前後縁の仕上げが大切であり、仕上げが悪ければプロペラ効率で1～2%、スラスト、トルクで数パーセントは容易に変化する。そのためにまず信頼できる模型プロペラメーカの選定が重要である。

(2) 実船のプロペラ単独性能

　尺度影響、すなわち模型と実船の寸法差による粘性影響の違いによって模型と実船のプロペラ単独性能は異なり、模型と比較して実船のスラスト係数は若干増加し、トルク係数は少し減少する。国際水槽委員会（ITTC）では模型実験結果から実船のスラスト係数 K_{TS}、トルク係数 K_{QS} を推定する下式を与えている。

$$K_{TS} = K_{TM} - \Delta K_T, \qquad K_{QS} = K_{QM} - \Delta K_Q \tag{3.3}$$

また、スラスト、トルクの補正量 ΔK_T、ΔK_Q と模型、実船プロペラの抗力係数 C_{DM}、C_{DS} と抗力係数の差 ΔC_D との関係を次式で与えている。

$$\Delta K_T = -\Delta C_D \times 0.3 \frac{P}{D} \frac{c_{0.75R} Z}{D}, \qquad \Delta K_Q = \Delta C_D \times 0.25 \frac{c_{0.75R} Z}{D} \tag{3.4}$$

$$\Delta C_D = C_{DM} - C_{DS} \tag{3.5}$$

$$\left.\begin{array}{l} C_{DM} = 2\left(1 + 2\dfrac{t_{0.75R}}{c_{0.75R}}\right)\left[\dfrac{0.044}{(R_{N\_0.75R})^{\frac{1}{6}}} - \dfrac{5}{(R_{N\_0.75R})^{\frac{2}{3}}}\right] \\[2em] C_{DS} = 2\left(1 + 2\dfrac{t_{0.75R}}{c_{0.75R}}\right)\left[1.89 + 1.62\log\dfrac{c_{0.75R}}{K_P}\right]^{-2.5} \end{array}\right\} \tag{3.6}$$

$$R_{N\_0.75R} = \frac{c_{0.75R} V_A \sqrt{1 + \dfrac{0.75\pi}{J}}}{\nu} \tag{3.7}$$

ただし、

$R_{N\_0.75R}$：0.75R におけるレイノルズ数　　$c_{0.75R}$：0.75R の翼幅（m）

$t_{0.75R}$	：$0.75R$ の最大翼厚（m）	P/D	：$0.75R$ のピッチ比
v_A	：プロペラ前進速度（m/s）	ν	：水の動粘性係数（m²/s）
J	：前進係数	K_P	：翼面の粗度（μm）
Z	：翼数	D	：プロペラ直径（m）
K_{TM}	：模型のスラスト係数	K_{QM}	：模型のトルク係数
K_{TS}	：実船のスラスト係数	K_{QS}	：実船のトルク係数

3.2.2 キャビテーション

　キャビテーションは、翼面上、流速の速い部分の圧力が水の蒸気圧以下に低下して気泡（キャビティ）が発生する現象であり、ひどくなると翼面の潰食（エロージョン）や船尾振動の原因となる。プロペラに見られる主なキャビテーションについて以下に説明する。

(1) チップ・ボルテックス・キャビテーション

　チップ・ボルテックス・キャビテーションは、プロペラ翼先端から流出する自由渦の渦中心の圧力が低いために発生するヒモ状のキャビテーションであり、以下の特徴がある。

a) プロペラ回転の低い時から発生し始めて、通常、弱い場合ほとんど問題にならないが、小さな音も許されない潜水艦等では問題となる。

b) 翼面上のキャビテーションと結合して翼先端、後縁後方で崩壊、破裂（バースィング）すると、高次船尾振動や舵エロージョンの原因となる。

(2) シート・キャビテーション

　シート・キャビテーションは翼前縁付近から発生する膜状のキャビテーションで、気泡のみの透明的なものから水分を含んで白濁したものまであり、以下の特徴がある。

a) 翼断面への流れの迎角が大きく翼前縁付近に大きな負圧のピークがあり、層流剥離泡が生じた時に発生し、プロペラではチップ・ボルテックス・キャビテーションとともに最も多く見られる。

b) 通常プロペラでは透明なものが多い。スキューが大きくなると前縁剥離渦にまきこまれ、また水分を含んで白濁することが多い。

c) エロージョンには結びつきにくい。

d) 後述の船尾変動圧力の主に1次翼振動数成分の発生原因となる。

(3) クラウド・キャビテーション

　クラウド・キャビテーションは、シート・キャビテーションが急激に崩壊する時、無数の小さなキャビティ群になったキャビテーションであり、雲状に見えることからこの名前がついた。特徴は以下の通りである。

a) シート・キャビテーションが多くて前縁剥離渦キャビテーションに巻き込まれず、翼面上に多く残ったキャビテーションが急激に崩壊する際発生する。

b) 非常にエロージョンに結びつきやすい。

| チップボルテックス
キャビテーション | シート
キャビテーション | クラウド
キャビテーション |

(4) バブル・キャビテーション、ストリーク・キャビテーション

バブル・キャビテーションおよびストリーク・キャビテーションは、翼面の中央部付近で発生する泡粒状および線状のキャビテーションであり、以下の特徴がある。
 a) 翼断面への流れの迎角が小さく、かつ翼断面の翼厚、キャンバーが大きい場合に発生する。
 b) 模型実験において層流域で見られ、エロージョンに結びつきやすいといわれているが、崩壊時の衝撃圧が弱いものも多い。

(5) フェイス・キャビテーション

フェイス面に発生するキャビテーションをとくにフェイス・キャビテーションと呼び、以下の特徴がある。
 a) 翼断面への流入迎角がかなり小さい、あるいはマイナスの場合にフェイス面の前縁に発生する。
 b) シート・キャビテーションであるが、剥離渦に発生すると有害なものになる。
 c) 翼前縁形状によるが、キャビティの厚さが薄い時には崩壊時の衝撃圧もそれ程強くない。
 d) エロージョンに結びつきやすいといわれているが、実船でエロージョンがみられることは少ない。

(6) ハブ・ボルテックス・キャビテーション

ハブ・ボルテックス・キャビテーションは、プロペラキャップ後端から後方に流れ去るハブ渦の中心部が低圧のために発生する太いヒモ状のキャビテーションであり、以下の特徴がある。
 a) 推進効率低下、舵エロージョン等の原因となる。
 b) PBCF（Propeller Boss Cap Fin）、ターボリング、NHV（Non Hub-Vortex）プロペラ等でハブ渦を弱めることにより、本キャビテーション発生を抑えることができるようになっている。

バブル キャビテーション	フェイス キャビテーション	ハブ・ボルテックス キャビテーション

(7) ルート・キャビテーション

ルート・キャビテーションは、高速艇等においてプロペラ軸に傾斜がついている場合、プロペラ1回転中、とくに翼根部で大きな負荷変動が生じるために発生するキャビテーションであり、以下の特徴がある。

a) バック面、フェイス面、ボス表面にかかわらず翼根部に発生し、非常にエロージョンに結びつきやすい。

b) ひどい場合、深さ2cm程度まで潰食された例がある。しかし、局所的でかつ、ある程度進むと進行が止まること、また翼根部で性能への影響がほとんどないことなどから実害は小さいと考えられる。

(8) プロペラ・ハル・ボルテックス・キャビテーション

プロペラ・ハル・ボルテックス・キャビテーションは、プロペラ・キャビテーションが竜巻のように延びてプロペラ直上の船体外板とつながったように発生するキャビテーションであり、以下の特徴がある。

a) ボラード状態、逆回転時、船型等の問題でプロペラ直上の流れが極端に遅い場合に発生する。

b) このキャビテーションが発生すると激しい船尾振動を伴うことが多い。

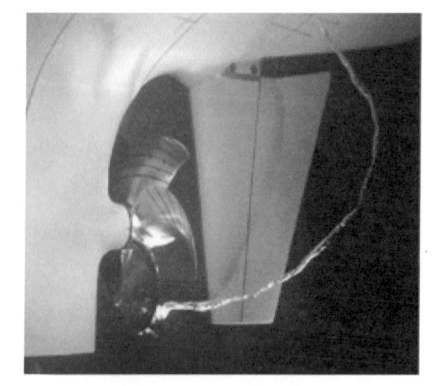

ルート キャビテーション	プロペラ・ハル・ボルテックス キャビテーション

3.2.3　プロペラ起振力

プロペラ起振力とは「プロペラの回転によってプロペラ及びその近傍に発生する周期的な流体力」であり、船体と軸系の振動の原因となる。プロペラ起振力はプロペラに作用するベアリングフォースと船体、舵に作用するサーフェスフォースに大別される。

(1) ベアリングフォース

ベアリングフォースは「プロペラの回転によってプロペラ翼に作用する流体力が船尾伴流の不均一性のために周期的に変動し、これが軸、軸受を介して船体に伝わる力」であり、伴流分布がわかればプロペラ理論により計算することができる。ベアリングフォースが大きくなると軸系の振動、シーリング・軸受の損傷、油漏れ等が発生する原因となるが、最近、問題となった例は少ない。

通常の伴流中で作動するプロペラの翼数とベアリングフォースとの間には「偶数翼ではスラスト、トルク変動が大きく、軸系の縦振動、上部構造の振動の原因となり、奇数翼では水平垂直方向の力、モーメント変動が大きく、軸系の横振動の原因となる。」の関係がある。

(2) サーフェスフォース

サーフェスフォースは「プロペラの回転によってプロペラ付近の船体表面に加わる水圧変動による周期的な力」であり、実際に船尾振動の問題となることが多い。サーフェスフォースには以下の特徴がある。

a) サーフェスフォースの発生要因としてプロペラのキャビティ体積、プロペラ荷重度、プロペラ翼厚等があり、とくにキャビティの体積変化（時間の2階微分）の影響が大きい。
b) サーフェスフォースは翼振動数（翼数×回転数）の整数倍の周波数で発生し、とくに1次～3次翼振動数成分が問題となることが多い。
c) 1次成分はキャビティの体積変化、2次、3次翼振動数成分はキャビティの変動とチップボルテックスキャビテーションのバースティングの影響が大きい。
d) プロペラから遠ざかるにつれて水圧変動は急激に減少するので、サーフェスフォースを計算する場合、プロペラ直上の船体表面上、プロペラ直径四方の領域を考えれば実用上十分である。
e) 簡便な評価法として、上記領域の変動圧力振幅の最大値ないしプロペラ直上点の変動圧力振幅値を対象にして評価することが多い。そのこともあって、「サーフェスフォース」のかわりに「船尾変動圧力」の名称が用いられることが多い。
f) サーフェスフォース軽減には船尾伴流分布の均一化、チップクリアランスの増加、ハイスキュープロペラ、チップレーキプロペラの採用等が効果的である。

3.2.4　プロペラ強度

通常、プロペラ翼とボスの強度については翼厚とプロペラ押込みに関する船級協会のルールを満たせばほとんど問題ないが、ここではその背景となるプロペラ強度に関する基本的事項について概説する。

(1) プロペラ材料

主要なプロペラ材料として
・　アルミニウムブロンズ（アルミニウム青銅鋳物：CAC703、比重7.6）
・　マンガンブロンズ（高力黄銅鋳物：CAC301、比重8.3）

がある。

　アルミニウムブロンズは、マンガンブロンズと比較して数多くの長所をもつ。比重は約10%軽く、引張り強さは約1.3倍、耐キャビテーションエロージョン性は約5倍優れている。そのために現在、大形プロペラのほとんどにアルミニウムブロンズが用いられている。

　一方、マンガンブロンズは古くからプロペラ材料として使用されてきた。現在、大形プロペラには採用されなくなったが、伸びが高く比較的修理しやすいために現在でも小型漁船用のプロペラに採用されている。

(2) 翼強度

　流体力によるプロペラ翼の損傷として、
・　プロペラ正転時の疲労破壊による折損
・　クラッシュ・アスターン逆転時の過渡的な大きな応力による曲損

があげられる。

　伴流中、翼に繰返し荷重が働き、変動応力が発生するが、疲労破壊はこの繰返される応力変動によりおこる。折損は大きな応力が発生する位置でおこり、通常プロペラでは翼根部、ハイスキュープロペラでは翼先端部（$0.7R$ 後縁から $0.9R$ 前縁にかけて）にみられる。この疲労強度解析については改めて3.6節で解説する。

　また、クラッシュ・アスターン逆転時、過渡的な大きな応力が翼先端、後縁付近で発生する。ほとんどの場合損傷までは至らないが、ハイスキュープロペラで海上試運転時に曲損した例があり、ハイスキュープロペラあるいは翼先端後縁部が極端に薄いプロペラについては注意が必要である。

(3) ボス強度とプロペラ押込み

　プロペラでは、プロペラをプロペラ軸へ押込むことにより生じるグリップ力とプロペラ軸のテーパ（傾斜）によりトルクとスラストを軸に伝えている。そのために押込み量はスリップしない限界値（押込み量の下限値）以上が必要となり、またプロペラを押込むとボス内面に応力が発生するので、この応力が許容応力を超えない限界値（押込み量の上限値）以下としなければならない。すなわち、スリップを起こさないこととボスに発生する応力が許容応力を超えないことの2つの条件を満たすようにボス形状は設計される。なお、プロペラ材と軸材の線膨張係数が異なるため、押込み量の下限値の基準温度は35℃、上限値の基準温度は0℃ が採用される。

　通常、ボス寸法と押込み量を船級協会ルールにより定めればスリップと強度の2つの条件は満たされるようになっている。ただ、押込み量の余裕（押込み量の上限値－押込み量の下限値）が少ないと押込み作業が難しくなり、また温度差による問題等が起こりうるので少なくとも1mm程度の余裕が必要である。

3.3 プロペラ理論の概要

舶用プロペラを対象とするプロペラ理論は概ね、簡易理論（運動量理論、翼素理論）、渦理論（揚力線理論、揚力面理論等）、CFDの3つに大別される。性能上の可能性、限界やプロペラ周りの流れなどの基本的事項を理解するには簡易理論、プロペラ理論設計には渦理論、詳細なプロペラ性能シミュレーションにはCFDが適している。本節ではそれぞれの理論について概説するとともに、プロペラ設計の基礎を習得する上で翼素周りの流れと翼素に働く力の関係を理解することが重要と考えられるので、翼素理論について詳しく解説する。

3.3.1 簡易理論

(1) 運動量理論

粘性のない理想流体を仮定してプロペラ前後での運動量の変化からスラスト、プロペラ効率を求めるもので、プロペラの理想効率を計算することができる。きわめて簡単な仮定に基づいているので詳細検討には不向きであるが、性能向上の可能性、限界などを大局的にみることができる。図3.12に運動量理論により求めたプロペラの理想効率、各種のエネルギーロスとプロペラ荷重度との関係を示している。

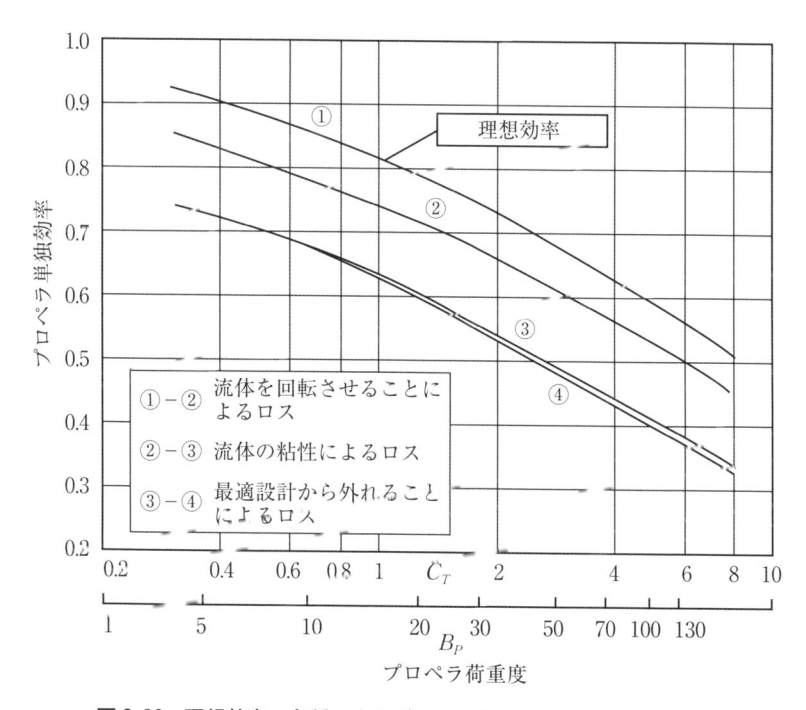

図3.12 理想効率、各種エネルギーロスとプロペラ荷重度との関係

(2) プロペラ誘導速度を考慮した翼素理論

プロペラの流力特性を理解する上で、翼素への流れと翼素に働く力の関係が基本となる。ここではプロペラ誘導速度を考慮した翼素理論を用いて任意半径位置の翼断面周りの流れと翼断面に働く力の関係について解説する。

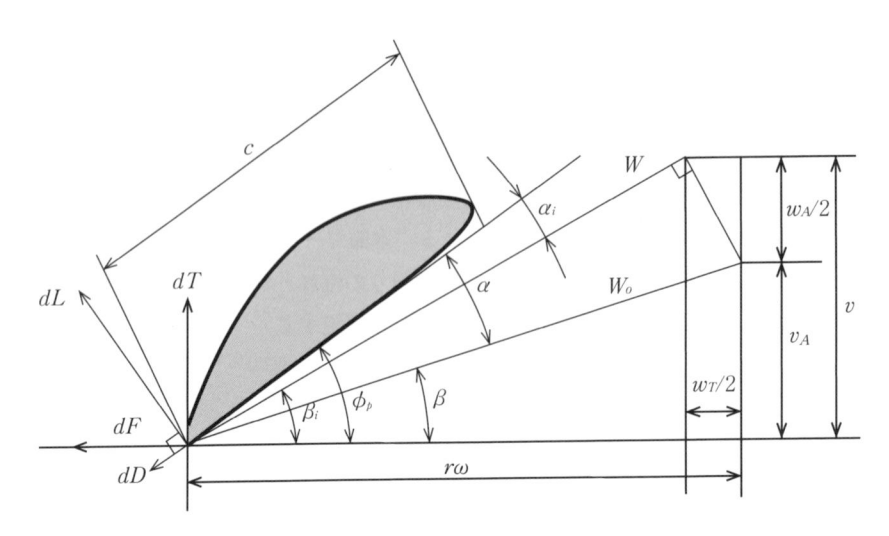

図 3.13 速度ダイヤグラム

　プロペラ軸から半径方向に r の距離にある dr の幅をもつ翼素を考える。この翼素はプロペラ軸に垂直な平面、すなわち回転面にピッチ角 ϕ_P 傾いている。図 3.13 に速度ダイヤグラムを示す。図中の記号は以下の通りである。

v_A ：プロペラ前進速度（m/s）　　ω ：プロペラ回転角速度（1/s）
L ：揚力（N）　　　　　　　　　　T ：スラスト（N）
F ：接線力（N）　　　　　　　　　D ：抗力（N）
β ：前進角　　　　　　　　　　　β_i ：流体力学的ピッチ角
α ：迎角　　　　　　　　　　　　α_i ：有効迎角
ϕ_P ：幾何ピッチ角　　　　　　　　c ：翼素の弦長（m）
w_A ：無限後方におけるプロペラ誘導速度の軸方向成分（m/s）
w_T ：無限後方におけるプロペラ誘導速度の回転方向成分（m/s）
W_0 ：プロペラの前進速度と周速の合速度（m/s）
W ：プロペラの誘導速度も含めた合速度（m/s）

　プロペラは角速度 ω で回転しながら速度 v_A で前進している。この時、水は翼素へ合速度 W_0、前進角 β、迎角 α で流入する。プロペラの回転によって水は加速され、この加速される水の速度をプロペラ誘導速度と呼び、その軸方向と回転方向成分を $w_A/2$, $w_T/2$ で表す。なお、半径方向成分はプロペラ性能への影響が小さいので無視する。
　その場合、翼素と水の相対速度の軸方向成分は $(v_A + w_A/2)$、回転方向成分は $(r\omega - w_T/2)$ となり、合速度 W は

$$W = \sqrt{\left(v_A + \frac{w_A}{2}\right)^2 + \left(r\omega - \frac{w_T}{2}\right)^2} \tag{3.8}$$

となる。また、翼素に対する迎角は α から α_i に減少する。

合速度 W に対する流体力学的ピッチ角を β_i とすると β_i は次式で表される。

$$\tan\beta_i = \frac{v_A + \dfrac{w_A}{2}}{r\omega - \dfrac{w_T}{2}} \tag{3.9}$$

翼素に対して合速度 W と直角の方向に揚力 dL が、同じ方向に抗力 dD が発生する。スラスト成分を dT、接線力成分を dF とすると、dT、dF は dL、dD を用いて次式で表される。

$$\left.\begin{aligned} dT &= dL\cos\beta_i - dD\sin\beta_i \\ dF &= dL\sin\beta_i + dD\cos\beta_i \end{aligned}\right\} \tag{3.10}$$

ここでこの単位翼素 dr の弦長を c とし、揚力係数と抗力係数をそれぞれ C_L、C_D として次式を定義する。

$$\left.\begin{aligned} dL &= \frac{C_L \rho W^2 c\, dr}{2} \\ dD &= \frac{C_D \rho W^2 c\, dr}{2} \end{aligned}\right\} \tag{3.11}$$

(3.11) 式を (3.10) 式に代入して dT、dF は、

$$\left.\begin{aligned} dT &= \frac{(C_L\cos\beta_i - C_D\sin\beta_i)\rho W^2 c\, dr}{2} \\ dF &= \frac{(C_L\sin\beta_i + C_D\cos\beta_i)\rho W^2 c\, dr}{2} \end{aligned}\right\} \tag{3.12}$$

となり、翼数を Z として (3.12) 式を積分するとスラスト T と接線力 F が求まる。

$$\left.\begin{aligned} T &= \frac{\rho Z}{2}\int (C_L\cos\beta_i - C_D\sin\beta_i)\, W^2 c\, dr \\ F &= \frac{\rho Z}{2}\int (C_L\sin\beta_i + C_D\cos\beta_i)\, W^2 c\, dr \end{aligned}\right\} \tag{3.13}$$

またトルク Q は $Q = Z\int r\, dF$ で表されるから

$$Q = \frac{\rho Z}{2}\int r\,(C_L\sin\beta_i + C_D\cos\beta_i)\, W^2 c\, dr \tag{3.14}$$

となる。C_L、C_D、β_i が未知であり、これらの値を別の理論等により求めて与えなければならないが、(3.13)、(3.14) 式によりスラスト、トルクを計算できる。

次に翼素の効率を η_P とすると、翼素の有効仕事は $v_A dT$、全仕事は $r\omega dF$ であるから η_P は、

$$\eta_P = \frac{v_A dT}{r\omega dF} \tag{3.15}$$

で表され、これに (3.12)、(3.9) 式を代入すると

$$\eta_P = \frac{\tan\beta_i}{\tan(\beta_i + \gamma)}\frac{1-a'}{1+a} \tag{3.16}$$

ただし、
$$\tan\gamma = \frac{C_D}{C_L}, \quad a = \frac{w_A}{2v_A}, \quad a' = \frac{w_T}{2r\omega} \tag{3.17}$$
となる。

(3.16) 式中の $(1-a')/(1+a)$ は回転も考慮した場合の運動量理論の効率 η_{PE} である。

(3.16) 式右辺で次式を定義すると
$$\eta_B = \frac{\tan\beta_i}{\tan(\beta_i + \gamma)} \tag{3.18}$$
η_P は、
$$\eta_P = \eta_{PE}\eta_B \tag{3.19}$$
で表される。

3.3.2 渦理論

(1) 翼型理論

2次元翼断面（半径一定の円筒でプロペラ翼を切った切り口）の特性を解析する理論であり、非キャビテーション状態のみならずキャビテーション状態においても翼面圧力分布等の流力特性を解析できる。

(2) 無限翼数理論

プロペラ円板上に渦を分布させることによりプロペラ翼をモデル化してプロペラ特性を解析する理論を無限翼数渦理論と呼ぶ。この理論ではプロペラ翼断面の細かい変化等はとらえられないが、プロペラ周りの流れを平均的にとらえることができる。例えば二重反転プロペラやタンデムプロペラ等、複数のプロペラで組み合わされた推進器の解析や船体推進性能解析（ポテンシャル計算、CFD 計算）でプロペラ周りの流場を表すために用いられる。

(3) 揚力線理論

プロペラ翼を1本の渦糸でモデル化する理論で、翼幅の狭い飛行機のプロペラ等の解析に用いられてきた。舶用プロペラのように翼幅が広くなると翼面圧力分布等の翼弦方向の分布特性を解析できないが、翼素への流入迎角、最適循環分布等、半径方向の分布特性を扱うには有用である。

(4) 揚力面理論

プロペラ翼を1枚の渦面でモデル化する理論で、翼幅の広い舶用プロペラに適しており、現在プロペラ設計で最も広く用いられている。キャビテーションシミュレーション、有限要素法 FEM による翼応力解析等のベースになる翼面上の圧力分布も揚力面理論により始めて実用精度で解析できるようになった。定常プロペラのみならず伴流中で作動する非定常プロペラの解析も可能である。解法の違いにより Mode Function 法と Vortex Lattice 法に分けられる。

① Mode Function 法：翼面上の半径方向および翼弦方向の荷重分布を有限個の基本的な分布

形状（mode function）の組合せとして表すもので、特異点処理が煩雑であるが計算時間は短い。プロペラを表す翼面や後流渦面の非線形的取り扱いが難しく、一部改良された方法もあるが幾何形状が複雑なハイスキュープロペラ、チップレーキプロペラ等には不向きである。

② Vortex Lattice 法：翼面上の渦分布を離散的な馬蹄形渦の重ね合せで表すもので特異点処理等の煩雑な処理はない。プロペラ翼面を多数の微小要素に分割して渦面を作って解くので幾何形状が複雑なハイスキュープロペラ、チップレーキプロペラ等にも適用しうる。ただ、精度良い解をうるためには分割数を増やす必要があり、また、解の収束性にも課題がある。

(5) 揚力体理論

揚力のない三次元物体周りのポテンシャル流れを計算する境界積分法（Hess&Smith 法）を揚力が働く物体周りの流れに拡張した理論である。翼表面と後流渦面を多数の微小要素に分割して解き、揚力面理論ではできなかった翼表面上の圧力分布を直接計算することができる。本法はパネル法 Panel Method ないし境界要素法 Boundary Element Method と呼ばれ、ポテンシャル理論としては最も進んだ解法である。

3.3.3 CFD

船舶流体力学分野における数値流体力学（CFD）は船体を中心に進められ、プロペラへの適用はプロペラが複雑な3次元形状で格子生成がむずかしいことなどから少し遅れた。CFDでは大規模計算環境の構築が大前提となるが、粘性影響、尺度影響の考慮、プロペラ形状の正確なモデリングが可能であり、不明瞭な仮定を設ける必要がない。そのために、現在、急速に実用化が進められて、今後、CFDにより以下に示す課題の究明が期待される。

- プロペラ単独性能の尺度影響
- キャビテーションエロージョン評価
- 船尾変動圧力推定
- 特殊プロペラ、オフデザインコンデションでのプロペラ性能
  （クラッシュアスターン時、旋回時、レーシング時のプロペラ性能、二重反転プロペラ性能、オーバーラッピングプロペラ性能等）
- 船体と舵との相互干渉
- 船体と舵を含めた推進性能

現在、キャビテーションとくに伴流中のキャビテーションシミュレーションがCFDにより積極的に進められている。以下にキャビテーションシミュレーションに関するCFDのメリットとキャビテーションモデルの概要を説明する。

(1) キャビテーションシミュレーションに関するCFDのメリット

キャビテーションシミュレーションに関するCFDのメリットとして次の点があげられる。

a) キャビテーションに強い影響を及ぼす境界層、渦、乱流の影響を考慮できる。

b) 渦の不安定性に起因する非定常なキャビテーション挙動が解析できる。

(2) キャビテーションモデル

実際のキャビティの挙動が微細でかつ瞬時的であるために、キャビティの挙動に対応した細かさで解くことは計算機性能の制約上、極めて困難である。そこで、様々な仮定を設けて現象を簡略化したキャビテーションモデルによりキャビテーションの予測がおこなわれている。現在、気泡流モデル、疑似単相流体モデル（バロトロピーモデル）、ハイブリッドモデル、フルキャビテーションモデル等のモデルが用いられている。一例としてフルキャビテーションモデルによる伴流中のキャビテーションシミュレーション結果を図3.14に示すが、エロージョンリスクについてもある程度評価できるようになってきている。

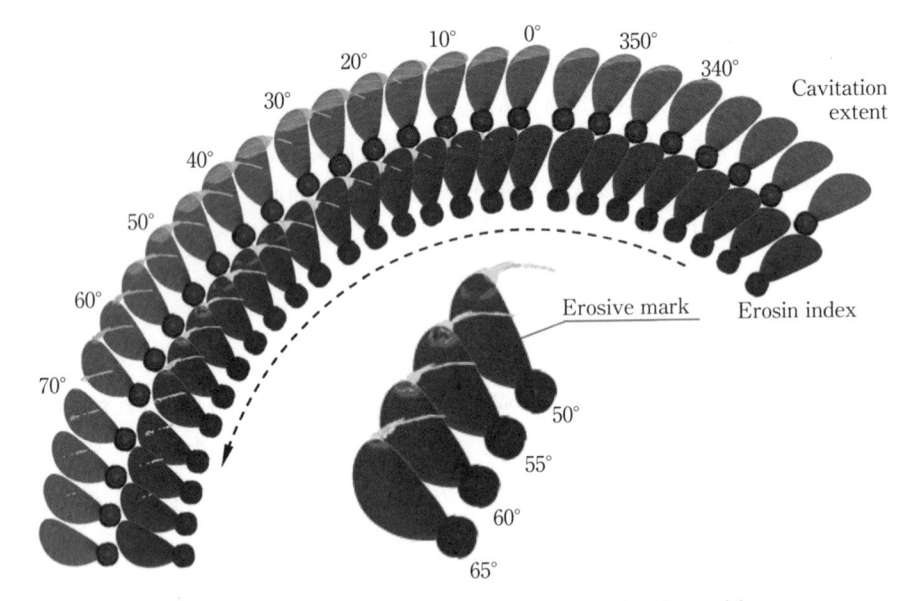

図3.14　CFDによるキャビテーションシミュレーション例

3.4 プロペラ設計の基礎知識

本節では、プロペラ設計あるいは設計チェックをおこなう際、基礎知識として理解しておくべき事項について解説する。

3.4.1 プロペラの各部名称

プロペラ図面やプロペラ設計ではプロペラ固有の名称、表記方法や各種記号が用いられる。ここではプロペラ設計で使用される主要なプロペラの名称等をまとめた（図3.15参照）。なお、プロペラ設計で使用される記号、用語については付録3.1を参照する。

プロペラ	Propeller	翼	Blade
翼数	Number of blades	翼先端	Blade tip
翼根	Blade root	翼前縁	Leading edge
翼後縁	Trailing edge	翼母線	Generator line

3.4 プロペラ設計の基礎知識

軸心	Shaft center	翼基線	Datum line
スキューバック	Skewback	回転方向	Direction of rotation
翼輪郭	Blade outline	直径	Diameter
ピッチ	Pitch	ピッチ比	Pitch ratio
ボス	Boss	ボス直径	Boss diameter
ボス比	Boss ratio	全円面積	Disc area
翼傾斜	Blade rake	翼幅	Blade width
前進面	Face ; pressure side	後進面	Back ; suction side
プロペラナット	Propeller nut	プロペラキャップ	Propeller cap
一体プロペラ	Solid propeller	組立プロペラ	Built-up propeller
最大翼厚	Maximum blade thickness		
ボス船首側直径	Boss diameter at fore end		
ボス船尾側直径	Boss diameter at aft end		
翼投影面積（比）	Projected blade area (ratio)		
翼展開面積（比）	Expanded blade area (ratio)		
鳴音防止型後縁	Anti-singing trailing edge		
キー付プロペラ	Keyed propeller		
キーレスプロペラ	Keyless propeller		
プロペラ深度	Propeller immersion		
プロペラアパーチャ	Propeller aperture		
プロペラチップクリアランス	Propeller tip clearance		
プロペラ押込力	Propeller fitting force ; propeller push-up load		
プロペラ押込量	Propeller push up distance		

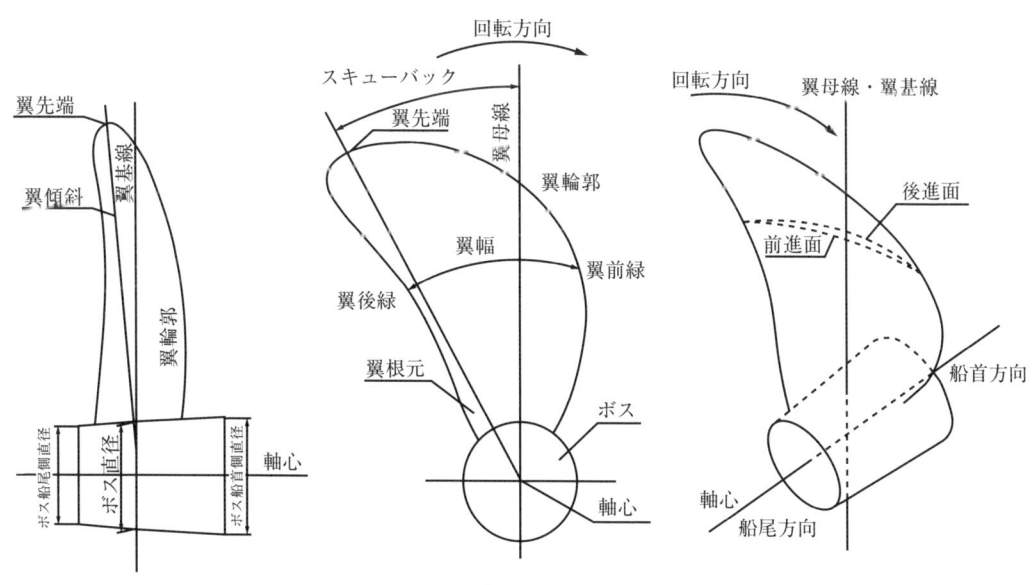

図 3.15 プロペラの各部名称

3.4.2 プロペラ翼面の3次元座標表示と有効レーキ

複雑な3次元曲面をしているプロペラ形状を簡易な図面で表すためにプロペラ図面は特殊な表記方法を用いて作画される。ここでは、その表記方法になじむためにプロペラ図面上のデータを用いてプロペラ翼面の3次元座標を求める計算式を示す。また、ハイスキュープロペラ設計に有効な有効レーキについても解説する。

(1) プロペラ要目データ

プロペラ翼面上任意点の座標計算のために以下のプロペラ要目データを使用する。

D	：プロペラ直径	X、Y_O、Y_U	：翼断面オフセットテーブル
$H(r)$	：ピッチ分布	$c(r)$	：翼幅分布
$\phi_S(r)$	：スキュー角分布	$\phi_R(r)$	：翼レーキ角分布

(2) プロペラ翼面座標

座標系には、プロペラ軸に固定した直角座標 $O-xyz$ と円筒座標 $O-xr\theta$ を用いる。(図3.16参照)

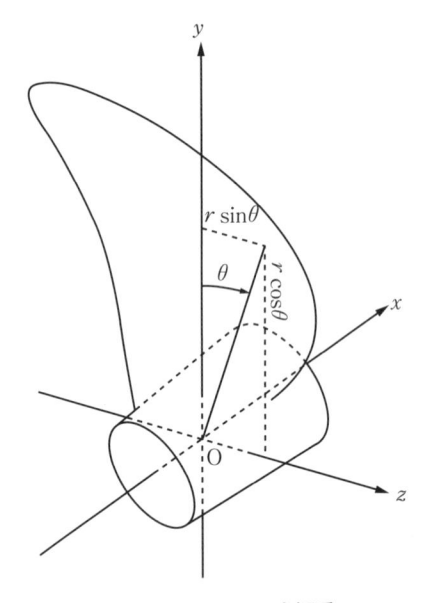

図 3.16 プロペラ座標系

$$\left.\begin{array}{l} x = x \\ y = r\cos\theta \\ z = r\sin\theta \end{array}\right\} \quad (3.20)$$

翼母線を基準線として y 軸にとり、翼幅方向中央点を翼代表点として翼代表点を半径方向に結んだ線を翼代表線とすれば、翼レーキを考慮した翼代表点の座標は次式で表される。

$$
\left.\begin{aligned}
x &= -r\tan\phi_R(r) \\
r &= r \\
\theta &= 0
\end{aligned}\right\} \quad (3.21)
$$

スキューがある場合、翼代表点はピッチ面に沿って移動し、その移動量を $l_S(r)$ とすれば $l_S(r)$ は、

$$l_S(r) = \frac{r\phi_S(r)}{\cos\phi_P(r)} \quad (3.22)$$

で表される。なお、$\phi_P(r)$ はピッチ角で、$\tan\phi_P(r) = H(r)/(2\pi r)$ である。

次に翼断面オフセットテーブル X、Y_O、Y_U の座標 (X,Y) を $(x'y')$ と書き換えて x' 座標をピッチ面に沿った方向（後縁方向を正）と一致させ、翼断面長さの中央点が翼代表点に一致するように翼断面をピッチ面上に置けば翼形状ができる。（図3.17参照） 数式的には翼面上任意点の座標は次式で表される。

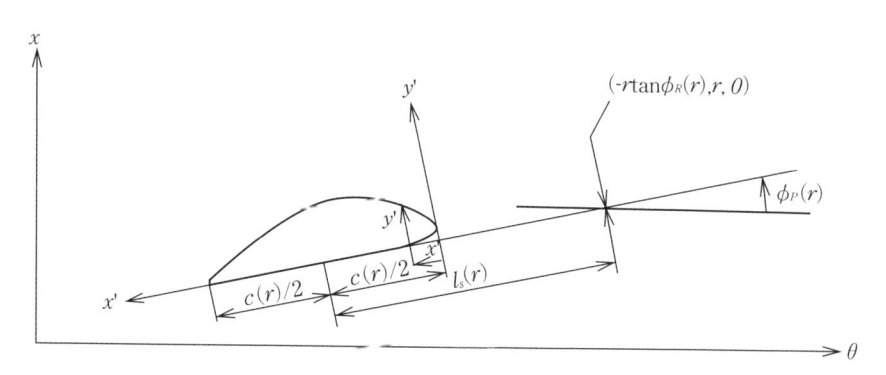

図3.17 プロペラ翼面座標

$$
\left.\begin{aligned}
x &= -r\tan\phi_R(r) - \left\{l_S(r) - \frac{c(r)}{2} + x'\right\}\sin\phi_P(r) + y'\cos\phi_P(r) \\
r &= r \\
\theta &= -\frac{(l_S(r) - c(r)/2 + x')\cos\phi_P(r) + y'\sin\phi_P(r)}{r}
\end{aligned}\right\} \quad (3.23)
$$

(3.20)、(3.23) 式を用いれば翼面上任意点の直角座標および円筒座標を計算できる。

(3) 有効レーキ

スキューがつけば翼代表点はピッチ面に沿って回転方向と前後方向に同時に移動する。そのために翼レーキのみでは翼の前後方向位置を直接コントロールできない。小さいスキューではほとんど支障がないが、ハイスキューにすると回転方向と前後方向の両方向に大きな反りを生じるの

で応力集中が起こりやすくなる。プロペラ起振力を減らすために回転方向の反りは必要としても、チップレーキを除けば前後方向の反りはほとんど無用である。翼レーキの代わりに前述の翼代表線の x 座標を直接与え、翼の前後方向の反りを小さくすれば応力集中を緩和することができる。そこで、従来の翼レーキを幾何レーキ（x_{GR} と表記）と呼び、翼代表線の x 座標を有効レーキと定義する。翼代表線では $x'=c(r)/2$, $y'=0$ を満たすのでこれを（3.23）式第1式に代入し、左辺の x を $x=-x_{ER}$ と表せば x_{ER} は有効レーキを表すことになる。さらに幾何レーキ角を $\phi_{GR}(r)$、有効レーキ角を $\phi_{ER}(r)$ で表せば、（3.23）式から幾何レーキと有効レーキの関係は次式で表される。

$$\left.\begin{aligned} x_{ER} &= r\tan\phi_{GR}(r)+l_S(r)\sin\phi_P(r) \\ &= r\tan\phi_{ER}(r) \\ x_{GR} &= r\tan\phi_{ER}(r)+l_S(r)\sin\phi_P(r) \\ &= r\tan\phi_{GR}(r) \end{aligned}\right\} \quad (3.24)$$

有効レーキ x_{ER} を用いて設計する場合、有効レーキ x_{ER} を与えて（3.24）式で幾何レーキ x_{GR} を逆計算し、従来通り作画すればよい。なお、スキューがある場合、一定な有効レーキ分布にすれば幾何レーキは変動レーキ分布となる。

3.4.3　プロペラ設計条件と設計用データ

プロペラ設計に必要なデータを大別すると（1）船体関係、（2）主機、軸系関係、（3）プロペラ、その他となる。ここでは、パナマックス・バルクキャリア（Pmax BC と略す）を対象船としてプロペラ設計条件と設計に必要なデータを例示しながら、それらに関する留意点について述べる。なお、プロペラ設計に不可欠なデータに * マークをつけた。

(1) 船体関係

船種	Pmax BC	垂線間長 L_{PP}	218.0 m
型幅* B	32.25 m	型深さ* D	19.6 m
満載喫水* d_S	14.2 m	方形係数* C_B	0.86
軸心高さ*	3.75 m	伴流分布	図3.18
船尾配置図*（軸心からプロペラ直上船体表面までの距離）			5.2 m
船尾喫水 d_A	（満載状態（Full））*		12.2 m
	（軽荷状態（Ballast））		7.75 m
実船伴流係数 $1-w_S$	（満載状態）*		0.67
	（軽荷状態）		0.62
プロペラ効率比 η_R	（満載状態）*		1.01
	（軽荷状態）		1.01

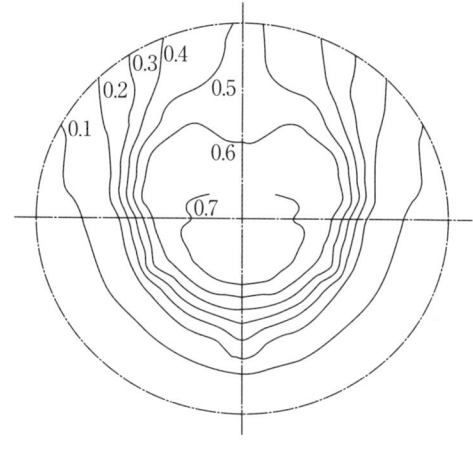

図 3.18　伴流分布

推力減少係数 $1-t$	（満載状態）	0.80
	（軽荷状態）	0.79
船速（V_s）	（満載状態/連続最大出力）*	15.5 kt
	（満載状態/常用出力）*	15.0 kt
	（軽荷状態/常用出力）	15.6 kt

「留意点」

- B、D、d_S、C_B は船級協会の翼厚ルール計算に必要である。
- 船尾配置図はプロペラアパーチャの検討に必要である。
- 軽荷状態データ、伴流分布は伴流中のプロペラ設計に必要である。
- 大型一般商船の場合、推進性能は船速ないしフルード数ベースの有効出力と自航要素で与えられる。その際、上述の値はプロペラ設計の初期値となり、設計結果のプロペラ単独性能と推進性能を用いて繰り返し設計計算をおこなう。表 3.1 に船速ベースで Pmax BC の有効出力を与えた。3.5.3 節で上述の船速を用いて MAU プロペラを設計し、その結果求められるプロペラ単独性能と表 3.1 の有効出力等を用いて到達速力を計算する。

表 3.1　有効出力（Pmax BC）

満載状態				
船速（kt）	14.5	15.0	15.5	16.0
有効出力（kW）	4,980	5,685	6,540	7,530

(2) 主機、軸系関係

主機型式	7S50MC	伝達効率 *η_T	0.97
プロペラ軸径*	530 mm	軸テーパ*	1/20
振り振動トルク* Q_V	1390 kN-m	危険回転数* Nc	48.0 rpm
プロペラ軸図面*		船尾管シール図面*	

主機出力 BHP	（連続最大出力 MCR）*	10,000 kW
	（常用出力 CSO）*	8,500 kW
主機回転数 N	（連続最大出力）*	110 rpm
	（常用出力）*	104.2 rpm

「留意点」
- 伝達効率については、これまでの実績をベースとしておおよそ 0.95〜0.99 の値が用いられ、0.97 が多い。
- 軸テーパは大型船の場合、ほとんど 1/20 である。
- 変動トルクと危険回転数は船級協会の押込み計算用データであり、主機メーカによる軸系の捩り振動計算により求められる。なお、捩り振動計算にはプロペラの慣性モーメント、軸系寸法が必要である。
- プロペラ軸図面と船尾管シール図面は設計最終段階のプロペラボス詳細設計で必要である。

(3) プロペラ関係、その他

翼数	4	直径制限	7.0 m
スキュー角	25°（暫定）	プロペラ材料*	CAC703
回転方向*	右	船級協会*	NK
ボス型式*	キーレス	ボス長制限*	1400 mm
シーマージン*	0 %	回転数マージン*	4.5 %
ピッチ設計条件*	Full/CSO	翼強度設計条件*	Full/MCR
キャビテーション設計条件	（一様流）*		Full/MCR
	（伴流）		Ballast/CSO
船級協会ルール翼厚マージン	(0.25R)*		7.5 %
プロペラ押込み余裕	（対船級協会ルール値）*		1.5 mm

「留意点」
- 翼数は最も重要なプロペラ要目の1つで、プロペラ効率、振動、騒音等に影響する。
- 直径制限は船尾喫水およびプロペラアパーチャ等の関係で設けられる。
- B シリーズプロペラや MAU プロペラでは翼輪郭が相似形であり、スキュー角は 5°〜15° 程度（展開面積比により異なる）に固定されている。しかし、最近では振動軽減のためにスキュー角を 15°〜25° 程度に増やすことが多く、ここでは暫定値を 25° とした。なお、船級協会ルールではスキュー角 25° を超えるとハイスキュープロペラ扱いとなり、翼厚要求値の増加、プロペラ補修時の制限等が加わる。
- プロペラ材料は通常、CAC703（比重 7.6）と CAC301（比重 8.3）が用いられる。大型一般商船では比重が小さく、強度的にも優れた CAC703 がほとんど採用されている。
- ボス型式にはキーレスとキー付がある。強度、信頼性、扱い易さ等から大型一般商船ではキーレスがほとんどである。
- ピッチ設計条件は直径、ピッチを決定するための条件であり、通常、満載/常用出力状態（回転数マージン含む）とすることが多い。

- 翼強度設計条件は翼厚を決定するための条件であり、通常、満載/連続最大出力状態とする。船級協会ルールの翼厚計算では回転数マージンなし、理論計算による翼応力解析では回転数マージンを含んだ回転数を用いる。
- キャビテーション設計条件はキャビテーション性能を考慮して展開面積比等を決定するための条件であり、通常、一様流中の設計では満載/連続最大出力状態（回転数マージン含む）とし、キャビテーションシミュレーションを用いた伴流中での設計では軽荷/常用出力状態（回転数マージン含む）とすることが多い。軽荷/常用出力状態は実質上、キャビテーション性能が最も厳しい状態として扱われる。
- 船級協会ルール翼厚マージンとは船級協会ルールの翼厚要求値に対するマージン（％）であり、通常、$0.25R$ での翼厚要求値に対して 5％〜10％ 程度のマージンがとられる。船級協会ルールでは $0.25R$ のみならず通常プロペラについて $0.6R$ で、スキュー角が $25°$ を超えるハイスキュープロペラについて $0.6R$, $0.7R$, $0.8R$, $0.9R$ でも翼厚が規制されている。通常、翼応力分布が均一となるような標準の半径方向翼厚分布形を予め定めておき、$0.25R$ の翼厚を与えて翼厚分布を決めることが多い。
- プロペラ押込み余裕とは船級協会ルールの押込み要求上限値と下限値の差であり、通常、$1.0〜2.0\,mm$ 程度の余裕がとられる。

3.4.4 プロペラ設計におけるシーマージンと回転数マージン

　船が一定の航海速力を維持しようとすれば、航路の海象状態、船の汚損等により主機出力にある程度の余裕を持っておく必要がある。この余裕分をシーマージン（SM と略す）といい、平水中で必要な出力 P_O すなわち、風や波のない穏やかで水深の十分ある海面を船底、プロペラが清浄な状態で船が直進した時に航海速力を出すのに必要な出力に対して、実航海時に必要な出力 P との差を P_O で割った次式で定義する。

$$\text{シーマージン} = 100\,\frac{(P-P_O)}{P_O}\ (\%) \quad (3.25)$$

同じ理由により実航海時に主機回転数も低下するので、定格回転数 N_O が維持できるように回転数にも余裕を持たせて少し高めに設計する。定格回転数に対する増加分 ΔN を定格回転数で割ったものを回転数マージンとして定義する。

$$\text{回転数マージン} = 100\,\frac{\Delta N}{N_O}\ (\%) \quad (3.26)$$

シーマージン、回転数マージンを考慮すべき要因は主に次のように分かれる。

(1) 竣工後の時間経過に関係するもの
　・船底の汚損、表面粗さの増大
　・プロペラの汚損、表面粗さの増大
　・主機の最大許容トルクの減少　　　他

(2) 竣工後の時間経過に関係しないもの
- 風、波浪
- 水深
- 操舵　　　他

シーマージンは船種、航路等によって異なり通常 10～40% の範囲でとられ、15% とすることが多い。回転数マージンは蒸気タービンで 1～2%、ディーゼル機関で 3～5% 程度が採用されている。

実際に採用している SM にかかわらず、プロペラ設計条件として与えられる SM と回転数マージンは造船所によっておおよそ次の2ケースに分かれている。

① 0%SM、4～6% 回転数マージン
② 15%SM、3～4% 回転数マージン

そこで、前述の Pmax BC 用設計データを用いてケース①で 4.5% 回転数マージンとした場合とケース②で 3.5% 回転数マージンとした場合について MAU プロペラを設計した。設計結果では、最適直径はケース①の場合 6,470 mm であるのに対してケース②では 6,520 mm となり、1% 弱の差がみられる。次に同一直径 6,470 mm としてピッチへの影響を調べると、ケース①のピッチ比 0.685 に対してケース②のピッチ比は 0.687 となり、ほとんど差はない。すなわち、シーマージン 15% は回転数マージン約 1% に相当することになり、回転数が低い分だけ最適直径が 1% 弱大きくなることがわかる。

3.4.5　プロペラ設計図表

通常、系統的プロペラ単独性能試験は翼数、展開面積比、ピッチ比を変更した母型プロペラ（直径、翼輪郭、翼断面、ピッチ分布、ボス寸法等は固定）を用いておこなわれ、その試験結果から例えば $\sqrt{B_p}-\delta$ 形式のプロペラ設計図表が翼数、展開面積比ごとに作成される。ここでは大型一般商船用プロペラの設計図表として Maritime Research Institute Netherlands MARIN の B-Screw series プロペラ、運輸技術研究所（現、海上技術安全研究所）の MAU プロペラ、さらに国内で作成されたその他の設計図表を紹介する。

(1) B- Screw series プロペラ

MARIN の B-Screw series プロペラはワーゲニンゲン B シリーズプロペラ、トルーストプロペラ等と呼ばれてこれまで広く使用されてきた。系統試験されたプロペラ要目の範囲を表 3.2 に示すが、2 翼から 7 翼までかなり広い範囲にわたっている。翼断面は翼前縁側でウォッシュバックをもち、翼後縁でも 0.5R より翼根側でウォッシュバックをもったエローフォイルである。翼数によってピッチ分布や最大翼厚分布等が違っているので使用の際は注意が必要である。試験結果は設計図表のみならず、スラスト係数 K_T、トルク係数 K_Q について、ピッチ比 H/D とプロペラ前進率 J をパラメータとして第 1 から第 4 象限にわたって重回帰解析されている。重回帰解析係数を用いれば全象限の単独性能が簡単に求められるので、プロペラ設計のみならず船の後進やクラッシュアスターンの解析等にも便利である。

3.4 プロペラ設計の基礎知識

表 3.2 B シリーズプロペラ設計図表範囲

翼数	展開面積比	ピッチ比
2	0.30, 0.38	0.5〜1.4
3	0.35, 0.50, 0.65, 0.80	
4	0.40, 0.55, 0.70, 0.85, 1.00	
5	0.45, 0.60, 0.75, 1.05	
6	0.50, 0.65, 0.80	0.6〜1.4
7	0.55, 0.70, 0.85	0.4〜2.0

(2) MAU プロペラ

これまで日本で最も実用されてきたプロペラであり、海外でも'マウ'プロペラと呼ばれて知られている。原型は AU 型プロペラであり、開発を担当した尼崎製鉄の頭文字'A'と運輸技術研究所の頭文字'U'をとって AU 型プロペラと命名された。その後改良されて Modified AU 型となり、現在、MAU プロペラと呼ばれている。ただ、3 翼については開発を担当したナカシマプロペラの頭文字'N'をとって NAU プロペラと呼ばれている。

表 3.3 MAU プロペラ設計図表範囲

翼数	展開面積比	ピッチ比
3	0.35, 0.50	0.4〜1.2
4	0.30, 0.40, 0.55, 0.70	0.5〜1.6
5	0.35, 0.50, 0.65, 0.80, 0.95, 1.10	0.4〜1.6
6	0.55, 0.70, 0.85	0.5〜1.5

系統試験されたプロペラ要目の範囲を表 3.3 に示す。ピッチ比については全範囲揃っていない。MAU4-30 と MAU5-35 は $H/D=0.5〜1.1$、MAU5-95 は $H/D=1.0$ のみ、MAU5-110 は $H/D=1.0, 1.4$ のデータがある。一例として MAU4-40 プロペラ設計図表を図 3.20(a) に示している。なお、"MAU4-40"は 4 翼で展開面積比 0.40 の MAU プロペラを表している。

MAU プロペラの標準幾何形状を付録 3.2 に添付している。すべての MAU プロペラとも翼厚比 0.05、ボス比 0.18、翼レーキ $10°$、一定ピッチ分布である。翼輪郭はすべて相似形状で最大翼幅は $0.66R$ にあり、翼数と展開面積比を与えれば翼輪郭は簡単に求められる。翼断面は 3〜5 翼で共通であり、フェイス面が平坦、翼前縁でウォッシュバックをもったエーロフォイルである。6 翼のみ $0.5R$ より翼根側で異なり、翼後縁でもウォッシュバックをもつ断面となる。翼幅と最大翼厚を与えれば付録 3.2 により翼断面形状が求められる。

MAU プロペラの単独性能 K_T、K_Q を多項式表示した時の係数を付録 3.3 に添付している。これらの係数を用いれば MAU プロペラの単独性能を簡単に計算できる。

(3) その他のプロペラ

国内で作成され、現在実用されているプロペラ設計図表は MAU プロペラ以外に次のものがある。

① SRI-b プロペラ

1984 年、運輸省船舶技術研究所がキャビテーション性能の改善をはかるためにプロペラ揚力面理論等を用いて開発したフラット型圧力分布の翼断面を持つプロペラである。系統試験されたプロペラ主要目の範囲を表 3.4 に示す。

表 3.4 SRI-b プロペラ設計図表範囲

翼数	展開面積比	ピッチ比
5	0.45, 0.60	0.75〜1.75
6	0.65, 0.80	

② KIS プロペラ

1983 年、㈱神戸製鋼所が開発した高効率スキュープロペラで、フラット型圧力分布の翼断面を持つ 40°スキュープロペラを用いて系統試験された。一部、理論計算結果を用いてプロペラ設計図表が作成されている。設計図表の主要目の範囲を表 3.5 に示す。

表 3.5 KIS プロペラ設計図表範囲

翼数	展開面積比	ピッチ比
3	0.25, 0.30, 0.45	0.6〜1.2
4	0.30, 0.40, 0.55, 0.70	0.5〜1.1
5	0.35, 0.50, 0.65, 0.80	
6	0.60, 0.75, 0.90	0.6〜1.2

③ M 型プロペラ

三菱重工業㈱で開発されたプロペラで、4、5、6 翼について展開面積比、ピッチ比とも広範囲な設計図表が作成されている。大面積比プロペラについては高速艇用にキャビテーション発生時の設計図表がある。

3.4.6 プロペラ設計フロー

プロペラ設計図表とプロペラ理論を用いたプロペラ設計のフローを図 3.19 に示す。設計フローは「一様流中プロペラ設計」で囲った部分と「伴流中プロペラ設計」で囲った部分で構成され、プロペラ設計は船尾伴流分布を考慮するかしないかで大きく変わる。伴流分布を考慮しない場合、「一様流中プロペラ設計」のみおこなわれ、設計図表と船級協会ルール、経験式、簡易図表等を用いて設計される。伴流分布を考慮する場合、理論計算等によりキャビテーション、船尾変動圧力、翼応力のチェックとプロペラ形状修正がそれぞれの許容値を満足するまで繰り返される。

(1) 一様流中のプロペラ設計手順

以下の手順①〜⑥に沿って設計する。設計の詳細については 3.5 節で解説する。

① プロペラ設計仕様、設計条件の確認
② プロペラ翼数の選定
③ プロペラ直径の選定

④ 展開面積比、ピッチ比の選定
⑤ 到達速力計算、ピッチ比の修正
⑥ ボス、翼厚の船級協会ルール計算

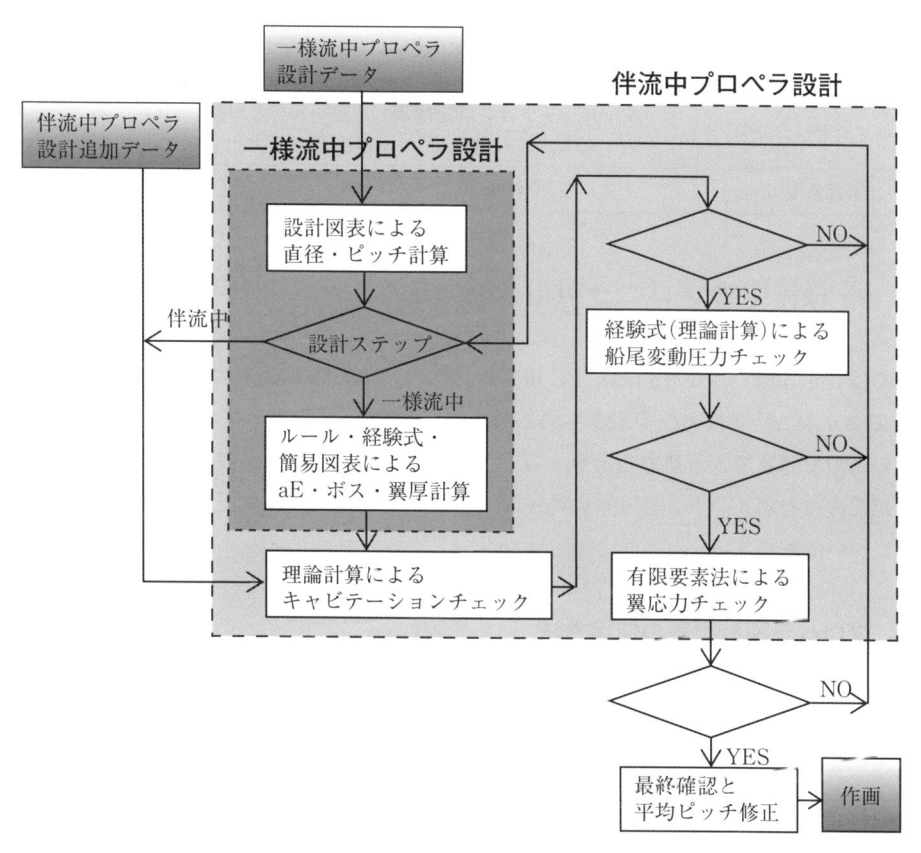

図 3.19 プロペラ設計フロー

(2) 伴流中のプロペラ設計手順
 以下の手順①～⑥に沿って設計する。設計の詳細については 3.7 節で解説する。
① 一様流中のプロペラ設計①～⑤の実行
② キャビテーションシミュレーション
③ 船尾変動圧力の推定
④ 有限要素法による翼応力チェック
⑤ ボス、翼厚の船級協会ルール計算

 一様流および伴流中のプロペラ設計ともにプロペラ性能を解析する手法が必要となる。従来使用されているプロペラ性能解析法のいくつかを伴流分布を考慮するかしないかでわけて表 3.6 に示している。

表 3.6 プロペラ性能解析法

プロペラ性能	一様流での設計	伴流分布を考慮した設計
①プロペラ単独性能	プロペラ設計図表	プロペラ設計図表、理論計算
②プロペラ起振力	経験的プロペラアパーチャ	経験式、実験式（理論計算）
③キャビテーション	キャビテーション判定図表（MAU、バリル）	理論計算によるキャビテーションシミュレーション
④翼強度	梁理論	有限要素法

3.5 一様流中のプロペラ設計

本節では 3.4.3 節で与えた Pmax BC 用プロペラの設計条件、設計データを用いてプロペラ設計図表により MAU プロペラを設計する。そして、設計した MAU プロペラの単独性能を用いて所定の出力で到達できる速力を計算する。その間にプロペラ設計図表の使用方法、プロペラ主要目選定上のキーポイント、バリルのキャビテーション判定図表の使用方法、到達速力の計算方法などについて解説する。

3.5.1 プロペラ設計図表の使用方法

最近ではほとんどプログラム化されているためにプロペラ設計図表を使用する機会が少ないので、ここでは直接プロペラ設計図表を用いてプロペラ主要目を求める。

設計図表を用いてプロペラ設計する場合、最適直径、すなわち最高効率をうるプロペラ直径とピッチを同時に求める場合と直径を指定してピッチを求める場合がある。まず、図 3.20(a) に示す MAU4-40 プロペラ設計図表を用いて最適直径とピッチを求める。

4-BLADED PROPELLER, TYPE : AU

Constant Pitch
Exp.A.R = 0.400
Boss Ratio = 0.180
B.T.R. = 0.050
Rake Angle = 10° 00'

$$B_P = \frac{NP^{0.5}}{V_A^{2.5}}$$

$$\delta = \frac{ND}{V_A}$$

N = R.P.M.
P = D.H.P. in Ps
D = Diameter in m.
V_A = Advance Speed in Kt.

AU 4-40

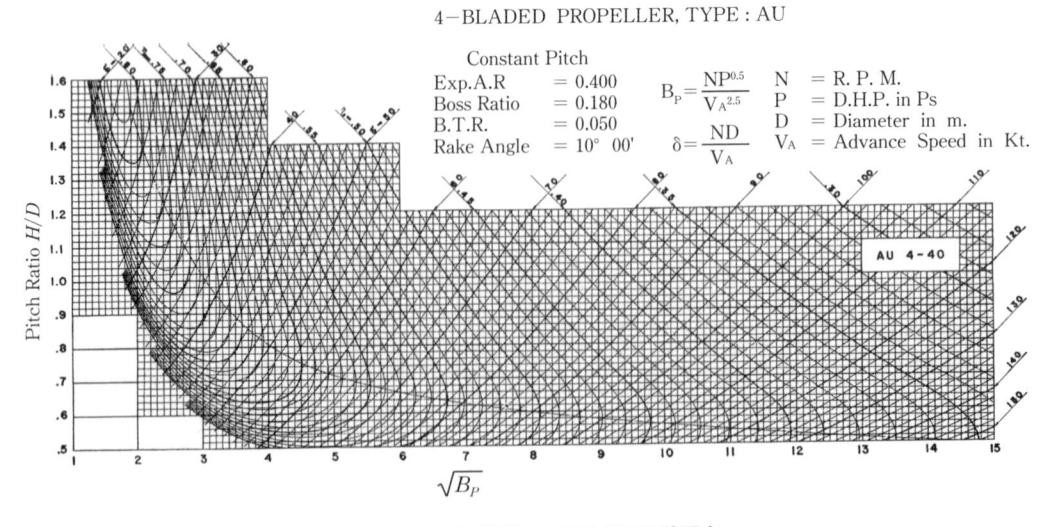

Pitch Ratio H/D — $\sqrt{B_P}$

図 3.20(a)　MAU4-40 プロペラ設計図表

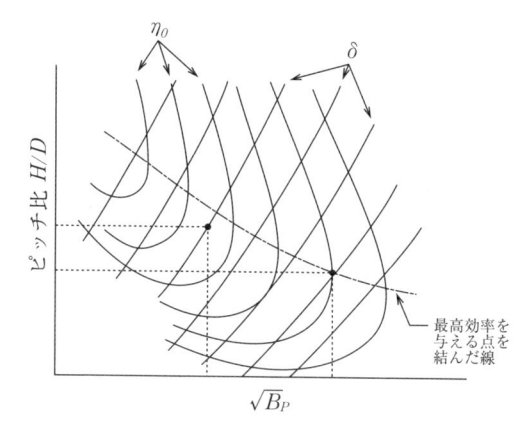

図 3.20(b) プロペラ図表を用いた最適プロペラの選定

設計図表に図示されている出力係数 B_P と直径係数 δ は次式で定義される。

$$B_P = \frac{1.166 N P^{0.5}}{V_A^{2.5}}$$

$$\delta = \frac{ND}{V_A} \quad (3.27)$$

ただし、

N	：プロペラ回転数（回転数マージン込）	(rpm)	(= 108.9)
P	：プロペラ効率比×伝達出力（$=\eta_R \eta_T BHP$）	(kW)	(= 8327)
V_A	：プロペラ前進速度（$= V_S (1 - w_S)$）	(kt)	(= 10.05)
D	：プロペラ直径	(m)	

なお、右端のカッコ内の数値は Pmax BC 用プロペラの設計データ（3.4.3 節）を用いた数値である。これらを（3.27）式に代入すると B_P=36.19（$\sqrt{B_P}$=6.02）となり、この $\sqrt{B_P}$ を用いて図 3.20(a)，(b) に示す最適効率の線から、おおよそ δ=71.0、H/D=0.660、η_O=0.579 と読み取れる。この δ を（3.27）式に代入して最適直径は 6.550 m と計算される。この結果から、4翼、展開面積比 0.4 の MAU プロペラの最適直径は 6.550 m、ピッチ比は 0.660 であることがわかる。次にプロペラ直径を指定して設計する。プロペラ直径を 6.300 m と指定して（3.27）式に代入すれば δ=68.3 となる。この δ=68.3 と前述の $\sqrt{B_P}$=6.02 を用いて設計図表からピッチとプロペラ単独効率を簡単に H/D=0.733、η_O=0.574 と読み取ることができる。

さらに、プロペラ単独性能は上述の設計値を用いて次式により求められる。

$$J = \frac{30.86}{\delta}$$

$$K_Q = \frac{159.2P}{\rho n^3 D^5} \quad (3.28)$$

$$K_T = \frac{2\pi K_Q \eta_O}{J}$$

4翼、展開面積比0.4、最適直径6.550 mのMAUプロペラの場合、(3.28) 式から設計点の単独性能はJ=0.435、K_Q=0.0179、K_T=0.150と計算される。

3.5.2 プロペラ主要目の選定

前節では翼数、展開面積比を適当に与えて最適直径とピッチ比を求めた。しかし、実際の設計では何らかの標準、手法により翼数、展開面積比を選定する必要がある。また、最適直径についてもそのまま採用して問題ないかどうか確認しなければならない。ここではこれらのプロペラ要目の選定方法について手順を追って具体的に解説する。

(1) 翼数

以下の点に留意して翼数を選定する。

① 翼数を変更すると翼振動数（翼数×回転数）が変わるので、船体の固有振動数および主機のトルク変動等との共振が起こらないように翼数を選定する。

② プロペラ効率からは翼数は少ないほうがよい。しかし、翼数が少ないほど1翼当りの荷重が増え、また最適直径が大きくなるために船尾変動圧力の増大につながる。また、キャビテーション性能を考慮して少翼数で翼面積を大きくすると、翼幅が広くなりすぎて効率が下がる。そこで、性能全体を見て無理があるようであれば翼数を増やすようにする。

③ 通常、キャビテーションの発生量が少ないタンカー、バルクキャリアなどの低速船では4翼ないし5翼とすることが多い。一方、PCC、コンテナ船などの高速船ではキャビテーション、振動がそれほど問題ない場合は5翼、懸念される場合は6翼とする。

Pmax BCは低速船なので4翼が望ましいが、5翼より4翼が適当かどうかを確認するために、翼数を変更した以下の3ケースについてMAUプロペラを設計して翼数と最適直径、プロペラ単独効率の関係を調べる。

　　Case1　4翼の最適直径
　　Case2　Case1の直径と展開面積比を用いて5翼で設計したもの
　　Case3　5翼の最適直径

設計結果を表3.7に示す。なお、展開面積比により最適直径が変化するので、キャビテーション性能一定条件（後述のバリルのキャビテーション判定図表約5%ライン）で展開面積比を選定している。また、伴流係数へのプロペラ直径の影響は考慮していない。5翼と比較して4翼のプロペラ最適直径は約5%大きくなり、プロペラ単独効率は0.7%アップする。Case2の5翼プロペ

ラは最適直径から外れるためにプロペラ効率はさらに低下することがわかる。

表 3.7 翼数を変更した MAU プロペラの主要目と性能

Case	1	2	3
翼数	4 翼	5 翼	
直径 (m)	6.470		6.130
展開面積比	0.480		0.560
ピッチ比	0.685	0.634	0.742
プロペラ単独効率	0.565	0.557	0.561

(2) 直径

直径はほとんどすべてのプロペラ性能と強い相関があるのでとくに全体的なバランスを考えながら以下の要領で決定する。

① 通常、最適直径を採用するが、次に示す最適直径の傾向について留意しておく必要がある。
　a) 低回転数、少翼数、小展開面積比ほど最適直径は大きくなる。
　b) MAU プロペラの最適直径は、MAU プロペラ母型を前提とした最適直径であり、同じ翼数、展開面積比でも翼断面形状等が変われば最適直径も変化する。
　c) 翼断面キャンバーが大きいほど最適直径は小さくなる。

② 船尾変動圧力が問題ないようにチップクリアランス（プロペラ翼先端からプロペラ直上の船体外板までの距離）を最低でもプロペラ直径の 25% 以上とし、できれば 30% 以上とるのが望ましい。スキュー、ピッチ分布等を修正しても船尾変動圧力を許容値内に下げられない場合、プロペラ直径を小さくして対応する。

③ 船の軽荷状態でプロペラ翼先端が水面上に出ないようにする。

④ プロペラ直径を変更した場合、伴流係数が変化するのでその修正が必要である。船型によって修正量が異なるが、肥大船で ±5% 程度の直径修正であれば経験的に次式を用いる。

$$\frac{1-w_M}{1-w_{MO}} = \left(\frac{D}{D_O}\right)^{0.4} \quad \frac{1-w_S}{1-w_{SO}} = 0.3 + 0.7\left(\frac{D}{D_O}\right)^{0.4} \tag{3.29}$$

ただし、

　　D_O　　：オリジナル直径　　　　　　D　　：修正後の直径
　　$1-w_{MO}$：オリジナル模型伴流係数　　$1-w_{MO}$：修正後の模型伴流係数
　　$1-w_{SO}$：オリジナル実船伴流係数　　$1-w_{SO}$：修正後の実船伴流係数

実際にはキャビテーション性能と最適効率を満たすように直径、ピッチ、展開面積比を同時に決定する。表 3.7 の Case1、3 ではバリルのキャビテーション判定図表の約 5% ラインと最適直径を満たすように選定している。ここではバリルのキャビテーション判定図表の約 5% ラインをキープして最適直径から直径を ±2.5%、±5% 変更し、プロペラ直径が最適直径から少しずれた場合のプロペラ効率への影響を調べた。その結果を表 3.8 に示す。

$1-w_S$ の影響を考慮するために、プロペラ単独効率 η_O とあわせて $\eta_O/(1-w_S)$ についても表中に示した。推力減少係数 $1-t$ とプロペラ効率比 η_R へのプロペラ直径の影響は小さいので無視すると $\eta_O/(1-w_S)$ の差が推進効率の差に相当する。最適直径より少し大きい直径 6.630 m でプロペラ単独効率は最大となるが、推進効率は $1-w_S$ の影響で最適直径 6.470 m が最も良くなっている。本例ではプロペラ直径を 6.470 m、ピッチ比を 0.685 とする。

表 3.8 直径を変更した MAU プロペラの主要目と性能

翼数	4翼				
直径増減量（%）	-5.0	-2.5	0	+2.5	+5.0
直径（m）	6.145	6.310	6.470	6.630	6.795
展開面積比	0.56	0.52	0.48	0.44	0.40
ピッチ比	0.776	0.729	0.685	0.642	0.599
プロペラ単独効率	0.547	0.557	0.565	0.567	0.564
$1-w_S$	0.656	0.663	0.670	0.677	0.683
$\eta_O/(1-w_S)$	0.832	0.840	0.843	0.838	0.826

(3) 展開面積比

展開面積比についてはプロペラ効率とキャビテーション性能との相関を考慮して決定する。すなわち、キャビテーション性能が許容できる範囲でできる限り小さい展開面積比を採用して効率向上をはかる。キャビテーション性能の許容範囲については各種のキャビテーション判定図表を用いて判定する。

キャビテーション判定図表としてここでは図 3.21 に示すバリル（Burrill）の図表を用いる。バリルのキャビテーション判定図表は均一流中でのキャビテーション試験結果に基づいて作成されたもので、縦軸の スラスト荷重係数 τ と横軸のキャビテーション数 $\sigma_{0.7R}$ は次式で定義される。

$$\tau = \frac{T}{0.5\rho u^2 A_P}, \qquad \sigma_{0.7R} = \frac{P-e}{0.5\rho u^2} \qquad (3.30)$$

$$P = 101400 + 10050 I, \qquad u^2 = v_A^2 + (0.7\pi n D)^2$$

ただし、

T ：スラスト（N）　　　　　　　　A_P ：翼投影面積（m^2）
P ：軸芯位置での静水圧（Pa）　　　I ：軸深度（m）
u ：0.7R での相対流速（m/s）　　　v_A ：プロペラ前進速度（m/s）
n ：プロペラ毎秒回転数（rps）　　 D ：プロペラ直径（m）
ρ ：水の密度 = 1000（真水）、1025（海水）（kg/m^3）
e ：水の蒸気圧 =610（0°C）、1,230（10°C）、2,330（20°C）、4,250（30°C）（Pa）

バリル値（%）は翼面積に対する翼面キャビテーションの発生面積比率を示し、指定値を小さくすれば翼面積比は大きくなる。通常、Full/MCR（回転数マージン込み）条件で、低速船の場合バリル図表の約 5% ライン、高速船の場合バリル図表の約 2.5% ラインを用いて展開面積比

3.5 一様流中のプロペラ設計

を決める。図3.21において最近の設計実績をマーク（低速船を白抜き丸○、高速船を黒塗り丸●）で示しているが、1%〜7%の範囲でばらついている。

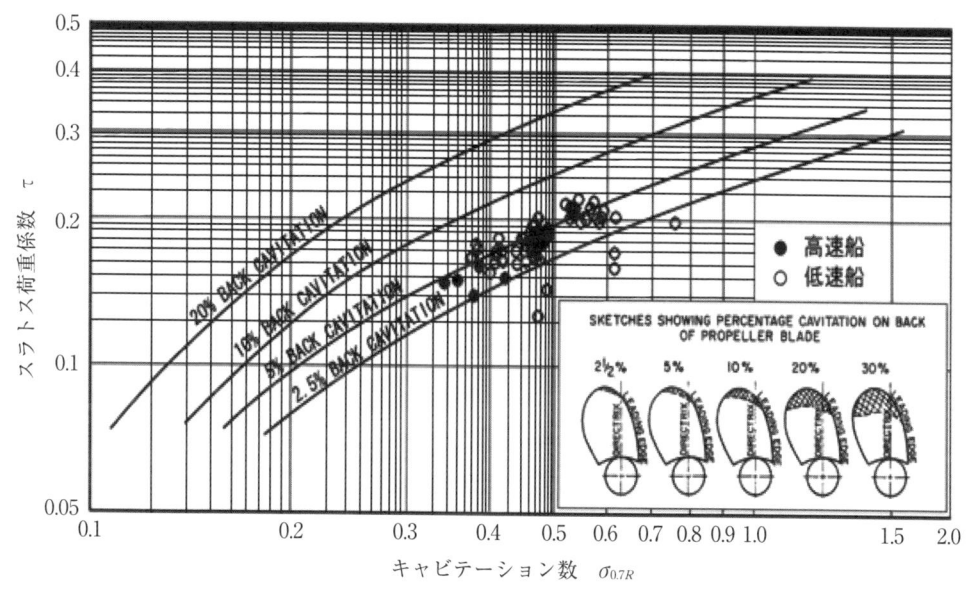

図3.21 バリルのキャビテーション判定図表

バリル図表の使用方法を理解するために、水温を20°Cとし、4翼、展開面積比0.4のMAUプロペラのデータ（3.4.3節のプロペラ設計データと3.5.2節の最適直径計算結果）を用いて図3.21により展開面積比を求める。(3.30)式に数値を代入すると$\sigma_{0.7R}=0.51$（$P=186.3$(kPa)、$e=2.33$(kPa)、$u^2=710.0$(m²/s²)）となり、バリル図表の約5%ラインから$\tau=0.195$と読み取れる。これらと$T=932$ kN（$=K_T \cdot \rho n^2 D^4$）を(3.30)式に代入すると$A_P=13.2$ m²をうる。全円面積が$A=33.7$ m²であるから翼投影面積比は$a_P=0.392$となり、さらに次式により展開面積比$a_E=0.43$が求められる。

$$a_E = \frac{a_P}{1.067-0.229(H/D)} \tag{3.31}$$

すでに(1)翼数、(2)直径のところで、最適直径6.470 mでバリル図表の約5%ラインを満たす結果として展開面積比$a_E=0.48$をえているのでここではこれを採用する。さらに、これまでに決定した翼数、直径、展開面積比を付録3.2に与えれば翼輪郭が決まる。ただ、最終的にボス比が母型から変わると翼輪郭の修正が必要となる。

バリル値を変更した場合の設計例として、直径を6.470 mに固定し、バリル値を2.5%、5%、7.5%に変更して展開面積比とその時のピッチ比、プロペラ効率を求めた。その結果を表3.9に示している。バリル値を±2.5%変更すると展開面積比は0.06〜0.07(13%〜15%)、プロペラ単独効率は0.7%〜1.2%増減している。

表 3.9 展開面積比を変更した MAU プロペラの主要目と性能

バリル値 (%)	2.5	5.0	7.5
翼数	4 翼		
直径 (m)	6.470		
展開面積比	0.550	0.480	0.420
ピッチ比	0.688	0.685	0.680
プロペラ単独効率	0.558	0.565	0.569

(4) 翼厚

翼強度をもたせるように最大翼厚の半径方向分布（ここでは翼厚分布と呼ぶ）を決定する。

① 梁理論等で翼応力がおおよそ半径方向に均一となる翼厚分布を求めて標準翼厚分布とするところが多い。表 3.10 に標準翼厚分布の一例を示す。MAU プロペラ母型の翼厚分布には直線分布が採用されているので $0.6R$ から翼先端にかけて翼応力の余裕が多くなり、プロペラ効率、キャビテーションの点から少し薄くしたほうが良い。

表 3.10 標準翼厚分布

r/R	0.15	0.2	0.25	0.3	0.4	0.5	0.6	0.7	0.8	0.9	0.95	1.0
翼厚	1.171	1.083	1.0	0.920	0.771	0.633	0.506	0.388	0.278	0.177	0.129	0.087

② 船級協会の要求翼厚 $t_{Req0.25R}$ と $t_{Req0.6R}$ を求め、要求翼厚に対する翼厚マージン $\Delta t_{0.25R}$ を考慮した $0.25R$ の設計翼厚 $t_{0.25R}$ を次式により計算し、$t_{0.25R}$ を標準翼厚分布（表 3.10）に適用して翼厚分布を定める。

$$t_{0.25R} = (1 + \Delta t_{0.25R}) t_{Req0.25R} \tag{3.32}$$

なお、$\Delta t_{0.25R}$ をとして通常、0.05〜0.1 を用いる。

③ $0.6R$ の設計翼厚が船級協会ルールの要求翼厚より 5% 以上大きいこと、翼先端の仮想厚さ t_{tip} が以下の数値以上であることを確認し、不足の場合は修正する。

　　プロペラ直径 $D \leq 3.0$ m の場合　　　　$t_{tip} \geq 0.0040D$
　　$D > 3.0$ m の場合　　　　　　　　　　$t_{tip} \geq 0.0035D$
　　$D > 7.0$ m の場合　　　　　　　　　　$t_{tip} \geq 0.0030D$

(3.32) 式により翼厚を決定する場合、船級協会が変われば要求翼厚が変ってしまうので、同じ船級協会、例えば NK ルールにより計算した $t_{Req0.25R}$ を常に用いるようにすればよい。参考として、Pmax BC 用プロペラ（ピッチ $H=2000$ mm、翼幅 $l_{0.25R}=1233$ mm、$l_{0.6R}=1688$ mm）を対象として各船級協会ルールの要求翼厚を計算した結果を表 3.11 に示す。なお、DNV については翼厚要求位置が異なるために省略している。

表 3.11 船級協会の要求翼厚

船級協会	NK	BV	ABS	LR	GL
$t_{Req0.25R}$ (mm)	238.5	235.3	230.4	221.6	245.0
$t_{Req0.6R}$ (mm)	111.8	119.4	—	107.3	132.8

船級協会によって要求翼厚にかなりの差があり、例えばNKルールで設計した場合GLルールでは満足しないことがわかる。同型船がある場合これらの差を留意して翼厚を決定する必要がある。ここではNKルール要求翼厚の7.5%増しとして$t_{0.25R}=256.4$ mmとする。これを表3.10に入れると0.6Rの翼厚は129.7 mm（NKルールのマージン16%）と定まる。

上述の①〜③の手順で求めた翼厚分布と先に求めた翼幅を付録3.2のMAUプロペラ標準オフセット表に与えれば翼断面形状が求まる。

(5) ボス

プロペラ押込みを考慮して以下の手順でボスの外形寸法を決定する。

① 実績からプロペラ軸径に対してボス長さを2.0〜2.5倍の範囲で定める。

② プロペラボス肉厚が極端に厚く、また逆に薄くならないようにプロペラ軸径に対してボス径を1.7〜1.9倍の実績範囲で定める。さらに、ボスの外形線がスムーズな形状となるように、ボス径に対しておおよそボス前端径を1.01〜1.06倍、ボス後端径を0.90〜0.95倍の実績範囲で定める。

③ 船級協会のプロペラ押込み計算をおこない、ボス長さとボス径を調整して押込み余裕（押込み量の下限と上限の差）が1.0〜2.0 mm程度となるようにする。ただし、ボス押込み計算には軸系のねじり振動計算結果が、またねじり振動計算にはプロペラの慣性モーメントが必要である。

Pmax BCについてNKルールの押込み余裕約1.5 mmをとって設計したボス寸法を以下に示す。

ボス長さ　　　1100　mm　　　　ボス径　　　　　990　mm
ボス前端径　　1040　mm　　　　ボス後端径　　　900　mm

翼厚と同様に押込み余裕も船級協会により異なるのでその差を把握しておくことが大事である。上述のボスの押込み余裕計算結果を表3.12で比較している。本設計例ではDNVが最も厳しく、最も余裕のあるGLと比較して約1.4 mmの差がある。

表3.12　押込みの余裕

船級協会	NK	BV	ABS	LR	GL	DNV
押込み余裕(mm)	1.56	1.69	1.61	1.35	2.62	1.23

(6) ピッチ修正

上述の(1)〜(5)でMAUプロペラの形状が決定されたが、翼厚比とボス比がMAUプロペラ母型から変化するとプロペラ単独性能にも影響するのでピッチ修正が必要である。理論計算も可能であるが、ここでは従来用いられている簡便法を示す。

① 翼厚比の影響

翼厚比の相違に対するピッチ修正量$\Delta(H/D)_1$は近似的に次式で与えられ、翼厚比が大きくなる程ピッチ比を減らす。

$$\Delta\left(\frac{H}{D}\right)_1 = -2\left(\frac{H}{D}\right)_0 (1-s) \Delta\left(\frac{t}{l}\right)_{0.7R} \tag{3.33}$$

ただし、
- $(H/D)_0$ ：初期設計ＭＡＵプロペラのピッチ比
- s ：スリップ比 $(1-s=J/(H/D))$
- $\Delta(t/l)_{0.7R}$ ：$0.7R$ の厚さ幅比の設計プロペラと母型との差

② ボス比の影響

ボス比の相違に対するピッチ修正量$\Delta(H/D)_2$は近似的に次式で与えられる。

$$\Delta\left(\frac{H}{D}\right)_2 = \frac{(x_B - x'_B)}{10} \tag{3.34}$$

ただし、
- x_B：設計プロペラのボス比　　x'_B：母型プロペラのボス比

最終ピッチ比 H/D は次式で求められる。

$$\frac{H}{D} = \left(\frac{H}{D}\right)_0 + \Delta\left(\frac{H}{D}\right)_1 + \Delta\left(\frac{H}{D}\right)_2 \tag{3.35}$$

以上の計算から一様流中で設計したMAUプロペラの要目は次のようになる。

翼数	4 翼	直径	6.470 m
ピッチ比	0.687	展開面積比	0.480
翼厚（0.25R）	256.4 mm	ボス比	0.153

また、プロペラ設計点（Full/CSO）での単独性能は以下の通りであり、

J=0.440　　K_T=0.155　　K_Q=0.0189　　ηo=0.570

付録3.3 のMAUプロペラ単独性能の多項式近似係数を用いて計算したJベースのプロペラ単独性能を表3.13に示している。

表3.13　プロペラ単独性能（Pmax BC）

J	K_T	K_Q	ηo
0.300	0.206	0.0231	0.426
0.400	0.170	0.0202	0.537
0.450	0.151	0.0186	0.583
0.500	0.131	0.0168	0.621
0.600	0.090	0.0131	0.656

3.5.3 到達速力計算（所要出力計算）

3.5.2節ではMAUプロペラの主要目を選定し、単独性能を推定した。ここでは、そのプロペラ単独性能と3.4.3節で与えたPmax BCの推進性能を用いて到達速力を計算する。（付録3.1の記号と関係式参照）

表3.1に有効出力 EHP（kW）が船速ベースで与えられているので、船速 v_s（m/s）ごとに次式により船体抵抗 R（N）、スラスト T（N）、K_T/J^2 を計算する。

$$\left. \begin{array}{l} R = \dfrac{1000 EHP}{v_S} \\[6pt] T = \dfrac{R}{1-t} = \dfrac{EHP}{v_S(1-t)} \\[6pt] \dfrac{K_T}{J^2} = \dfrac{T}{\rho n^2 D^4 \left(\dfrac{v_A}{nD}\right)^2} = \dfrac{EHP}{\rho D^2 v_S^{\,3}(1-t)(1-w_S)^2} \end{array} \right\} \quad (3.36)$$

Jベースのプロペラ単独性能から J、K_T、K_Q、η_O − K_T/J^2 の関係を計算し、各々の船速について (3.36) 式で計算される K_T/J^2 と一致する J と η_O を補間で求める。それらを下式に代入すれば船速とプロペラ回転数、BHP（kW）の関係が求められる。

$$\left. \begin{array}{l} N = \dfrac{60 v_A}{JD} \\[6pt] \eta_D = \eta_O \eta_R \eta_H \\[6pt] BHP = \dfrac{EHP}{\eta_D \eta_T} \end{array} \right\} \quad (3.37)$$

Pmax BC について (3.36)、(3.37) 式により計算した船速、プロペラ回転数、BHP の値を表3.14に示している。さらに、$v_S - BHP$ の補間により満載状態の常用出力で達成しうる船速が計算でき、15.01kt となる。通常、この船速が収束するまで3.5節に示した 一様流中のプロペラ設計計算を繰り返す。

表 3.14　到達速力計算例（Pmax BC）

V_S (kt)	14.5	15.0	15.5	16.0
$1-w_S$	0.670	0.670	0.670	0.670
$1-t$	0.800	0.800	0.800	0.800
η_R	1.010	1.010	1.010	1.010
K_T/J^2	0.779	0.803	0.837	0.876
η_O	0.578	0.574	0.569	0.563
N (rpm)	104.4	109.1	114.3	119.7
η_D	0.697	0.692	0.686	0.679
BHP (kW)	7365	8464	9827	11433

3.6 プロペラ性能シミュレーション

前節で一様流中の MAU プロペラの設計をおこなった。さらに伴流中のプロペラ設計を進めるためにはプロペラ理論等によるプロペラ諸性能の推定計算が必要となる。推定法として翼面圧力分布とプロペラ単独性能の計算にはプロペラ揚力面理論（Mode Function 法）、翼応力分布計算には有限要素法（20節点ソリッド要素）、その他にいくつかの実験式を用いるが、ここではそれらの概要、推定精度、使用上の注意事項について解説する。

(1) プロペラ単独性能

プロペラ幾何形状を標準形状から変更する場合、常にプロペラ単独性能の変化量を推定しなければならない。これまでの経験では変化がよほど極端でない限り、プロペラ揚力面理論により実用的な精度でスラスト、トルクの変化量を推定することができる。ただ、プロペラ形状によって推定精度が変わるので注意が必要である。とくに粘性影響を受けやすい翼断面形状の影響を精度よく推定するのは難しく、かなりの模型実験結果のデータベースが必要である。プロペラ理論計算法が変われば傾向が多少異なるが、プロペラ幾何形状と単独性能推定精度とのおおよその関係を以下に示す。

① 推定精度が比較的良い形状
　翼数、ピッチ、展開面積比、ピッチ分布、翼幅分布、スキュー、レーキ、スキュー分布
② 推定精度が少し劣る形状
　キャンバー比分布、翼断面（キャンバー）、翼断面（翼厚）
③ 推定精度がかなり劣る形状
　翼断面の局所的変化（鳴音防止加工、カップ加工等）

(2) キャビテーション

プロペラ効率とキャビテーション性能は相反することが多いので、常にキャビテーション・シミュレーションをおこないながらキャビテーションが許容できる範囲でプロペラ効率改善をはかる。一様流中の設計では実績ベースから満載/連続最大出力状態でキャビテーション性能を評価したが、伴流中の設計では現実に運航される状態でキャビテーション性能が厳しい軽荷/常用状態を対象とする。

伴流中のキャビテーション・シミュレーションについては非定常揚力面理論による方法を用いる。まず伴流中のプロペラ変動荷重を非定常プロペラ揚力面理論で解き、相当2次元翼を対象に翼型理論により非キャビテーション状態における翼面圧力を計算する。さらに水の蒸気圧を基準としてキャビティの発生、消滅を定め、揚力等価法により広がりを求める方法を用いる。ただ、キャビテーションエロージョンの評価にはキャビティの崩壊パターンが重要であるが、模型実験では一旦発生した翼面上のキャビティは翼面圧力が水の蒸気圧以上に回復しても容易に消滅しない。一方、上述の理論計算では比較的簡単に消滅するので、とくにキャビテーションの発生量が多くなるとキャビティの崩壊パターンが模型実験と対応しなくなる。そこで、ここではキャビティの広がりが最大になるまでは理論計算結果を用い、その後は模型実験結果をもとに模式化し

3.6 プロペラ性能シミュレーション

た消滅パターン推定法を用いて計算する。

模型実験との比較例としてコンテナ船用に設計した2ケースのプロペラのキャビテーション・パターンを図3.22(a)、(b)に示す。図中の実線は実験値、破線は計算値を示す。図3.22(a)は翼に働く荷重を翼先端側で増やしたプロペラ、すなわちチップロードプロペラのものであり、図3.22(b)はその逆に減らしたチップアンロードプロペラのものである。チップロードでは前縁から発生したキャビテーションがほとんどすべて前縁剥離渦に巻き込まれて翼先端後縁方向にスムーズに消滅した。一方、チップアンロードでは前縁剥離渦に巻き込まれないキャビテーションが翼後縁付近でクラウドキャビテーションとなって急激に崩壊し、模型プロペラの翼先端後縁部に小さな欠損と曲がりが発生した。計算ではそれらの詳細まではわからないが、翼先端後縁側のキャビテーション崩壊パターンの違いはよく表わされている。

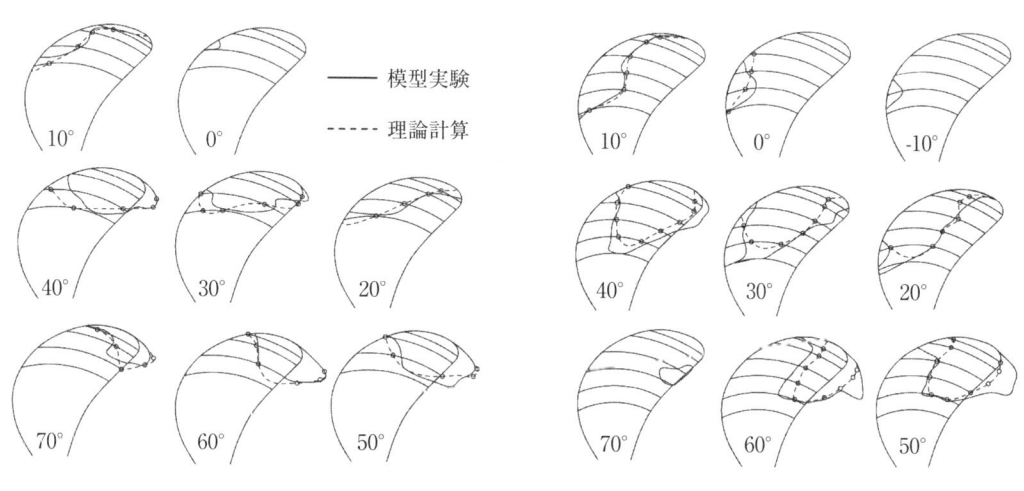

図3.22(a) キャビテーションパターン（チップロードプロペラ）

図3.22(b) キャビテーションパターン（チップアンロードプロペラ）

上述のように模型実験結果をもとに模式化した消滅パターン推定法の採用により揚力面理論によってもある程度エロージョンリスクを評価できるようになった。現在の揚力面理論計算結果に基づく経験的な評価方法を以下に示す。

① 模型実験との比較例から模型実験でエロージョンの兆候がみられた消滅パターンを図3.23に示している。プロペラ回転角が10°進む間のキャビテーション崩壊パターンが以下の2つのパターンの場合、エロージョンリスクが高いと判断される。
- 翼後縁部で半径方向 $0.8R$ より内側の広がりから急激に消滅する場合
- 翼中央部で急激に消滅する場合

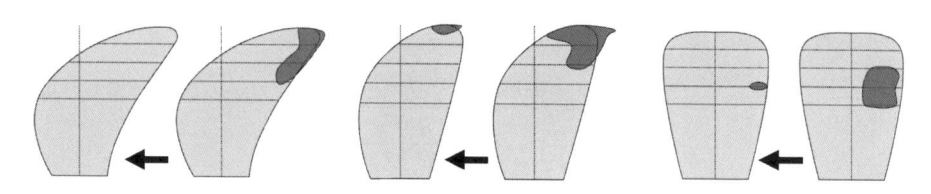

図3.23 エロージョンリスクが高いキャビテーション消滅パターン例

② 展開面積比を下げ過ぎると翼中央部にキャビテーションが発生し、模型実験ではバブルやストリーク・キャビテーションがみられる。これは、翼前縁から後縁にかけて広い範囲で圧力が低下したためであり、シートキャビテーションも急激に増加してクラウドキャビテーションにもつながりやすい。翼面中央部に発生するキャビテーションは避けることが望ましい。

③ 従来、フェイス・キャビテーションはエロージョンに結びつきやすいと言われてきた。しかし、計算では比較的フェイス・キャビテーションが発生しやすいこと、また、最近では実船でフェイス・キャビテーション・エロージョンがほとんど起こっていないこと等から多少であれば理論計算で出ても問題ないと考えられる。

以上のようにある程度エロージョン評価ができるようになってきたが、数値シミュレーションはまだ確立されたといえる段階ではなく、慎重な判断が必要である。問題が懸念される場合、少し余裕をとるかあるいは模型実験を実施して問題ないことを確認することが望ましい。

(3) 船尾変動圧力

現在、CFD等により推定法の開発が進められているが、実際のプロペラ設計ではもっぱら実験や経験に基づいた方法が用いられている。ここでは国内でも比較的よく用いられているHolden法を用いた方法について解説する。

Holden法では72隻の実船計測データを統計的に逆解析して、船尾変動圧力の1次および2次翼振動数成分の片振幅を求める式を与えている。ただ、スキューとチップレーキの影響については考慮されていないので、ここでは模型実験結果をもとに作成した図と推定式を用いて修正する。

① 1次翼振動数成分

非キャビテーション時の変動圧力振幅 ΔP_O (Pa) は次式で与えられる。

$$\Delta P_O = \frac{12.45\rho n^2 D^2 \left(\dfrac{1}{Z^{1.53}}\right)\left(\dfrac{t}{D}\right)^{1.33}}{\left(\dfrac{d}{R}\right)^{\kappa 1}} \tag{3.38}$$

ここで、　　d：プロペラ直上位置の $0.9R$ 点と変動水圧を求める点の距離 (m)

$$\kappa 1 = 1.8 + \frac{0.4d}{R} \quad \text{for} \quad \frac{d}{R} \leq 2.0$$

$$= 2.8 \quad \text{for} \quad \frac{d}{R} > 2.0$$

t/D：プロペラの翼厚比

キャビテーション時の変動圧力振幅 ΔP_C (Pa) は次式で与えられる。

$$\Delta P_C = \frac{0.098\rho n^2 D^2 (J_1 - J_M) f_2}{\sigma_{0.7R}^{0.5} \left(\dfrac{d}{R}\right)^{\kappa 2}} \tag{3.39}$$

3.6 プロペラ性能シミュレーション

ここで、

$$\kappa 2 = 1.7 + 0.7 \frac{d}{R} \quad \text{for} \quad \frac{d}{R} < 1.0$$

$$= 1.0 \quad \text{for} \quad \frac{d}{R} \geq 1.0$$

$$J_1 = J_0 + \Delta J \quad\quad J_0: \text{平均前進率}$$

$$\Delta J = \frac{\left\{\dfrac{(f_1+1.0)}{f_1}\right\} K_T}{\dfrac{\Delta K_T}{\Delta J}}$$

$$\frac{\Delta K_T}{\Delta J} = 0.32 \pm 0.3 \quad (Z=3)$$

$$= 0.36 \pm 0.3 \quad (Z=4)$$

$$= 0.42 \pm 0.3 \quad (Z=5)$$

$$= 0.48 \pm 0.3 \quad (Z=6)$$

$$f_1 = \left(\frac{A_e}{A_o}\right)_N \times \frac{2.13 D}{c_{0.9R} Z}$$

$$\left(\frac{Ae}{Ao}\right)_N = \frac{\left\{\dfrac{4T}{\pi D^2}\right\}}{0.5 \rho v_{0.7R}^2 (0.235 \sigma_{0.7R} + 0.063) \times \left(1.067 - 0.23 \left(\dfrac{H}{D}\right)_{0.8R}\right)}$$

$c_{0.9R}$: 0.9R における翼幅 (m)

$v_{0.7R}$: $0.7\pi n D$ (m/s) $\quad\quad T$: スラスト (N)

$$\sigma_{0.7R} = \left\{\frac{1000(10.4+h)g}{0.5 \rho v_{0.7R}^2}\right\}$$

g : 重力加速度 = 9.80665 (m/s^2)

h : 軸の没水深度 (m)

$f_2 = \dfrac{(Hf)_{0.95R}}{(Hf)_{0.8R}}$: 0.95R と 0.8R におけるピッチとキャンバーの積の比

$$J_M = \frac{v_S (1 - w_{T.max})}{nD}$$

$w_{T.max}$: 0.9R〜1.0R での伴流率 w の最大値 (top position)

非キャビテーション時とキャビテーション時の合成成分 ΔP_Z（Pa）は次式で求められる。

$$\Delta P_Z = \sqrt{\Delta P_o^2 + \Delta P_c^2 - 2\Delta P_o \Delta P_c \cos(180° - 25°Z)} \quad (3.40)$$

② 2次翼振動数成分

変動圧力振幅の2次翼振動数成分 ΔP_{2Z}（Pa）は次式で与えられる。

$$\Delta P_{2Z} = \frac{0.024 \rho n^2 D^2 (J_1 - J_M)^{0.85}}{\sigma_{0.7R}^{0.5} \left(\dfrac{d}{R}\right)^{\kappa 2}} \quad (3.41)$$

(3.38)式〜(3.41)式を用いて船尾変動圧力の1、2次翼振動数成分が計算できる。

次にスキューとチップレーキの影響を考慮する。スキューは船尾変動圧力の1次翼振動数成分の軽減に効果がある。模型実験結果を整理して求めた1次翼振動数成分とスキューの関係を図3.24に示している。図中、縦軸は変動圧力振幅（1次翼振動数成分）の減少率であり、横軸は 0.7R から 1.0R の間のスキュー角 $\Delta \phi_S$ である。図3.24によりスキューによる減少率 C_S を求めて変動圧力振幅の1次翼振動数成分を次式により修正する。

$$\Delta P_Z' = C_S \Delta P_Z \quad (3.42)$$

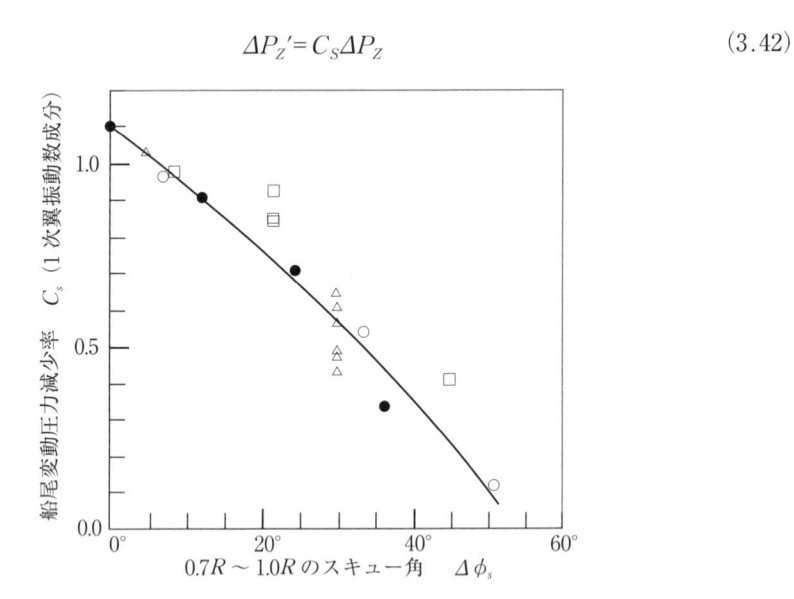

図 3.24 スキューによる船尾変動圧力振幅軽減効果（1次翼振動数成分）

バックワードチップレーキは船尾変動圧力の2次翼振動数成分の軽減に効果がある。なお、以降ではチップレーキはバックワードを対象とするので"バックワード"の表現を省略する。チップレーキプロペラの系統試験結果から求められた船尾変動圧力振幅（2次翼振動数成分）の減少率 C_R の推定式を(3.43)式に示す。

$$C_R = min\{-4.412X + C, 1.0\} \quad (3.43)$$

ただし、

$$C = \max\left\{12.8\frac{K_T}{Z} - 0.4\sigma_n + 1.311,\ 1.0\right\}$$

(3.43)式中、X はチップレーキを表すパラメータでチップレーキ率と呼び、次式で計算される。

$$X = \frac{x_{ER}(1.0R) - x_{ER}(0.8R)}{R} \tag{3.44}$$

ただし、

x_{ER}:有効レーキ、R:プロペラ半径

(3.43)式からチップレーキによる減少率 C_R を求めて変動圧力振幅の2次翼振動数成分を次式により修正する。

$$\Delta P_{2Z}' = C_R \Delta P_{2Z} \tag{3.45}$$

　船尾変動圧力の許容値についていくつかの経験式が提案されているが、船体の振動は船殻構造と密接な関係があるので基本的には船尾変動圧力のみで判断できない。類似船、同型船について船体振動実測値と船尾変動圧力推定値の相関データを蓄積して評価、判断しなければならない。ここでは参考値として船尾変動圧力の許容値を以下に提示する。

　　　低速船の場合、　　　　　3(2〜4)　kPa
　　　高速船の場合、　　　　　5(4〜6)　kPa

(4) 翼応力

　通常プロペラの場合、3.5.2節で述べた方法で翼厚を決定すればとくに問題ないが、スキュー角が25°を超えるハイスキュープロペラでは有限要素法を用いて翼応力解析することが望ましい。ここではプロペラ揚力面理論により計算した翼面圧力分布を用いて有限要素法により伴流中の翼応力を解析した例として、3.5.2節で設計したMAUプロペラの計算結果を図3.25に示す。図3.25(a)は有限要素法メッシュモデルであり、また、図3.25(b)は前進面の翼応力分布を等応力線で示したものである。

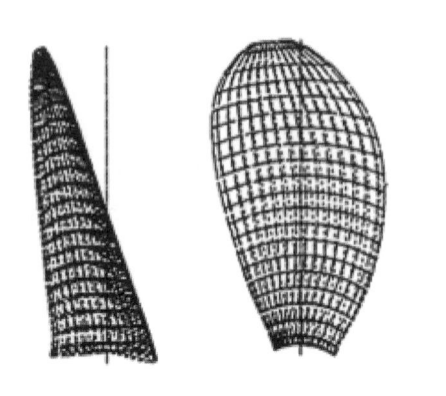

図 3.25(a) 有限要素法メッシュモデル
（MAU プロペラ）

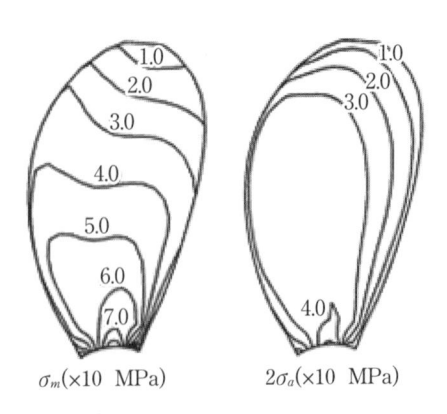

図 3.25(b) 前進面の翼応力分布
（MAU プロペラ）

σ_m(×10 MPa)　　$2\sigma_a$(×10 MPa)

この有限要素法メッシュモデルではフィレットを考慮していないので翼根付近の応力がかなり大きくなる。そこで、フィレットがかかる $0.25R$ より翼根側の数値を除いて修正 Goodman 応力線図にプロットしたものを図 3.26 に示している。図中、横軸は応力全振幅 $2\sigma_a$(MPa)、縦軸は平均応力 σ_m(MPa) である。破線が安全率 1 の位置を示し、図中の a と b を用いて安全率は「b/a」で表される。

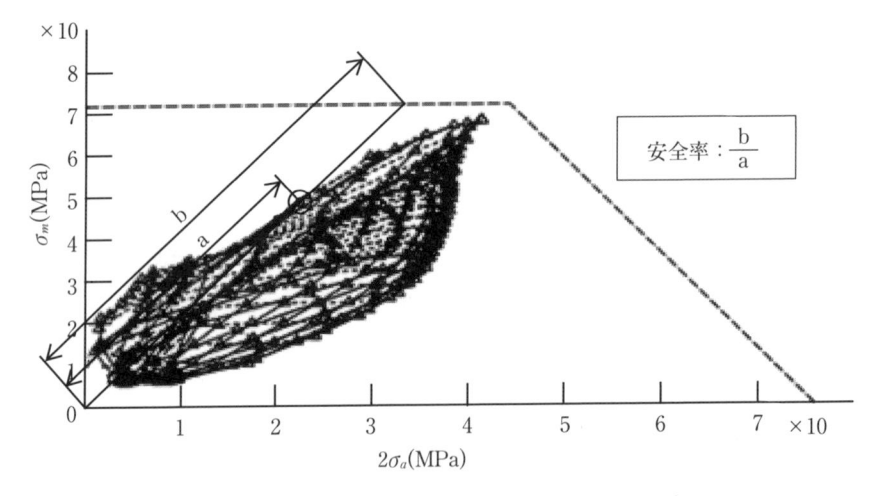

安全率：$\dfrac{b}{a}$

図 3.26 修正 Goodman 応力線図（MAU プロペラ）

翼応力の評価基準を、

翼応力（一様流中）	60 MPa	以内
翼強度の安全率（伴流中）	1.0	以上

とし、基準値を超えれば修正設計する。

3.7 伴流中のプロペラ設計

本節では3.5.2節で設計したMAUプロペラ(プロペラAと呼ぶ)を原型として、Pmax BCの伴流中で作動するプロペラの性能解析をおこないながらキャビテーションエロージョンリスク、船尾変動圧力、翼応力が許容範囲内となるように、また高効率をうるようにプロペラ形状の修正をおこなう。なお、船種が異なっても伴流中のプロペラ設計手順はおおむね共通している。ただ、コンテナ船等のようにキャビテーションが厳しくなるほど、また性能要求が厳しいほどプロペラ形状の修正は煩雑になって難しくなる。

3.7.1 伴流中のプロペラ設計 I

まず、翼断面形状をMAUプロペラとしたままで伴流中のプロペラ性能のチェックとプロペラ形状の修正を繰り返す。

(1) 展開面積比の修正(キャビテーションチェック)

プロペラAを基準として展開面積比を10%増減してキャビテーションをチェックする。展開面積比0.48を基準にして0.44と0.52のMAUプロペラを設計し、キャビテーションシミュレーションをおこなった結果を図3.27に示している。エロージョンに結びつきやすいキャビテーション崩壊パターン(図3.23)を参照して展開面積比0.52は問題ないといえる。一方、展開面積比0.44は翼中央部にキャビテーションが発生しているので採用できない。展開面積比0.48ではキャビテーションが30°で0.8Rに残っているが、40°でも0.9Rより翼先端側に残っているので急激に崩壊しているとはいえない。展開面積比0.48が許容限度に近いと判断されるので0.48を採用する。

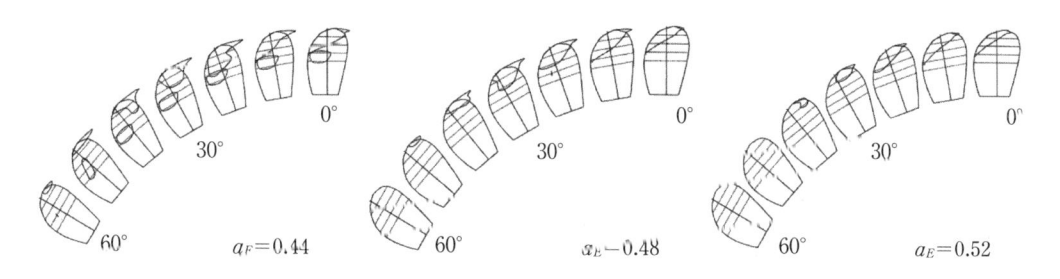

図3.27 キャビテーションパターン(展開面積比の影響)

(2) スキュー分布の修正(船尾変動圧力、キャビテーションチェック)

スキューはキャビテーションの発生を半径位置で時間的にずらすことにより船尾変動圧力の1次翼振動数成分の軽減とキャビテーションエロージョンリスクの改善に効果がある。ここでは、プロペラAのスキューを増やしてそれらの改善をはかる。

船尾変動圧力の許容値を3 kPaと想定する。Holden法を用いてプロペラAの船尾変動圧力の1次翼振動数成分を計算した結果を以下に示す。

船尾変動圧力振幅(1次翼振動数成分):3.5 kPa

許容値に対して1次翼振動数成分の推定値が0.5 kPa（約14%）超過している。必要なスキュー増加量は図3.24を用いて求められる。プロペラAの$0.7R〜1.0R$のスキュー角$\Delta\phi_S$は$4.5°$なので、図から、船尾変動圧力を14%下げるためにさらに9°増やして$13.5°$にすればよいことがわかる。そこで、翼幅分布はそのままで、スキュー角を$25°$に増やしてスキュー分布を表3.15に示す標準分布に入れ替える。このプロペラをプロペラBと呼ぶと、プロペラBの$\Delta\phi_S$は$14.7°$となる。そして、図3.24から船尾変動圧力振幅の1次翼振動数成分は16%減少して以下に示すように許容値以下となる。

船尾変動圧力振幅（1次翼振動数成分）：2.9 kPa

表3.15　標準スキュー角分布

r/R	0.15	0.2	0.25	0.3	0.4	0.5	0.6	0.7	0.8	0.9	0.95	1.0
スキュー角（deg.）	0.0	-0.23	-0.31	-0.13	1.10	3.22	6.18	9.95	14.30	19.27	21.96	24.68

また、スキューを増やすと翼先端側のキャビテーションの崩壊が遅れてエロージョンリスクの改善が期待される。そこで、プロペラBについてキャビテーションシミュレーションした結果を図3.28に示している。プロペラBはプロペラA（図3.27参照）と比較してキャビテーションの崩壊が少し緩やかになっており、エロージョンリスクが減ったと判断される。さらにキャビテーションの改善が必要となればピッチ分布、翼幅分布等の修正をおこなうが、ここでは省略する。

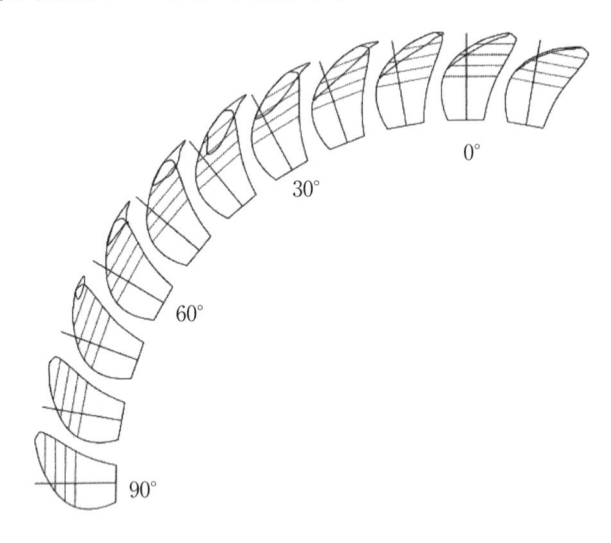

図3.28　キャビテーションパターン（プロペラB）

(3) レーキ分布の修正（船尾変動圧力、翼応力チェック）

3.4.2節で述べたようにスキュープロペラでは有効レーキ一定のレーキ分布にすれば翼応力の軽減に効果がある。また、バックワードチップレーキは翼先端付近のキャビテーションを減らしてバースティングを弱める効果があり、とくに3.6節で述べたように船尾変動圧力の2次翼振動数成分の軽減に有効である。そこで、有効レーキ一定のレーキ分布とバックワードチップレーキを組み合せたレーキ分布を採用して翼応力と船尾変動圧力の2次翼振動数成分の改善をはかる。

プロペラ A の翼応力解析結果を図 3.25、3.26 に示している。図から、翼根部の翼応力が少し大きいが、すべて許容値内に入っていることがわかる。しかし、前項で変動圧力を下げるためにスキューを 25°に増やしたので翼応力の増大が予想される。プロペラ B の翼応力計算結果を図 3.29 の修正 Goodman 応力線図と表 3.16 に示す。プロペラ B は一部、安全率が 1 を切っており、0.55R 付近の翼後縁で応力集中を起こしている。そこで、有効レーキ一定 0°にチップレーキ角 $\Delta \phi_{ER}$ を 5°つけたレーキ分布に変更し、それをプロペラ C と呼ぶ。プロペラ C の翼応力計算結果を図 3.30 と表 3.16 に示しているが、応力集中が緩和され、安全率はすべて 1 以上となっていることがわかる。

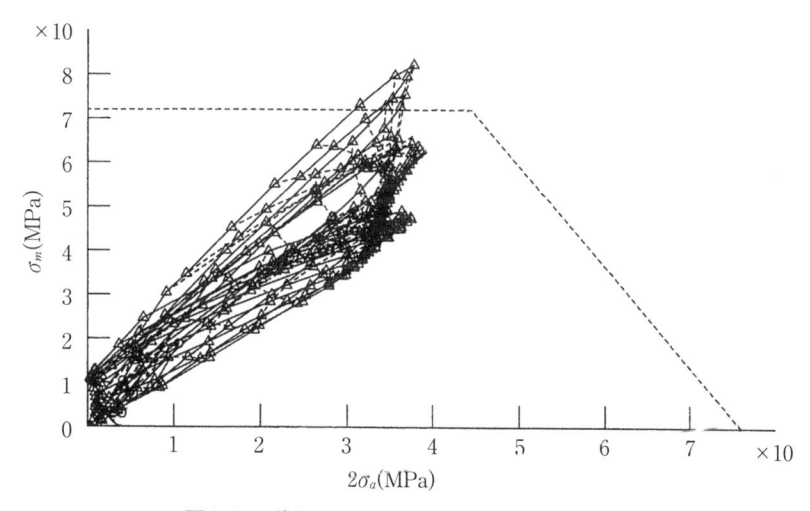

図 3.29 修正 Goodman 応力線図 (プロペラ B)

表 3.16 翼面上の応力 (MPa)

翼面位置	0.25R 翼中央付近		0.55R 翼後縁付近		備考
応力の種類	σ_m	σ_a	σ_m	σ_a	
プロペラ A	61.8	39.2	32.4	6.9	MAU 原型
プロペラ B	60.8	37.3	80.4	37.3	25° Skew
プロペラ C	43.1	35.3	36.3	15.7	有効レーキ
プロペラ D	48.1	37.3	34.3	16.7	NACA

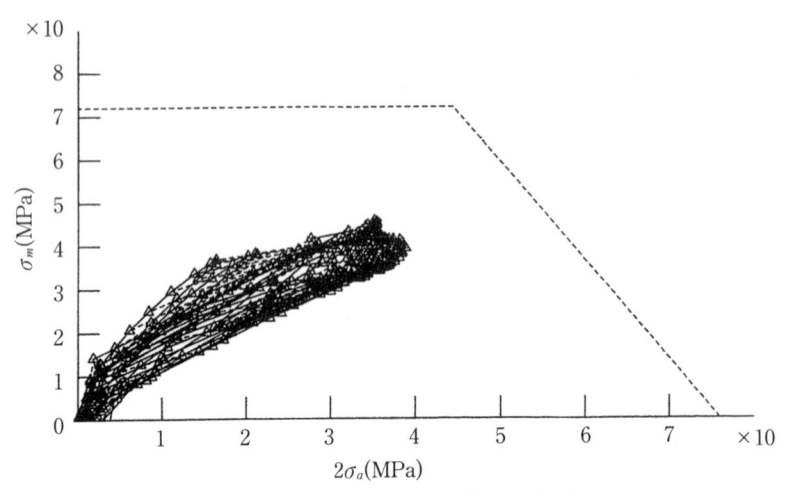

図 3.30　修正 Goodman 応力線図（プロペラ C）

次に、船尾変動圧力の 2 次翼振動数成分について簡単に考察する。翼応力を下げるためにレーキを幾何レーキ $10°$ から有効レーキ $0°$ まで減らした。そのために船尾変動圧力の 2 次翼振動数成分が増加すると予想されるので、対策として今回、チップレーキ率 0.04 のチップレーキを採用した。その結果、2 次成分の増加は緩和されていると考えられる。

通常、船尾変動圧力の 2 次翼振動数成分については推定値より模型実験の方が大きくなることが多く、また模型実験において 1 次より 2 次翼振動数成分が大きくなることも多い。低速船であっても今回のようにある程度チップレーキをつけて船尾変動圧力の 2 次翼振動数成分を下げておくことが望ましい。

(4) 性能確認と平均ピッチの修正

プロペラ A とプロペラ C の主要目と性能を表 3.17(a)、表 3.17(b) で比較している。キャビテーションエロージョンリスク、船尾変動圧力、翼応力ともに許容範囲内であり、また、本節で示した修正によりいずれの性能もかなり改善されていることがわかる。最終的には、プロペラ揚力面理論計算によりプロペラ C の単独性能を計算し、設計点のトルク係数 K_Q がプロペラ A と同じになるようにプロペラ C の平均ピッチ比を 0.685 としている。

表 3.17(a)　プロペラ主要目（プロペラ A と C）

	プロペラ A	プロペラ C
翼数	4	
直径 (m)	6.47	
展開面積比	0.48	
ピッチ比	0.687	0.685
スキュー角	11.5°	25°
ボス比	0.153	

表3.17(b)　プロペラ性能（プロペラAとC）

	プロペラA	プロペラC
プロペラ効率	0.570	
キャビテーション	許容限度	少し改善
船尾変動圧力（kPa）	3.5	2.9
翼応力安全率	1.1	1.3

3.7.2　伴流中のプロペラ設計II

引き続いて翼断面をMAUからNACAに変更するとともに、伴流分布を考慮してピッチ分布、キャンバー分布を修正することにより伴流中のプロペラ効率の改善をはかる。

(1) 伴流分布を考慮したピッチ分布とキャンバー分布

伴流中と一様流中では流場が異なるためにプロペラの最適形状も異なる。3.7.1節で伴流中のキャビテーションパターン、船尾変動圧力、翼応力を解析してプロペラ形状を修正した。しかし、プロペラ効率に関して伴流中での改善をおこなっていないので、Wake Adapted Propeller設計法の考え方を用いて1回転平均伴流分布を対象としてプロペラ修正をおこない、プロペラ効率を改善する。

Wake Adapted Propeller設計法では、伴流中の最適条件Betz' Conditionを満たす流れの方向にピッチ面をとる。翼断面のキャンバー分布と翼厚分布はあらかじめ与えておき、各半径位置において最適循環分布を満たすように翼断面キャンバーの大きさを定める。

ここでは、簡便法として伴流中の最適条件からピッチ分布を求め、任意の半径方向キャンバー分布（翼断面の最大キャンバーの半径方向分布）を与えてプロペラ回転がマッチングするように平均ピッチを定める。そして、半径方向キャンバー分布を種々変更して1回転平均伴流中のプロペラ性能を計算し、最高のプロペラ効率をうる半径方向キャンバー分布を選定する方法を解説する。

平均伴流係数を$1-w_O$、1回転平均伴流係数を$1-w_S(r)$、最適効率をη_{Pi}で表すと、1回転平均伴流分布中では図3.13の速度ダイヤグラムのv_Aが$v_S(1-w_S(r))$で置き換えられて、伴流中の最適条件は次式で与えられる。

$$\tan\beta_i = \frac{\tan\beta\sqrt{\frac{1-w_O}{1-w_S(r)}}}{\eta_{Pi}} \tag{3.46}$$

また、$\tan\beta$は次式で表されるので、

$$\tan\beta = \frac{v_S(1-w_S(r))}{r\omega} \tag{3.47}$$

最適効率η_{Pi}が定まれば（3.46）式で$\tan\beta_i$が計算できる。
η_{Pi}は最適馬力係数C_{Pi}と最適スラスト係数C_{Si}を用いて次式で表され、

$$\eta_{Pi} = \frac{C_{Si}}{C_{Pi}} \qquad (3.48)$$

さらに、η_{Pi} を用いて C_{Si} は次式で表される。

$$C_{Si} = \frac{4(1-\eta_{Pi})}{\eta_{Pi}^2}\left[1+\frac{(1-\eta_{Pi})\lambda^2}{\lambda^2+\eta_{Pi}^2}-\frac{(2-\eta_{Pi})\lambda^2}{\eta_{Pi}^2\ln\left(\frac{\lambda^2+\eta_{Pi}^2}{\lambda^2}\right)}\right] \qquad (3.49)$$

ただし、 $\lambda = \dfrac{J}{\pi}$

ここで、馬力係数 C_P を用いて C_{Pi} を $C_{Pi} \fallingdotseq C_P\left(=\dfrac{DHP}{\frac{\pi}{8}\rho v_A D^2}\right)$ で近似すれば

$C_{Si} = \eta_{Pi} C_P$ となる。これを (3.49) 式に代入すれば η_{Pi} を未知数とした式となり、η_{Pi} の近似値が求められる。$\tan\beta_i$ の方向にピッチ面をとればピッチ比は次式で表されるので、

$$\frac{H}{D} = \pi \frac{r}{R} \tan\beta_i \qquad (3.50)$$

η_{Pi} の近似値と (3.47) 式を (3.46) 式に代入し、さらにそれを (3.50) 式に代入すれば伴流中の最適条件を考慮したピッチ分布が求められる。

次に翼断面を MAU から NACA に変更する。NACA 翼型はキャンバー f と肉厚 t を用いて形成され、翼幅を1.0とした翼弦座標 x を用いて翼断面オフセット X, Y_O, Y_U は次式で表される。(図 3.31 参照)

$$X = cx,\ Y_O(x) = f(x)+\frac{t(x)}{2},\ Y_U(x) = f(x)-\frac{t(x)}{2} \qquad (3.51)$$

なお、c は翼幅である。

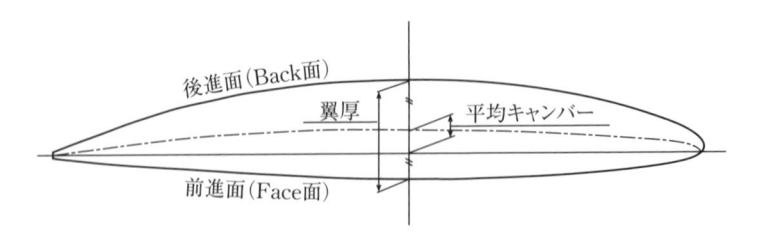

図 3.31 翼断面のキャンバーと肉厚分布

NACA 翼型としてプロペラによく用いられる NACAα=0.8 のキャンバー分布と NACA66 の肉厚分布を表 3.18 に示す。また、半径方向キャンバー比分布の一例を表 3.19 に示す。0.8R のキャンバー比を代表キャンバー比と呼ぶことにし、表中では代表キャンバー比を1.0としてキャ

ンバー比分布を表している。代表キャンバー比を適当に与えれば表 3.19 から半径方向キャンバー比分布が定まり、さらに翼厚と翼幅を与えれば (3.51) 式により NACA 翼断面形状が計算される。半径方向キャンバー比分布および代表キャンバー比を変更することにより任意の翼面キャンバー形状を表すことができる。

表 3.18 NACA α=0.8 キャンバー分布と NACA66 翼厚分布

c(%)	0.0	0.5	1.25	2.5	5.0	10.0	15.0	20.0	30.0
f(%)	0.0	4.22	9.07	15.85	27.10	44.79	58.65	69.88	86.29
t(%)	0.0	15.18	22.82	30.32	41.74	58.34	70.60	80.02	92.72
	40.0	45.0	50.0	55.0	60.0	70.0	80.0	90.0	95.0	100.0
	96.08	98.74	99.93	99.64	97.78	88.85	70.22	35.84	17.12	0.0
	99.06	100.00	99.42	97.30	93.30	75.74	49.88	21.08	8.16	0.0

表 3.19 半径方向のキャンバー比分布例

r/R	0.2	0.25	0.3	0.4	0.5	0.6	0.7	0.8	0.9	0.95	1.0
f/c	2.51	2.28	2.06	1.70	1.41	1.25	1.11	1.00	0.90	0.82	0.72

(2) 翼断面の変更とピッチ分布の修正（伴流中のプロペラ効率改善）

Pmax BC の伴流分布（図 3.18）から 1 回転平均伴流分布を計算し、伴流中の最適条件を考慮して (3.50) 式によりピッチ分布を計算した。その結果を図 3.32 に示している。1 回転平均伴流分布を省略したが、1 回転平均伴流分布とピッチ分布はよく似た形状をしている。図中のピッチ分布はノーズテールラインピッチ（翼の前縁と後縁を結んだ線上にピッチ面をとったもの）である。プロペラ C のピッチ分布もノーズテールラインピッチに直してプロットしているが、プロペラ C は MAU 翼断面で前縁にウォッシュバックがついているために図面上のピッチ分布は一定ピッチ分布であってもノーズテールラインピッチはチップアンロードとなる。一方、(3.50) 式により求めたピッチ分布はかなりチップロードになるので、ここでは少し修正して、図中、プロペラ (D) と表示したものを採用する。

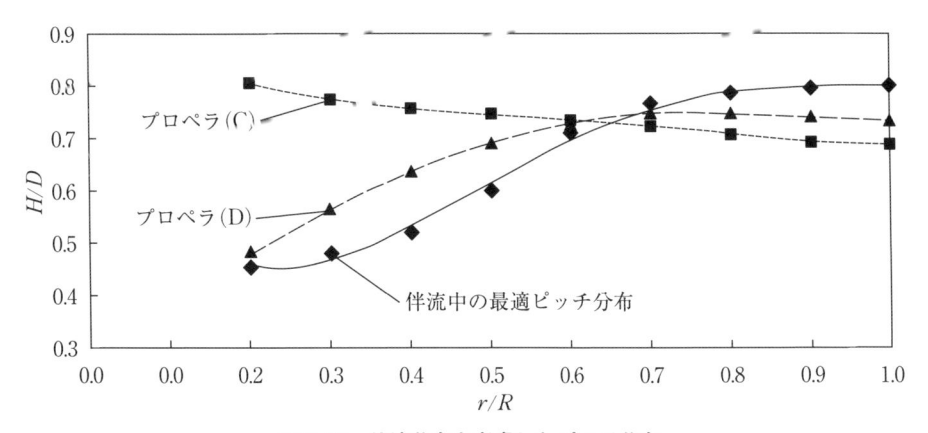

図 3.32 伴流分布を考慮したピッチ分布

次に代表キャンバー比をプロペラCとほぼ同じ1.5%として表3.19からキャンバー比分布を定め、それとプロペラCの翼厚分布と翼幅分布を用いて（3.51）式によりNACA翼断面を計算する。プロペラCのピッチ分布と翼断面をそれぞれ、前述のピッチ分布とNACA翼断面に入れ替えて、揚力面理論によりプロペラ単独性能を計算して回転がマッチングするように平均ピッチを修正したものをプロペラDとする。

一様流および1回転平均伴流中のプロペラ性能を揚力面理論により計算して表3.20に示している。これらはプロペラ設計点での数値であり、また、1回転平均伴流中のプロペラ性能計算ではK_Qが設計値となるように流速を調整したのでプロペラ効率をη_Oのかわりに$K_T/(10K_Q)$で比較している。表から、プロペラDの効率は一様流中ではプロペラCと大差ないが、1回転平均伴流中では約1.5%向上していることがわかる。代表キャンバー比とキャンバー比分布を変更し、種々のキャンバー分布について同様の解析をおこなうことによってさらに高効率のプロペラの設計が期待できる。ただ、これまでの経験から、これらのプロペラ性能計算結果については計算方法によりかなり結果に差がみられる。非常に重要なピッチ分布と翼断面の決定にかかわる部分であるので、模型実験との相関も十分とれた信頼できる計算方法が不可欠である。

表3.20　一様流及び1回転平均伴流中のプロペラ単独性能（プロペラCとD）

	一様流			
	J	K_T	$10K_Q$	η_O
プロペラC	0.440	0.159	0.189	0.589
プロペラD	0.440	0.160	0.189	0.590
	一回転平均伴流			
	−	K_T	$10K_Q$	$K_T/(10K_Q)$
プロペラC	−	0.161	0.189	0.852
プロペラD	−	0.163	0.189	0.865

(3) 最終プロペラの性能確認

その他の伴流中のプロペラ性能についてプロペラCとプロペラDを比較する。プロペラDのキャビテーションパターンと翼応力の計算結果をそれぞれ図3.33、図3.34に示す。チップロードとしたために翼先端部のキャビテーションが増えているが、その分ゆっくり消滅しており、エロージョンリスクは減っていると考えられる。翼応力についてはチップロードとしたために曲げモーメントが増えて全体的に少し増えている。しかし、本プロペラの安全率は1.2であり、まだ余裕がある。

3.7 伴流中のプロペラ設計

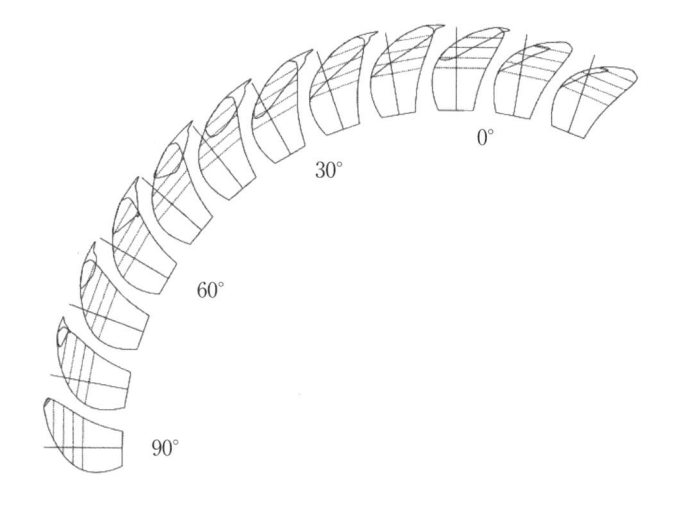

図 3.33 キャビテーションパターン (プロペラ D)

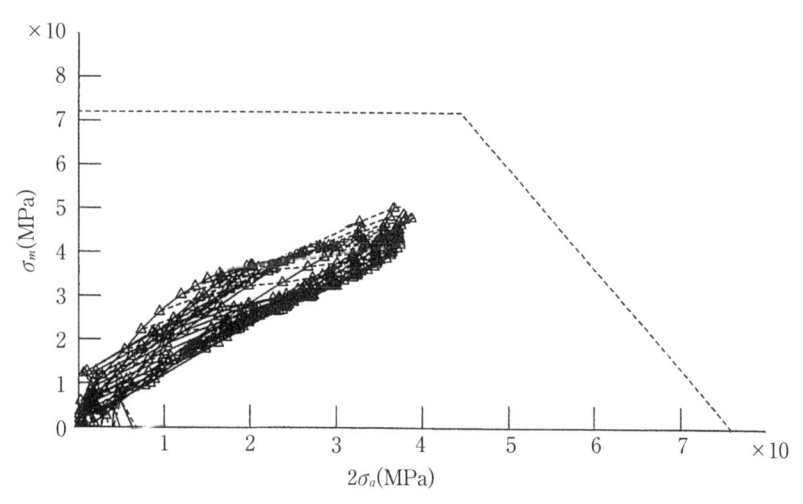

図 3.34 修正 Goodman 応力線図 (プロペラ D)

プロペラ D の船尾変動圧力計算結果は以下の通りである。

　船尾変動圧力振幅（1 次翼振動数成分）：3.0 kPa

船尾変動圧力振幅の 1 次翼振動数成分はプロペラ C と比較して若干増えているが許容値内であり、伴流中のプロペラ効率の点からプロペラ D を最終プロペラとして採用する。最後にプロペラ D の翼図面を図 3.35 に示している。

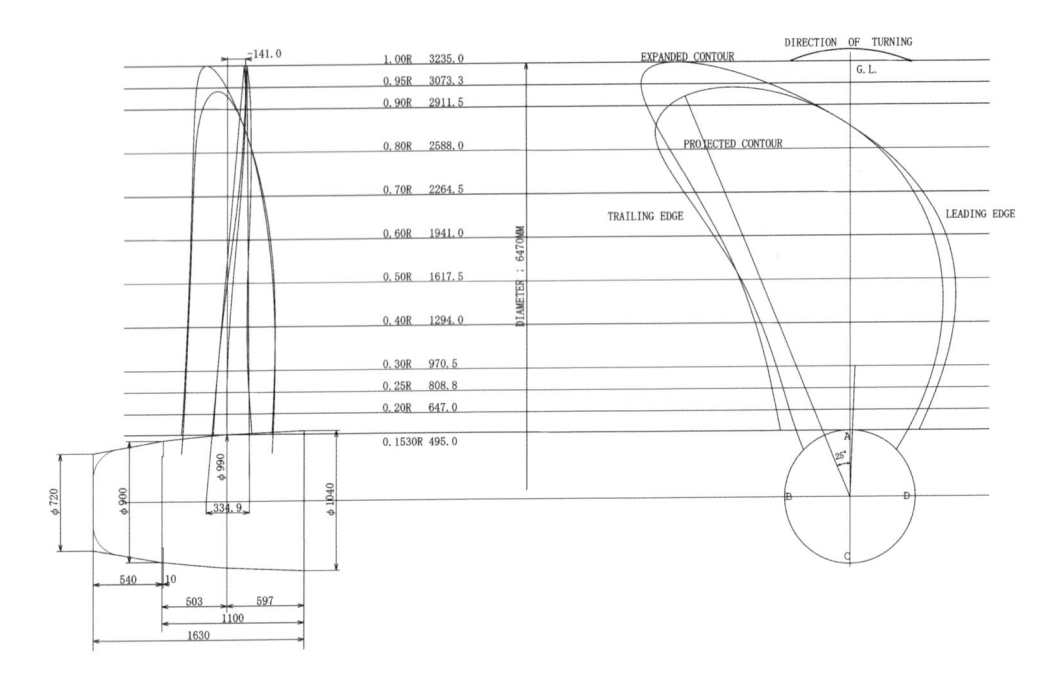

図 3.35　プロペラ翼図面 (プロペラ D)

付録3.1　プロペラ設計で使用される記号、用語

プロペラ設計で使用される主要な記号、用語を(1)船体と(2)プロペラに分けて示す。

(1) 船体

L_{PP}	：垂線間長さ（m）	L_{WL}	：計画満載吃水線上の長さ（m）
B	：船の幅（m）	D_M	：型深さ（m）
d	：吃水（m）	d_F	：船首吃水（m）
d_M	：平均吃水（m）	d_A	：船尾吃水（m）
C_B	：方形係数	C_M	：中央横断面積係数
C_P	：柱形係数		
S	：浸水面積（m^2）	∇	：排水容積（m^3）
$\triangle$	：排水量（ton）	A_M	：船体中央横断面積（m^2）
l_{CB}	：船体中央から水面下船体の浮心位置までの前後方向の距離（m）		
	（L_{PP}の％）（浮心が船体中央から前方にある場合を「マイナス」）		

$$C_B = \frac{\nabla}{LBd} \qquad C_M = \frac{A_M}{Bd} \qquad C_P = \frac{\nabla}{LBdC_M}$$

(2) プロペラ

「形状関係」

Z	：翼数		
D	：プロペラ直径（m）	R	：プロペラ半径（m）
H、P	：ピッチ（m）	H/D、P/D	：ピッチ比
c	：翼幅（m）	t	：翼厚（m）
d	：ボス径（m）	x_B	：ボス比
a_D	：伸張面積比	a_E	：展開面積比
a_P	：投影面積比		
b_{mn}	：平均翼幅比　　1翼の展開面積を翼の長さで割ったものを平均翼幅といい、		
	平均翼幅をプロペラ直径で割ったものを平均翼幅比という。		
A	：プロペラ全円面積（m^2）		
A_D	：プロペラ翼の伸張面積（m^2）（ボス部分の面積は含まない）		
A_E	：プロペラ翼の展開面積（m^2）（ボス部分の面積は含まない）		
A_P	：プロペラ翼の投影面積（m^2）（ボス部分の面積は含まない）		

$$A = \frac{\pi D^2}{4} \qquad b_{mn} = \frac{\pi}{2Z}\frac{a_E}{1-x_B}$$

「プロペラ性能関係」

V_S	：船の速度（kt）	V_A	：プロペラ前進速度（kt）
v_S	：船の速度（m/s）	v_A	：プロペラ前進速度（m/s）
N	：プロペラ毎分回転数（rpm）	n	：プロペラ毎秒回転数（rps）

B_P	: 出力係数	DHP	: 伝達出力（kW）
δ	: 直径係数	J	: プロペラ前進係数
K_T	: スラスト係数	K_Q	: トルク係数
T	: スラスト（N）	Q	: トルク（Nm）
s	: 真のスリップ比	s_A	: みかけのスリップ比
η_O	: プロペラ単独効率	η_R	: プロペラ効率比
η_B	: プロペラ船後効率	ρ	: 水の密度（kg/m³）
e	: 水の蒸気圧（Pa）	I	: 没水深度（m）
P	: プロペラ軸中心の静圧（Pa）		
u	: プロペラ半径の 0.7 倍の位置における翼断面の回転速度（m/s）		

$$B_P = \frac{1.166N(\eta_R DHP)^{0.5}}{V_A^{2.5}} \qquad \delta = \frac{ND}{V_A} \qquad \eta_B = \eta_O \eta_R$$

$$J = \frac{v_A}{nD} \qquad K_T = \frac{T}{\rho n^2 D^4} \qquad K_Q = \frac{Q}{\rho n^2 D^5} \qquad \eta_O = \frac{J}{2\pi} \frac{K_T}{K_Q}$$

$$s = 1 - \frac{30.87 V_A}{HN} = 1 - \frac{J}{H/D} \qquad s_A = 1 - \frac{30.87 V_S}{HN}$$

$$u = 0.7 \pi n D \qquad P = 101400 + 10050I$$

$$\rho = 1025（海水）、1000（淡水）$$

「抵抗推進関係」

F_n	: フルード数	R_n	: レイノルズ数
g	: 重力加速度（m/s²）	ν	: 動粘性係数（m²/s）
R	: 船体抵抗（N）		
R_F	: 摩擦抵抗（N）	R_R	: 剰余抵抗（N）
C_F	: 摩擦抵抗係数	C_R	: 剰余抵抗係数
η_D	: 推進効率	η_T	: 伝達効率
$1-t$	: 推力減少係数	$1-w$	: 伴流係数
EHP	: 有効出力（kW）	BHP	: 制動出力（kW）
DHP	: 伝達出力（kW）	ΔC_F	: 粗度修正量

付録 3.1　プロペラ設計で使用される記号、用語

$$F_n = \frac{v_S}{\sqrt{L_{WL}g}} \qquad g = 9.80665 \qquad R_n = \frac{v_S L_{WL}}{\nu}$$

$$t = \frac{T-R}{T} \qquad w = \frac{V_S - V_A}{V_S} = \frac{v_S - v_A}{v_S}$$

$\nu = 1.187 \times 10^{-6}$（海水 15℃）

1.139×10^{-6}（海水 15℃）

$$\eta_D = \frac{EHP}{DHP} \qquad EHP = \frac{R v_S}{1000}$$

$\eta_T = \dfrac{DHP}{BHP} = 0.95$（船体中央配置の内燃機関）

$\phantom{\eta_T = \dfrac{DHP}{BHP}} = 0.97$（船尾配置の内燃機関）

$\phantom{\eta_T = \dfrac{DHP}{BHP}} = 0.98$（タービン）

付録3.2　MAUプロペラの標準幾何形状

MAUプロペラはすべて翼厚比0.05、ボス比0.18、翼レーキ10°、一定ピッチ分布である。翼輪郭もすべて相似形で最大翼幅は0.66Rにある。下式で最大翼幅c_{max}を計算して付表3.1に与えれば翼輪郭は簡単に求められる。

$$c_{max} = 0.226 \left(\frac{a_E}{0.50}\right)\left(\frac{5}{Z}\right) D \qquad (付3.1)$$

翼断面は3～5翼に共通であり、フェイス面が平坦、翼前縁でウォッシュバックをもったエローフォイルである。3～5翼の翼断面表を付表3.2に示す。6翼のみ0.5Rより翼根側で異なり、翼後縁でもウォッシュバックをもつ断面となる。各断面について翼幅と最大翼厚を付表3.2に与えれば翼断面形状が求められる。

付表3.1　MAUプロペラの標準翼輪郭形状

	r/R	0.2	0.3	0.4	0.5	0.6	0.66	0.7
最大翼幅を100とした場合の翼幅	GL - 後縁	27.96	33.45	38.76	43.54	47.96	49.74	51.33
	GL - 前縁	38.58	44.25	48.32	50.80	51.15	50.26	48.31
	全翼幅	66.54	77.70	87.08	94.34	99.11	100.0	99.64
翼厚／直径（%）		4.06	3.59	3.12	2.65	2.18	1.90	1.71
	r/R	0.8	0.9	0.95	1.0			
最大翼幅を100とした場合の翼幅	GL - 後縁	52.39	48.49	42.07	17.29	0.66Rの最大翼幅 =0.226D for a_E/Z=0.1		
	GL - 前縁	40.53	25.13	13.55				
	全翼幅	92.92	73.62	55.62				
翼厚／直径（%）		1.24	0.77	0.54	0.30	軸芯 5.00		

付録3.2 MAUプロペラの標準幾何形状

付表3.2　MAUプロペラの標準翼断面形状

r/R									
r/R = 0.20〜0.40	X	0.00	2.00	4.00	6.00	10.00	15.00	20.00	30.00
	YO	35.00	51.85	59.75	66.15	76.05	85.25	92.20	99.80
	YU	35.00	24.25	19.05	15.00	10.00	5.40	2.35	0.00
		32.00	40.00	50.00	60.00	70.00	80.00	90.00	95.00	100.00
		100.00	97.75	89.95	78.15	63.15	45.25	25.30	15.00	4.50
		0.00	0.00	0.00	0.00	0.00	0.00	0.00	0.00	0.00
0.50	X	0.00	2.03	4.06	6.09	10.16	15.23	20.31	30.47
	YO	35.00	51.85	59.75	66.15	76.05	85.25	92.20	99.80
	YU	35.00	24.25	19.05	15.00	10.00	5.40	2.35	0.00
		32.50	40.44	50.37	60.29	70.22	80.15	90.07	95.04	100.00
		100.00	97.75	89.95	78.15	63.15	45.25	25.30	15.00	4.50
		0.00	0.00	0.00	0.00	0.00	0.00	0.00	0.00	0.00
0.60	X	0.00	2.18	4.36	6.54	10.91	16.36	21.81	32.72
	YO	34.00	49.60	58.00	64.75	75.20	84.80	91.80	99.80
	YU	34.00	23.60	18.10	14.25	9.45	5.00	2.25	0.00
		34.90	42.56	52.13	61.70	71.28	80.85	90.43	95.21	100.00
		100.00	97.75	89.95	78.15	63.15	45.25	25.30	15.00	4.50
		0.00	0.00	0.00	0.00	0.00	0.00	0.00	0.00	0.00
0.70	X	0.00	2.51	5.03	7.54	12.56	18.84	25.12	37.69
	YO	30.00	42.90	52.20	59.90	71.65	82.35	90.60	99.80
	YU	30.00	20.50	15.45	11.95	7.70	4.10	1.75	0.00
		40.20	47.23	56.03	64.82	73.62	82.41	91.31	95.60	100.00
		100.00	97.75	89.95	78.15	63.15	45.25	25.30	15.00	4.50
		0.00	0.00	0.00	0.00	0.00	0.00	0.00	0.00	0.00
0.80	X	0.00	2.84	5.68	8.51	14.19	21.28	28.38	42.56
	YO	21.00	32.45	41.70	50.10	64.60	78.45	88.90	99.80
	YU	21.00	14.00	10.45	8.05	5.05	2.70	1.15	0.00
		45.40	51.82	59.85	67.88	75.91	83.94	91.97	95.99	100.00
		100.00	97.75	89.95	78.15	63.15	45.25	25.30	15.00	4.50
		0.00	0.00	0.00	0.00	0.00	0.00	0.00	0.00	0.00

0.90	X	0.00	3.06	6.11	9.17	15.28	22.92	30.56	45.85
	YO	8.30	21.10	31.50	40.90	57.45	74.70	87.45	99.70
	YU	8.30	4.00	2.70	2.05	1.20	0.70	0.30	0.00
		48.90	54.91	62.42	69.94	77.46	84.97	92.47	96.24	100.00
		100.00	98.65	92.75	83.05	69.35	51.85	30.80	19.40	6.85
		0.00	0.00	0.00	0.00	0.00	0.00	0.00	0.00	0.00
0.95	X	0.00	3.13	6.25	9.38	15.63	23.44	31.25	46.87
	YO	6.00	19.65	30.00	39.60	56.75	74.30	87.30	99.65
	YU	6.00	0.00	0.00	0.00	0.00	0.00	0.00	0.00
		50.00	55.88	63.23	70.59	77.94	85.30	92.65	96.32	100.00
		100.00	99.00	93.85	84.65	71.65	54.30	33.50	21.50	8.00
		0.00	0.00	0.00	0.00	0.00	0.00	0.00	0.00	0.00

付録 3.3　MAU プロペラ単独性能の多項式近似

MAU プロペラの単独性能 K_T、K_Q について下式で多項式近似した係数 A_{ij}、B_{ij} を付表 3.3 に示す。

$$K_T = \sum_{i=0}^{2}\sum_{j=0}^{3} A_{ij}\left(\frac{H}{D}\right)^i J^j$$

$$10K_Q = \sum_{i=0}^{2}\sum_{j=0}^{3} B_{ij}\left(\frac{H}{D}\right)^i J^j$$

(付 3.2)

これらの係数を(付 3.2)式に代入すれば MAU プロペラの単独性能を簡単に計算できる。なお、MAU-30、5-35 のピッチ比の適用範囲は 1.1 までである

付表 3.3　MAU プロペラ単独性能の多項式近似係数

N	MAU3-35		MAU3-50		i	j
	A_{ij}	B_{ij}	A_{ij}	B_{ij}		
1	-0.04797	0.04251	-0.07052	0.05842	0	0
2	-0.08540	0.00153	-0.09402	0.02360	0	1
3	-0.40258	-0.15998	-0.26454	-0.17429	0	2
4	0.00767	-0.04395	-0.06002	0.06222	0	3
5	0.50229	-0.04721	0.55430	-0.17097	1	0
6	-0.28337	-0.20228	-0.43843	-0.07521	1	1
7	0.57802	0.24565	0.38870	-0.16269	1	2
8	-0.06151	-0.09531	0.10352	-0.01255	1	3
9	-0.07680	0.50585	-0.06860	0.68209	2	0
10	0.13330	-0.10967	0.24363	-0.32339	2	1
11	-0.25627	-0.08522	-0.24945	0.22312	2	2
12	0.05150	0.07526	-0.00451	-0.03145	2	3

第3章 プロペラ設計

N	MAU4-30		MAU4-40		MAU4-55		MAU4-70		i	j
	A_{ij}	B_{ij}	A_{ij}	B_{ij}	A_{ij}	B_{ij}	A_{ij}	B_{ij}		
1	0.05502	0.10562	-0.02973	-0.01214	-0.08299	0.00109	-0.13077	-0.05052	0	0
2	-0.37253	-0.55530	-0.13202	0.19408	-0.18006	-0.01799	0.05077	0.23126	0	1
3	-0.40577	0.24740	-0.58444	-0.61204	-0.16070	0.01177	-0.59397	-0.09925	0	2
4	0.41987	0.06622	0.27782	-0.06724	-0.07043	-0.26804	0.24730	-0.31326	0	3
5	0.30272	-0.11411	0.52324	0.16691	0.63472	0.07994	0.72197	0.17534	1	0
6	0.67637	1.70863	-0.17606	-0.54248	-0.19351	-0.16930	-0.77046	-0.88633	1	1
7	-0.01129	-1.80239	0.72736	1.05557	-0.12464	-0.43699	0.84887	0.08000	1	2
8	-0.67756	-0.07028	-0.46222	-0.22388	0.28540	0.49297	-0.36240	0.47774	1	3
9	0.01064	0.48239	-0.08535	0.40069	-0.10873	0.55090	-0.11923	0.56827	2	0
10	-0.47356	-1.35509	0.06601	0.04521	0.09865	-0.15709	0.40523	0.22953	2	1
11	0.33474	1.71223	-0.22993	-0.37954	0.12303	0.27432	-0.44105	-0.15287	2	2
12	0.22688	-0.24318	0.17477	0.12822	-0.16722	-0.23226	0.18160	-0.14386	2	3

N	MAU5-35		MAU5-50		MAU5-65		MAU5-80		i	j
	A_{ij}	B_{ij}	A_{ij}	B_{ij}	A_{ij}	B_{ij}	A_{ij}	B_{ij}		
1	-0.01218	0.02588	-0.03104	0.03302	-0.08847	0.00925	-0.09989	-0.02652	0	0
2	-0.37645	-0.58622	-0.21965	-0.03182	-0.11228	0.18864	0.03570	0.37895	0	1
3	0.04695	1.27905	-0.35413	-0.09730	-0.47577	-0.47736	-0.95131	-0.74162	0	2
4	-0.14083	-1.06498	0.00414	-0.26321	0.06667	0.06907	0.47424	0.34978	0	3
5	0.56481	0.18930	0.55948	0.08684	0.66977	0.10840	0.64656	0.12836	1	0
6	0.47372	1.51419	-0.04194	-0.11251	-0.37493	-0.80782	-0.63317	-1.23972	1	1
7	-0.89443	-3.93705	0.27626	-0.22613	0.60055	0.82228	1.31570	1.17978	1	2
8	0.51711	2.37903	0.01127	0.38028	-0.13524	-0.34103	-0.73854	-0.63038	1	3
9	-0.14283	0.32045	-0.07466	0.51816	-0.10066	0.57294	-0.04965	0.62270	2	0
10	-0.27349	-1.07945	0.01561	-0.15092	0.18340	0.21685	0.26468	0.46122	2	1
11	0.74128	2.69183	-0.04934	0.24935	-0.24194	-0.40600	-0.52573	-0.66210	2	2
12	-0.39859	-1.50732	-0.01845	-0.20380	0.06714	0.19754	0.30349	0.31704	2	3

付録3.3　MAUプロペラ単独性能の多項式近似

N	MAU6-55 A_{ij}	MAU6-55 B_{ij}	MAU6-70 A_{ij}	MAU6-70 B_{ij}	MAU6-85 A_{ij}	MAU6-85 B_{ij}	i	j
1	-0.08178	-0.14556	-0.11029	-0.14122	-0.13444	-0.07823	0	0
2	-0.15428	0.17390	-0.02073	0.28030	0.01200	0.07714	0	1
3	-0.34817	-0.26624	-0.67842	-0.47661	-0.85276	0.00021	0	2
4	-0.02030	-0.33391	0.11190	-0.18214	0.32102	-0.35787	0	3
5	0.69170	0.59381	0.73260	0.49603	0.74956	0.28400	1	0
6	-0.24953	-0.76823	-0.63911	-0.97659	-0.62399	-0.53395	1	1
7	0.21700	0.33807	1.11036	0.69009	1.16069	-0.23653	1	2
8	0.10541	0.27364	-0.31764	0.08121	-0.49838	0.50179	1	3
9	-0.13886	0.20872	-0.13572	0.34087	-0.09998	0.51814	2	0
10	0.13969	0.26428	0.33803	0.28408	0.26106	0.05675	2	1
11	-0.01949	-0.07394	-0.51722	-0.21901	-0.46716	0.05333	2	2
12	-0.07213	-0.10067	0.17951	-0.03416	0.21218	-0.15739	2	3

第 4 章　操縦装置の設計

4.1　操縦装置の概要

船の操縦装置は、歴史的また機能面から次の 3 つに大別できる。
　ⅰ）推進・操縦兼用（未分化）：櫂（paddle）、橈（oar）、櫓（sweep）
　ⅱ）操縦専用装置：舵（rudder）
　ⅲ）推進操縦両装置の再統合：アジマス型スラスター、POD 型推進器、
　　　　　　　　　　　　　　　ウォータジェット推進器

古代の船の多くはⅰ）の形態で、現在でも小型の手漕ぎボート、カヌー、釣り舟等で数多く使用されている。しかし船が大型化するに従って、推進専用の橈と操縦専用の橈に分化し、操縦専用の橈は次第に変形して新しい形式の制御装置に発展していった。古代エジプトの船には既に操縦専用の大型オール（側舵）が船尾両舷に装備されており、こうした舵は西洋においては 14 世紀頃まで使用されてきた。舵が今日のように船尾中央に配置されるようになったのは東洋では 10 世紀頃から、西洋では 14 世紀以降になってからのことである。

20 世紀後半になってからは推進器や操縦装置が多様化し、船の推力の向きを自在に制御する各種の推進方式が開発された。小型漁船やプレジャーボートの船外機といった小型から、高度な操縦性が要求されるタグボートに搭載されるアジマス型推進器、さらには高速船や大型商船に使用されるウォータジェット推進器や POD 型推進器の活用など、今後もこうした推進器と操縦装置が一体となった装置の発展が期待されている。

以上のように、船の方向を制御する装置は歴史的な変遷をたどってきたが、船の方向を制御する手段として、船尾に配置された舵が依然広く使用されている。本章では舵を装備する船舶の性能設計と操縦装置について述べる。

4.2　舵の設計

4.2.1　舵の種類

多くの船では 1 軸 1 舵、2 軸 2 舵が採用され、プロペラの背後に舵を置くことによって、その強い後流を受け、舵の効果を良好にしている。また、舵の力は基本的に流速の自乗に比例しているので、低速操船時は舵の力が小さくなって操船が困難になるが、プロペラ背後に置かれた舵では一時的に主機出力を上げてプロペラ後流を強く加速（boosting）することによって舵の力を大きくし、低速時の操船を比較的容易にすることができる。これに対して 1 軸 2 舵あるいは 2 軸 1 舵の場合はこうしたプロペラ後流はあまり期待できないので、その分舵面積を大きくしておく必要がある。

舵は大きく分けてシューピース付きの逆 G 舵かシューピースのない吊舵のいずれかが多い。後者は舵の大きさによって、スペード型、もしくは舵軸を支持するホーンの付いたマリナー舵となる。この選択は船の船尾形状やプロペラ直径によって決まる。マリナー舵は、推進性能の面か

らスターンバルブやカットアップした船尾形状、大直径プロペラを採用してシューピースが装備できない船、あるいは2軸1舵など、舵をプロペラ背後に装備しない船に採用される。この場合、舵は片持梁として支持されることになるので、舵軸や舵軸受が大きくなり、特にマリナー舵ではホーンや舵が厚くなる。これに対して、シューピース付きの舵は舵の上下端で支えられるため舵軸の垂直方向の曲げモーメントが軽減され、ホーンや舵の厚さを薄くすることができ、省エネ船の舵としても見直されている。また、漁船では網や索をプロペラや舵に巻き込むことを避けるために、例外なくシューピース付きの舵が採用される。

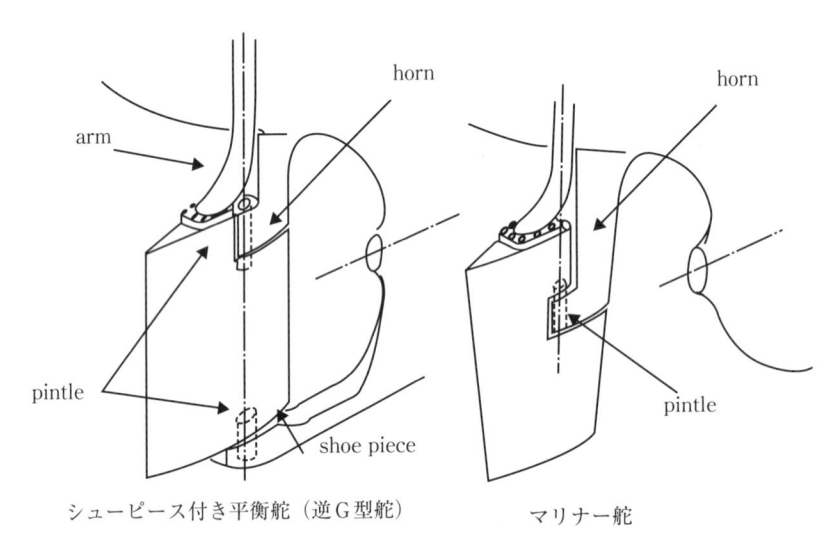

図 4.1 代表的な舵

4.2.2 舵面積の決定

舵を設計する場合、通常は舵の下端はキール下面より上にあり、上端も船尾オーバーハングでおさえられ、また前方もプロペラがあって余裕がなく、取り得る舵面積は限られる。舵面積は、要求される操縦性能を満足するよう設計されるのが基本であるが、舵を大きくすると舵抵抗が大きくなって推進効率も低下することから、必要最小限の舵面積という結果になる場合が多い。

(1) 舵面積の実績

図 4.2 には過去に建造された船舶の舵面積比 A_R/Ld の実績を示す。縦軸が可動部の舵面積比で、多舵の場合は合計の面積を表示している。横軸は推進性能で船体の肥大度を表すパラメータ $C_B/(L/B)$ を採っているが、この値は操縦性能における船の無次元質量 $m'=m/(0.5\rho L^2 d)$ の半分に等しく、肥大度と同時に操縦性における船の慣性力の大きさと理解することができる。この図から多くの船の舵面積比は、基本的に上記の操縦性における無次元慣性力の大きさに比例して装備されていると言え、船の種類や要求性能によってこの比例定数が異なっている。すなわち、舵面積比の実績は次式で表される。

4.2 舵の設計

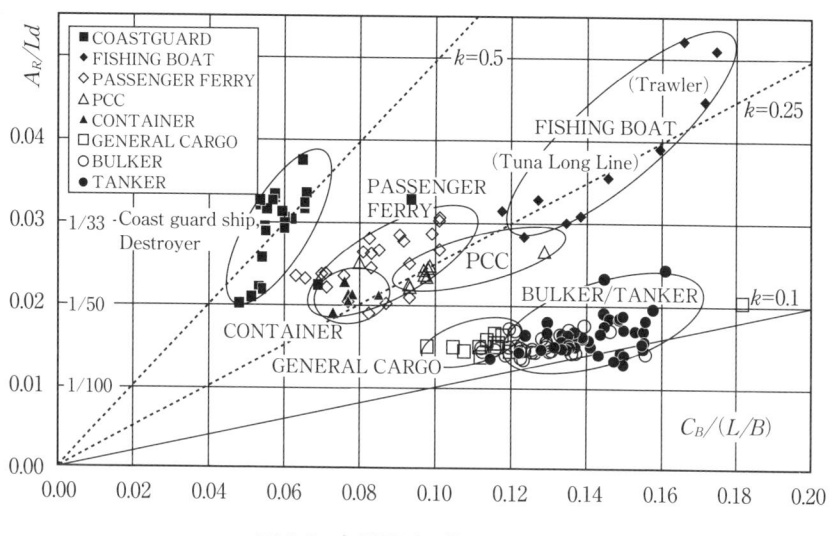

図4.2 各種船型の舵面積比の実績

$$\frac{A_R}{Ld} = k \cdot \frac{C_B}{L/B} \qquad (4.1)$$

巡視船・艦船では高度な機動性が要求されるので、この比例定数は0.5と極めて大きい。漁船、特に底曳トロール船の舵面積比は上記の巡視船より大きいが、L/Bが小さいため$C_B/(L/B)$が大きくなることから、こうした舵面積が必要になる。漁船では漁労種別や船のサイズにより舵面積比がかなり異なっているものの、これらはほとんど$k=0.25$の線上に位置するという実績になっている。これと同じ線上にあるのが自動車運搬船（PCC）、コンテナ船、カーフェリといった風圧側面積の比較的大きな船舶である。一般貨物船、バラ積船、タンカーの舵面積比は小さく、特にタンカーにおいては最も舵面積比が小さく$k=0.1$近辺に集中していることがわかる。

また、自動車運搬船のグループの中では$C_B/(L/B)$にあまり依存せず、ほぼ似たような舵面積比になっている。これらは風の中の操縦性能を重視して、風圧側面積/Ldに対して決められる要素の強いことを示している。

(2) チャートによる舵面積比の決定

船の旋回・斜航に対する舵の力は舵中央でも、船尾に付けたスケグのように船の針路安定性を良くする効果を持つ。また、操縦性能の難易は針路安定性と旋回性（駆動力）とのバランスでも決まるので、タンカー船型等の肥大船では針路安定性を考慮した舵面積の決定が重要になる。こうした点を考慮した、図4.3に示す山田の舵面積決定チャートは肥大船の舵面積決定に役立つ。

旋回性能から　　　　　　　　　針路安定性から

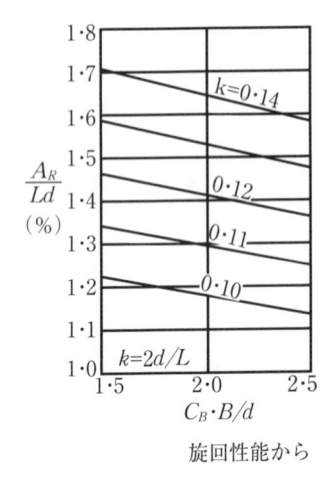

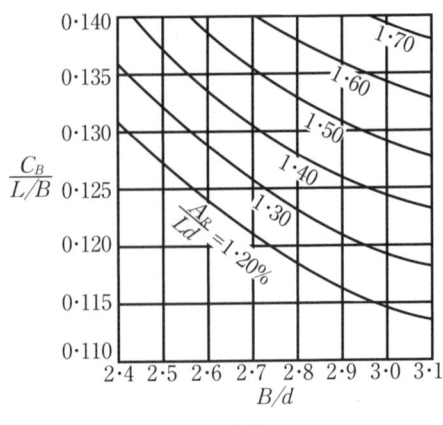

図4.3　標準舵面積比決定チャート

　なお、舵に関する強度設計、舵トルク、操舵速度等についてはSOLASや各船級協会の規則があるが、舵面積については特に規則はない。船級協会ではガイダンスとして一定の舵面積比を推奨している例もあるが、基本的に施主や設計側に任されているのが現状である。

4.2.3　舵トルクの推定

　舵の要目が決定されると、これを駆動する操舵機の容量や舵の強度計算を行うため、舵力およびトルクの推定が必要になる。当然のことながら、操舵機は舵トルクが大きいと大型の操舵機が必要になり、重量やコストも増大するから、舵トルクはできる限り小さくなるような位置に舵軸を設けることになる。いわゆる舵のバランス比の設定である。このためには舵直圧力の推定精度のみならず、舵直圧力の中心が舵板のどこに来るかを正確に見積もることが必要になる。

　設計現場で舵トルクを計算する場合、舵直圧力は次のBeaufoyの式がよく使用される。

$$F_N = 58.8 A_R U_R^2 \sin\delta \qquad (4.2)$$

　ただし、直圧力の単位は[kgf]であり、国際単位（SI）である[N]にするには9.8倍する必要がある。U_Rは1軸1舵、2軸2舵の船では船速の1.15倍、2軸1舵船では1.10倍としている。ただし、単位は[m/s]で、δは舵角である。

　一方、舵直圧力の作用位置については、2次元翼理論から、揚力中心が翼の前縁から弦長の1/4後方にあることはよく知られているが、アスペクト比が有限になると、この位置も迎角によって変化する。舵直圧力中心を推定する方法としては、次式のJosselの式が使用される。

$$x/c = 0.195 + 0.305 \sin\delta \qquad (4.3)$$

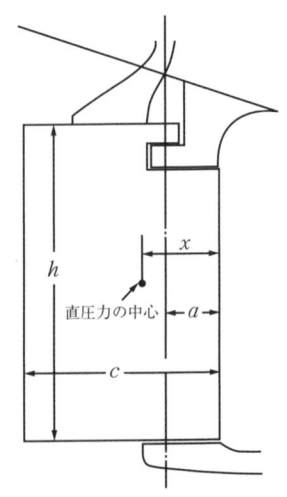

図4.4　舵直圧力中心と舵軸の位置

この直圧力中心 x は図 4.4 に示すように舵前端からの距離を表しているので、前端から a の位置に舵軸がある場合の舵トルクは $F_N(x-a)$ で計算できる。しかし実際の舵形状は、ホーンなどで切欠きがあったり、舵の弦長がスパン方向にテーパしている場合などがあり、この時はスパン方向に直圧力中心の位置を計算し、面積に応じた加重平均で全体の直圧力中心を求めることになる。

舵軸の位置 a は上記の舵トルクを最少にする場所となるが、通常は常用舵角と呼ばれる舵角 15° 付近で舵トルクが零になるよう、多少オーバーバランスに設定することが多い。ただし、後述する特殊舵などで最大舵角が 35° より大きくなる場合は別途考慮する必要がある。

Beaufoy-Jossel 式は古典的な推定式であるが、これを実験結果（●印）と比較したのが図 4.5 左図の破線である。通常、舵に働く揚力はある迎角以上で失速する。Beufoy 式による舵直圧力の推定は、失速までは実験結果に比べて 2/3 程度と小さいながら、失速後から舵角 90°に至る特性は概ね計測結果によく合うことがわかる。この式は極めて単純な推定式であるが、大舵角を含む舵直圧力の全体的な特性を表現できることを示している。また、直圧力の作用中心についても、Joessel 式による推定は、失速角前後では実験値とやや違いがあるものの、それ以外の広範な舵角に対してよく一致することが再確認できる。

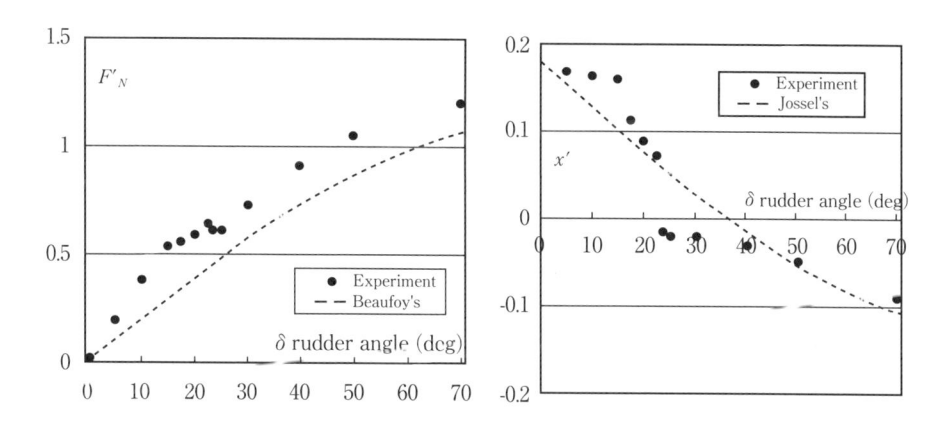

図 4.5　Beaufoy- Joessel 式の推定精度

Beaufoy-Jossel 式といった古典的な推定式が今も設計現場で使われる背景は、これらが簡便で実用的なことに加え、これで設計した数多くの試運転結果をバックデータとして、必要に応じて修正係数を施すという形で長年使用してきた実績にある。すなわち、計算式の基本構造に大きな違いがなければ、これを実用的に使いこなすという方法である。設計現場においてはむしろ、こうした実績の積み重ねが重要である。なお、直圧力の修正量については上記の実験結果からも、Beaufoy 式に 1.5～1.8 倍程度乗じる必要がある。なお、この修正は舵トルクだけでなく、舵を含む船尾材の強度計算においても同様な修正が必要になる。

4.2.4　舵の具体的設計（例題）

表 4.1 に示す供試船の舵要目と舵の最大トルクを具体的に計算してみよう。ただし、具体的線図のない基本計画段階とし、1 軸 1 舵で単純な矩形舵とする。また、Beaufoy 式に対する舵直圧力の修正量を 1.8 倍とする。

表 4.1 供試船の主要目

船種	PCC
L_{pp} (=L)	180 m
B	32.2 m
d	8.2 m
Δ	26,650 トン
プロペラ直径	5.7 m
航海速力	18.0 kt

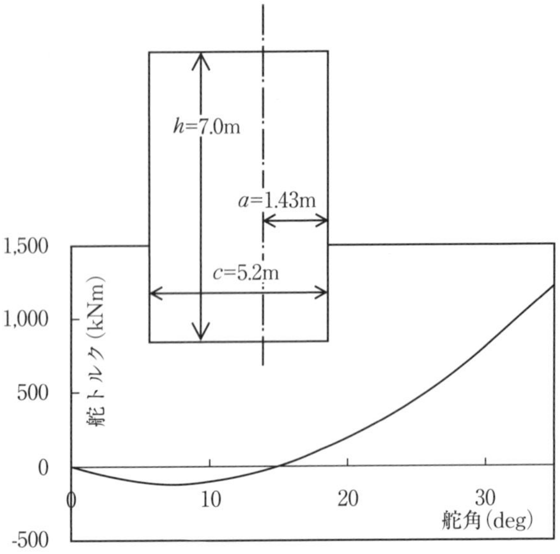

i) 計画船の $C_B/(L/B)$ の値は 0.0979 であり、図 4.2 の実績チャートの PCC は $k=0.25$ の線上にある。これより $A_R/Ld=0.0245$、すなわち舵面積の概略が $A_R=36.1$ m² となる。

ii) 舵の高さ h は多くの場合、（プロペラ直径）$<h<$（後部喫水）となるので、$h=7.0$ m とすると、上記の舵面積から舵のコード長は $c=5.2$ m となる。これより舵面積は若干増えて 36.5 m² となり、$A_R/Ld=1/40.56$ となる。

図 4.6 決定した舵寸法と舵角に対する舵トルクの計算結果

iii) Jossel (4.3) 式から、舵角 15°における直圧力の作用位置は舵の前縁から $c\times 0.274=1.429$ m となるから、これより舵軸位置 a を 1.43 m とする。

iv) 航海速力 18kt における舵トルクは Beaufoy-Jossel 式に 1.8 を乗ずると図 4.6 のように得られ、最大トルクは舵角 35°で 1,212[kNm] となる。

4.3 操縦性能の推定と評価

設計した舵で所定の操縦性能が発揮できるかを次に確認する必要がある。ここでは、まず達成すべき操縦性能について示し、続いて操縦性能の具体的推定手法について述べる。

4.3.1 IMO 操縦性基準

船舶の構造強度や復原性は、直接乗組員の人命に係わる問題であることから、古くから基準が設けられ、船級協会や官庁の規則によって厳しく規定されてきた。また、載荷重量や船速・主機馬力・燃料消費に至っては、その船の経済性を決める重要な基本仕様であり、顧客と詳細な契約が結ばれる。これに対し、船の操縦性能に関しては、操縦系統・操舵装置などの規則があるが、操縦性能に関する規則は特に設けられなかった。これは操縦系統が正常に作動しさえすれば問題は起こらないという見方や、過去の海難事故との因果関係が明確でなかったことによる。

しかし、昨今の大型タンカーやケミカルキャリアの事故は、船そのものの損傷は軽度であっても、海洋汚染といった、その事故が引き起こす重大な二次災害が社会的大問題へと発展するに至り、船舶の操縦性についても然るべき基準が必要との要請が国際的に高まった。IMO（国際海事機関）ではこうした要請に対して、1993 年に暫定操縦性基準 A.751(18) が総会決議され、その後これを改訂して、2002 年に正式な操縦性基準 MSC137(76) が勧告された。この基準は

100 m 以上の船舶あるいはケミカル運搬船に適用され、その運用は各国の監督官庁に委ねられているが、強制している国はまだない。しかし、船級協会はこの基準をクリアした船に notation という形の証書を発行しており、この基準をクリアすることを仕様書に記載する例も増えつつある。

(1) 旋回性能

　直進状態から舵角を発令し、船の旋回運動を考える。旋回性能は同一舵角に対して大きい旋回角速度を発揮できる船が優れている。しかし、旋回角速度は船速に比例するから、速い船の旋回角速度は必然的に大きくなる。また小型船では運動の時間スケールも短いことから旋回角速度も大きい。従って、異なった大きさの船、あるいは速度が違う場合は、旋回性能の善し悪しを旋回角速度の大きさだけで計ることができない。旋回性能が良いということは、操舵に対して「小回りが効く」ということであり、船の長さに対する旋回航跡の大きさが尺度になる。

　この旋回航跡の表現には、図 4.7 に示すような代表的な数値が従来から用いられてきた。すなわち旋回角が原針路から 90°に達するまでの進出距離を縦距（advance）、またその時点の横方向の移動距離を横距（transfer）と言う。また船が原針路から反転して 180°に達した時点の横方向の移動距離を旋回圏（tactical diameter）と呼んでいる。ただし、船の操縦運動は旋回だけでなく同時に横流れ運動も生じるので、最大縦距や最大横距は 90°旋回時点ではなく、やや遅れて発生する。最大旋回圏も同様である。また、操舵直後に発生する旋回方向と逆の移動を kick といい、これは船の幅の数 % 程度しかなく、図ではやや誇張しているが、船尾の kick out は、船の旋回によって必ずしも小さくなく、狭い港湾域の操船では重要になる。

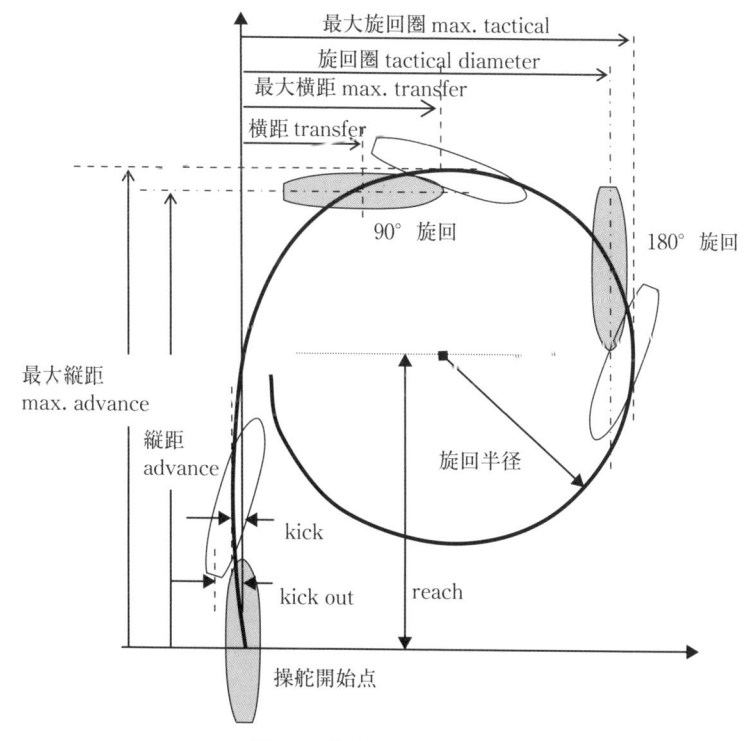

図 4.7　旋回航跡と名称

旋回性能の基準は上記の縦距、旋回圏の指標を採用することとし、その実績が基準値を決めるベースとなった。船長を L として縦距は $4.5L$、旋回圏は既存のパナマ通行規則に倣って $5L$ と設定された。

(2) 初期旋回性能

船が変針・避航する場合は操舵直後の旋回性能が重要になる。この性能は、操舵からある一定時間後の旋回角などが指標となるが、IMO では、舵角を $10°$ とし、旋回角が $10°$ になるまでの航走距離、すなわち $10°$ Z 試験の最初の転舵まで航走する距離をこの性能の指標とし、過去の実績などから $2.5L$ と定めた。

(3) 針路安定性および回頭惰力抑制性能

船の旋回性能は旋回圏や旋回直径といった目に見える量で表現できるが、針路安定性や回頭惰力抑制性能はこの定量化が困難である。そこで何らかの運動特性を抽出して、これと針路安定性とを結びつけることになる。この一つに、定常旋回特性（スパイラル特性）のループ幅がある。

図 4.8　Z 試験の航跡と名称

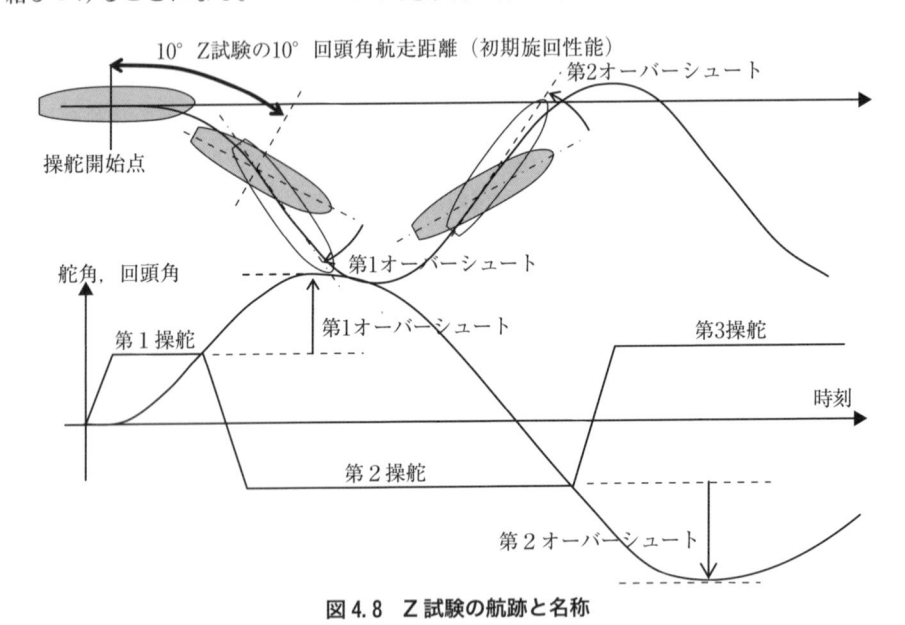

表 4.2　保針性能および回頭惰力抑制性能の基準

性能	試験	操縦性基準	
保針性能および回頭惰力抑制性能	$10°$ Z 試験	第 1 オーバーシュート $<10°$ $<5°+0.5\,L/U$ $<20°$	($L/U<10$s) (10s$<L/U<30$s) (30s$<L/U$)
		第 2 オーバーシュート $<25°$ $<17.5°+0.75\,L/U$ $<40°$	($L/U<10$s) (10s$<L/U<30$s) (30s$<L/U$)
	$20°$ Z 試験	第 1 オーバーシュート $<25°$	

このループ幅の大きさを求めるにはスパイラル、逆スパイラル試験がある。しかし、これらの試験には広い海域が必要な他、逆スパイラル試験では専用の装置や試験技術が必要になる。そこでIMO操縦性基準では図4.8に示すZ試験の第1オーバーシュートを採用した。

10°Z試験の第1オーバーシュートは理論的にも不安定ループ幅と相関の強いことが示され、この基準値の設定に際しては、わが国のパイロット協会（現水先人連合会）で調査した各種船舶の10°Z試験のオーバーシュートと操船の難易度との関係が基になって設定された。しかしIMOでは、10°Z試験の第2オーバーシュートや20°Z試験の第1オーバーシュートについても必要との要請があり、これらの性能基準が表4.2に示すように設定された。

(4) 停止性能

船の停止性能を評価する試験として緊急停止試験がある。緊急停止試験は定常直進状態で主機を後進に発令して船体が停止するまでの停止距離などを評価する。原針路方向の停止距離をhead reach、原針路からの横偏差をside reachと呼んでいる。通常の停止距離はtrack reachとも呼ばれ、船の航跡に沿った距離である。これらを図4.9に示す。

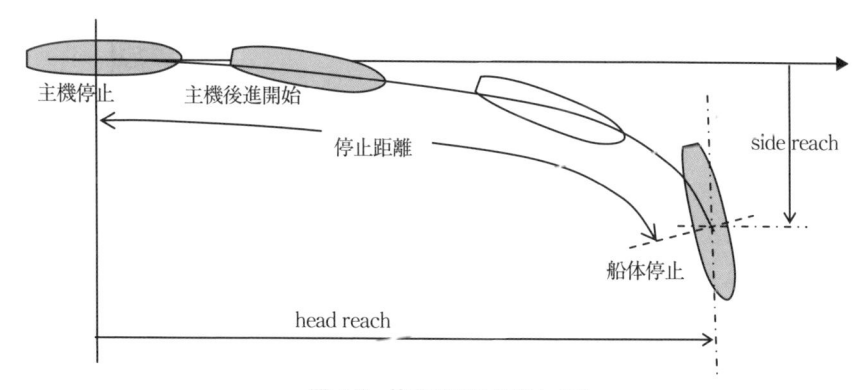

図 4.9 停止試験の航跡と名称

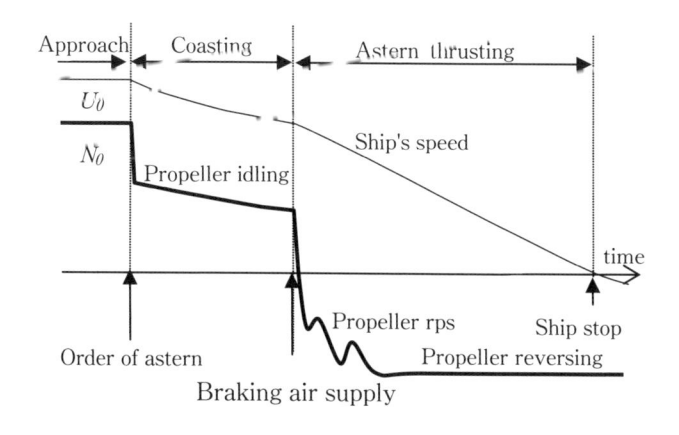

図 4.10 停止試験の主機回転数と船速の変化

停止性能の基準は停止距離を指標に採用することとし、旋回性能の基準と同様、その数値の過去の実績から基準値を $15L$ と決めた。一方、大型船のプロペラの多くは固定ピッチプロペラでディーゼル主機に直結されており、主機は直ぐに停止できない。燃料を遮断してもプロペラ軸は図 4.10 のように遊転した状態が続く。その後、軸回転数が逆転可能な回転数まで低下して、主機にブレーキエアが投入されると、プロペラが停止して逆回転が可能になる。特に最近の大型貨物船は低回転大直径プロペラを採用しているため、プロペラ遊転トルクも大きく、VLCC などでは後進発令からプロペラが停止するまで数分かかる。この間に船が航走する距離は $5L$ を超える。そこで、IMO では監督官庁と協議の上、大型船に限って最大 $20L$ まで許容されることとなった。

4.3.2 操縦運動の推定法

操縦運動を理論的に推定する場合、操縦流体力は非線形な要素が強いことから、旋回航跡などの操縦運動を解析的に計算することはできない。この場合の計算は模型実験や数値的な解法に頼らざるを得ない。操縦運動の推定方法をまとめると以下の方法がある。

　 ⅰ）試運転実績のデータベースから推定
　 ⅱ）模型試験による推定
　　　（a）自由航走模型試験による方法
　　　（b）拘束模型試験とシミュレーション計算による方法
　 ⅲ）操縦流体力データベースなどからシミュレーション計算による推定
　 ⅳ）CFD 計算による推定

ⅰ）は最も簡単な方法であり、過去の試運転実績から船型要目などをパラメータとして性能を系統的に整理し、これらをもとに推定する方法である。こうした実績を整理することによって経験的な推定が可能になる。しかし、推定すべき船型やフレームラインがデータベースと大きく異なる場合は、ⅱ）のように、模型船を製作して水槽実験を行うことになる。その簡便な方法は(a) の自由航走模型試験の実施である。ただし、このための実験施設や機材が必要な他、試験結果は実船と模型船とのプロペラ荷重度の違いによる尺度影響が避けられず、一部の船級協会では操縦性能評価にこの方法を認めないという動きもある。このため、(b) の拘束模型実験で操縦流体力を特定して操縦運動をシミュレーション計算する手法が必要になる。

ⅲ）は水槽実験を行うことなく、種々の船型に対する操縦流体力データベースを用意しておき、対象となる船型の操縦流体力係数を簡単な推定式で計算し、これを基に操縦運動をシミュレーション計算する手法である。この方法は船の基本設計段階で容易であるが、対象となる船型がデータベースの要目の範囲に含まれていることが必要になる。

ⅳ）は主要目だけでなく船型のフレームラインが決まった段階で、CFD 計算によって操縦流体力を算出し、操縦運動を計算する方法である。この手法は、新しい船型に対しても適用できることから、将来のツールとして期待されているが、乱流モデルや格子生成などの計算手法になお改善の余地がある。

4.3.3 操縦運動の具体的推定例

前述の推定法の中からⅲ）のシミュレーション計算による推定手法の具体例を示す。ここではデータベースが公表されているコンテナ船などの中高速船を対象として推定例を紹介する。

(1) 船の操縦運動数学モデル

操縦運動数学モデルに関しては、船舶海洋工学シリーズ「船体運動 操縦性能編」に詳述されているので、ここではその要約のみ示す。なお、船体重心の速度成分を (u_G, v_G, r_G)、船体重心の流体力を (X_G, Y_G, N_G) と表記する。

(a) 付加質量・付加慣性モーメントを含んだ船体運動方程式

$$\left.\begin{aligned}(m+m_x)\dot{u}_G - mv_G r_G &= X_G + m_y v_G r_G \\ (m+m_y)\dot{v}_G + mu_G r_G &= Y_G - m_x u_G r_G \\ (I_{zz}+J_{zz})\dot{r}_G &= N_G\end{aligned}\right\} \quad (4.4)$$

ただし、m は船の質量、I_{zz} は慣性モーメントで x_G は船の重心の前後方向位置（船体中央を原点として前方向をプラス）を表す。また、m_x, m_y, J_{zz} は付加質量・付加慣性モーメントで、元良チャートなどで比較的容易に推定できる。

(b) 操縦運動中の流体力

(4.4)式右辺の流体力は、主船体、プロペラ、舵の力に分離して次式で表す。

$$\left.\begin{aligned}X_G + m_y v_G r_G &= (X_H + m_y v_G r_G) + X_R + X_P \\ Y_G - m_x u_G r_G &= (Y_H - m_x u_G r_G) + Y_R \\ N_G &= N_H + N_R - x_G(Y_H + Y_R)\end{aligned}\right\} \quad (4.5)$$

ⅰ) 主船体流体力 (X_H, Y_H, N_H)

$$\left.\begin{aligned}X_H + m_y v_G r_G &= \left(\frac{\rho}{2}\right) LdU^2 \left\{\begin{array}{l}X'_0 + X'_{\beta\beta}\beta^2 + (X'_{\beta r} - m'_y)\beta r' \\ + (X'_{rr} + x'_G m'_y)r'^2 + X'_{\beta\beta\beta\beta}\beta^4\end{array}\right\} \\ Y_H - m_x u_G r_G &= \left(\frac{\rho}{2}\right) LdU^2 \left\{\begin{array}{l}Y'_\beta \beta + (Y'_r - m'_x)r' + Y'_{\beta\beta\beta}\beta^3 \\ + Y'_{\beta\beta r}\beta^2 r' + Y'_{\beta rr}\beta r'^2 + Y'_{rrr}r'^3\end{array}\right\} \\ N_H &= \left(\frac{\rho}{2}\right) L^2 dU^2 \left\{\begin{array}{l}N'_\beta \beta + N'_r r' \\ + N'_{\beta\beta\beta}\beta^3 + N'_{\beta\beta r}\beta^2 r' + N'_{\beta rr}\beta r'^2 + N'_{rrr}r'^3\end{array}\right\}\end{aligned}\right\} \quad (4.6)$$

ただし、$X'_0 = C_t(S/Ld)$　C_t；全抵抗係数、S：浸水表面積

$U = \sqrt{u_G^2 + (v_G - x_G r_G)^2}$, $r' = r_G(L/U)$, $\beta = -\sin^{-1}((v_G - x_G r_G)/U)$

上式中の流体力微係数の計算式を表4.3に要約する。ただし表中の τ' では喫水で無次元化したトリムを表す（$\tau' = \mathrm{trim}/d$）。

ii) プロペラの流体力 (X_P)

$$X_P = (1-t)\rho K_T D_P^4 n^2 \tag{4.7}$$

ただし、 $K_T = a_0 + a_1 J + a_2 J^2$, $J = (1-w)u/nD_P$

なお、推力係数中の $a_0 \sim a_2$ および $(1-w)$, $(1-t)$ の各自航要素は既知とする。

表 4.3 流体力微係数・係数の推定式

係数	推定式
<u>X の流体力微係数</u>	
$X'_{\beta\beta}$	$1.15 C_B/(L/B) - 0.18$
$X'_{\beta r} - m'_y$	$-1.91 C_B/(L/B) + 0.08$
$X'_{rr} + x'_G m'_y$	$-0.085 C_B/(L/B) + 0.008$
$X'_{\beta\beta\beta\beta}$	$-6.68 C_B/(L/B) + 1.10$
<u>Y の流体力微係数</u>	
Y'_β	$\{0.5\pi k + 1.4 C_B/(L/B)\}(1 + 0.54\tau'^2)$
$Y'_r - m'_x$	$\{0.5 C_B/(L/B)\}(1 + 1.82\tau'^2)$
$Y'_{\beta\beta\beta}$	$0.185 L/B + 0.48$
$Y'_{\beta\beta r}$	$0.97\tau'/C_B - 0.75$
$Y'_{\beta rr}$	$0.26(1 - C_B)L/B + 0.11$
Y'_{rrr}	$0.069\tau' - 0.051$
<u>N の流体力微係数</u>	
N'_β	$k(1 - 0.85\tau')$
N'_r	$(-0.54 k + k^2)(1 + 0.33\tau')$
$N'_{\beta\beta\beta}$	$-0.69 C_B + 0.66$
$N'_{\beta\beta r}$	$1.55 C_B/(L/B) - 0.76$
$N'_{\beta rr}$	$0.075(1 - C_B)L\ B - 0.098$
N'_{rrr}	$0.25 C_B/(L/B) - 0.056$
<u>舵力の流体力係数</u>	
$1 - t_R$	$0.32\tau' + 0.61$
a_H	$3.6 C_B/(L/B)$: for merchant ship, $1.2 C_B/(L/B)$: for fishing vessel
x'_H	-0.4
l'_R	-0.9
γ_R	$2.06 C_B/(L/B) + 0.14$
ε	$2.26 - 1.82(1 - w)$: for merchant ship, $1.81 - 0.93(1 - w)$: for fishing vessel
$k_x = \varepsilon\kappa$	0.55

4.3 操縦性能の推定と評価

iii) 舵の流体力 (X_R, Y_R, N_R)

舵直圧力を F_N と表記し、次式で記述する。

$$\left.\begin{aligned} X_R &= -(1-t_R)\,F_N \sin\delta \\ Y_R &= -(1+a_H)\,F_N \cos\delta \\ N_R &= -(x_R + a_H x_H)\,F_N \cos\delta \end{aligned}\right\} \tag{4.8}$$

ただし、$F_N = \dfrac{\rho}{2} LdU^2 \left\{\left(\dfrac{A_R}{Ld}\right) f_\alpha \left(\dfrac{U_R}{U}\right)^2 \sin\alpha_R\right\}$, $x_R = -0.5L$

$$U_R = \sqrt{u_R^2 + v_R^2},\ \alpha_R = \delta - \tan^{-1}(-v_R/u_R)$$

$$\left.\begin{aligned} u_R &= \varepsilon(1-w)u\sqrt{\eta\left\{1+k\left(\sqrt{1+8K_T/\pi J^2}-1\right)\right\}^2 + (1-\eta)} \\ v_R &= \gamma_R(v + rl_R) = -U\gamma_R(\beta - l'_R r') \end{aligned}\right\}$$

(2) 操舵機の応答モデル

操舵機の応答は指令舵角 δ^* に対して次式のような一次遅れで表現できる。

$$T_E \dot{\delta} + \delta = \delta^* \tag{4.9}$$

ただし、操舵機の操舵速度の上限を考慮すると次式で表される。

$$\dot{\delta} = \begin{cases} (\delta^* - \delta)/T_E, & \left|(\delta^* - \delta)/T_E\right| < \dot{\delta}_{max} \\ \sin(\delta^* - \delta)\,\dot{\delta}_{max}, & \left|(\delta^* - \delta)/T_E\right| > \dot{\delta}_{max} \end{cases} \tag{4.10}$$

ここで、$\dot{\delta}_{max}$ は SOLAS の規則により (65°/28sec) 以上が要求されているので、多くの場合 $\dot{\delta}_{max} \cong 2.4°/s$ であり、通常の操舵機の場合、$T_E \cong 2\sim 3\text{sec}$ となっている。

(3) シミュレーション

操舵開始から時々刻々の船の旋回運動を計算するには、オイラー法あるいはルンゲクッタ法などの数値計算を行う。オイラー法は計算精度が悪いが、時間刻みを細かくすることで精度を改善することができる。また、この方法は汎用の表計算ソフトを活用できるなどのメリットもある。

解くべき微分方程式は、(4.4) ～ (4.8) 式をまとめた (4.11) 式の船体重心における運動方程式、(4.12) 式に示す空間固定座標と動座標との関係式、および (4.10) 式の操舵機の応答特性を表す合計7個の微分方程式である。これらを初期条件（多くの場合、定常直進状態）から計算することになる。

第4章 操縦装置の設計

$$\left.\begin{aligned}\dot{u}_G &= \frac{+m'v_G r_G + (X'_H + X'_R + X'_P)(U^2/L)}{(m' + m'_x)} \\ \dot{v}_G &= \frac{-m'u_G r_G + (Y'_H + Y'_R)(U^2/L)}{(m' + m'_y)} \\ \dot{r}_G &= \frac{\{N'_H + N'_R - (x_G/L)(Y'_H + Y'_R)\}(U^2/L^2)}{(I'_{zz} + J'_{zz})}\end{aligned}\right\} \quad (4.11)$$

ただし、$X', Y', F'_N = \dfrac{X, Y, F_N}{(\rho/2)LdU^2}$, $N' = \dfrac{N}{(\rho/2)L^2 dU^2}$

$$m' = \frac{m}{(\rho/2)L^2 d} = 2\left(\frac{C_B}{L/B}\right), \qquad I'_{zz} = \frac{I_{zz}}{(\rho/2)L^4 d} \cong \left(\frac{1}{8}\right)\left(\frac{C_B}{L/B}\right)$$

$$\left.\begin{aligned}\dot{x}_0 &= u_G \cos\psi - v_G \sin\psi \\ \dot{y}_0 &= u_G \sin\psi + v_G \cos\psi \\ \dot{\psi} &= r_G\end{aligned}\right\} \quad (4.12)$$

上記の方法に従って、4.2.4節で舵の設計をした表4.1の供試船について35°旋回試験の航跡をシミュレーションしてみよう。ただし、この船の船体抵抗と自航要素、およびプロペラ単独特性は表4.4のように与えられたとする。

表4.4 供試船の船体抵抗、自航要素、プロペラ単独性能

船体抵抗係数	X'_0	-0.0062	プロペラ単独特性	a_0	0.33
自航要素	$1-t$	0.82		a_1	-0.22
	$1-w$	0.78		a_2	-0.16

ⅰ) 表4.1の供試船の主要目と設計した舵要目を整理し、これらの要目から算出される付加質量係数などは下表のように求められる。

L/B	5.5901	$k=2d/L$	0.09111
B/d	3.9268		
$\tau'=\mathrm{trim}/d$	0		
$C_B/(L/B)$	0.0979		
x_G/L	-0.0139	m'_x	0.0098
m'	0.1957	m'_y	0.1370
$I'_{zz}=m'(1/4)^2$	0.01223	J'_{zz}	0.00634
A_R/Ld	0.02466		
$\Lambda=h/c$	1.3462	f_α	2.2947
$\eta=D_P/h$	0.8143		

4.3 操縦性能の推定と評価

ⅱ) 計画船の主要目から表4.3の舵力に関する諸係数は下表のようになる。

舵力の流体力係数	
$1 - t_R$	0.610
a_H	0.352
x'_H	-0.400
l'_R	-0.900
γ_R	0.342
ε	0.840
κ_x	0.614

Xの流体力微係数		Yの流体力微係数		Nの流体力微係数	
$X'_{\beta\beta}$	-0.0675	Y'_β	0.2801	N'_β	0.0911
$X'_{\beta r} - m'_y$	-0.1069	$Y'_r - m'_x$	0.0489	N'_r	-0.0409
$X'_{rr} + x'_G m'_y$	-0.0003	$Y'_{\beta\beta\beta}$	1.5142	$N'_{\beta\beta\beta}$	0.2825
$X'_{\beta\beta\beta\beta}$	0.4463	$Y'_{\beta\beta r}$	-0.7500	$N'_{\beta\beta r}$	-0.6083
		$Y'_{\beta rr}$	0.7683	$N'_{\beta rr}$	0.0919
		Y'_{rrr}	-0.0510	N'_{rrr}	-0.0315

ⅲ) (4.11) 式、(4.12) 式、および (4.10) 式の操舵機モデルからオイラー法で微分方程式を解く。計算の時間刻みは最小時定数である T_E の 1/5 程度が望ましい。操舵機特性は $T_E=3.0\mathrm{sec}, \dot{\delta}_{\max} \cong 2.4°/\mathrm{s}$ とする。

ⅳ) シミュレーション結果を図4.11に示す。同図には貴島 (1990) による推定結果を合わせて表示するが、PCCやコンテナ船では、ここに示した推定法と比べ旋回航跡をやや大きく推定する傾向がある。

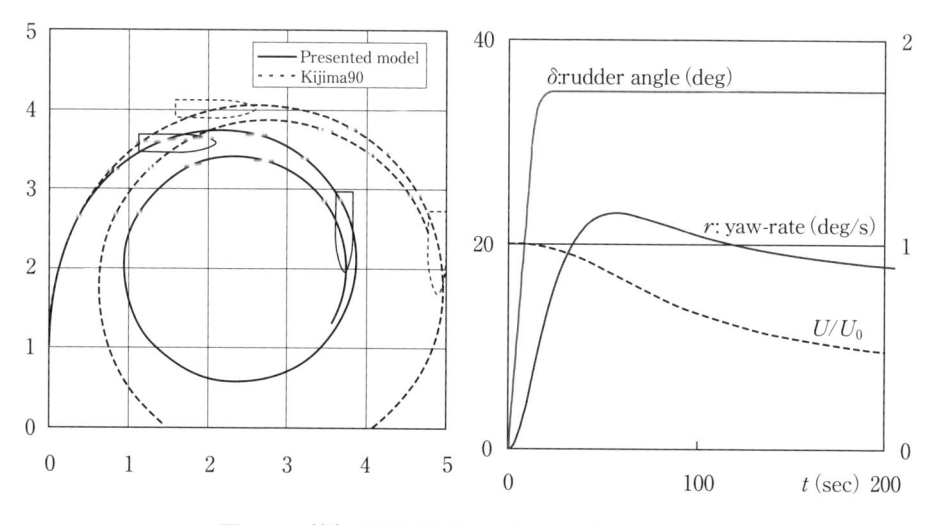

図4.11 舵角35°旋回試験のシミュレーション結果

4.4 港内操船における操縦性

前述の操縦運動の推定ではプロペラ回転数を一定とした。しかし港湾域においては、主機操作が頻繁に行なわれる。船速が低い場合は風などの外力が相対的に大きくなってこれらの影響を受けやすくなる。また、港湾域では水深が浅くなり、浅水影響などが現れる。この節では、主機を操作する場合の操縦性能や浅水影響について概説する。

4.4.1 加減速性能

プロペラ回転数 n で直進中の船の前進方向の運動方程式は（4.4）式で $u_G = U$ とすると次式となる。

$$m\dot{U} = -R + (1-t)T = -\left(\frac{\rho}{2}\right)C_t SU^2 + (1-t)\rho K_T D_P^4 n^2 \tag{4.13}$$

プロペラ単独特性係数 K_T を（4.7）式の J の二次式で近似し、またプロペラ回転数 n に対する定常船速を U_0 とすると、上式は次式で表される。

$$\begin{aligned}
m\dot{U} = (1-t)\rho &\left\{ a_0 + a_1\left(\frac{(1-w)U}{nD_P}\right) + a_2\left(\frac{(1-w)U}{nD_P}\right)^2 \right\} D_P^4 \\
&- \left(\frac{U}{U_0}\right)^2 (1-t)\rho \left\{ a_0 + a_1\left(\frac{(1-w)U_0}{nD_P}\right) + a_2\left(\frac{(1-w)U_0}{nD_P}\right)^2 \right\} D_P^4
\end{aligned} \tag{4.14}$$

ここで、$U = U_0 + \Delta u$ と置くと、$\dot{U} = \Delta\dot{u}$ であるから Δu は、次式のような方程式で表せる。

$$T_u \Delta\dot{u} + \Delta u = 0 \tag{4.15}$$

ただし、 $T_u = \left(\dfrac{C_B(Bd/D_P^2)}{(1-t)(2a_0/J_{S0}^2) + a_1(1-w)/J_{S0}}\right)\left(\dfrac{L}{U_0}\right)$, $J_{S0} = U_0/(nD_P)$

表 4.5 種々の船型に対する加減速の時定数

	L (m)	U_0 (kt)	L/U_0 (sec)	T_u (sec)	$T_u U_0$ (L)
VLCC	320	15.5	40.1	1,445	36.0
バルクキャリア	279	14.9	36.3	947	26.1
コンテナ船	273	22.9	23.1	380	16.4
艦船	140	32.0	8.5	55	6.4
漁業調査船	34	11.0	6.1	40	6.6

この時定数 T_u の計算例を表4.5に示す。小型の船舶や艦船ではおよそ1分以内であるが、大型船になるほどこの時定数は増大し、VLCCでは20分以上にもなって、速度変更には相当な時間を要することがわかる。

4.4.2 プロペラ逆転による停止性能

次にプロペラを後進にして船を停止する場合の停止距離と停止時間を推定する方法について示す。運動方程式は前述の（4.14）式である。ここで、初速 U_0 で後進回転数 n_a を発令して船が停止するまでに航走する距離 S_S と時間 t_S は、後進推力係数を一定と見なし、船がプロペラ逆転によって著しく回頭しない場合は、$J_{SR0}=U_0/n_a D_P$ として以下のように解析的に求められる。

$$\left.\begin{aligned}t'_S &= t_S\left(\frac{U_0}{L}\right) = J_{SR0}\left(\frac{(m'+m'_x)k_1}{X'_0}\right)\tan^{-1}(k_1 J_{SR0}) \\ S'_S &= \frac{S_S}{L} = \left(\frac{(m'+m'_x)}{2X'_0}\right)\ln(1+k_1^2 J^2_{SR0})\end{aligned}\right\} \quad (4.16)$$

$$\text{ただし、}\quad k_1 = \sqrt{-\left(\frac{X'_0}{2a_{0R}}\right)\left(\frac{Ld}{D_P^2}\right)} \quad a_{0R}：後進時のプロペラ推力係数$$

さらに上式を級数展開して簡略化すると次式で表せる。

$$\left.\begin{aligned}t'_S &= \frac{(m'+m'_x)}{2(-a_{0R})}\left(\frac{Ld}{D_P^2}\right)J^2_{SR0} \\ S'_S &= \frac{(m'+m'_x)}{4(-a_{0R})}\left(\frac{Ld}{D_P^2}\right)J^2_{SR0} = \frac{1}{2}t'_S\end{aligned}\right\} \quad (4.17)$$

ここで、プロペラ後進時の推力係数 a_{0R} は前進推力のボラードプル状態の推力係数との関係が強く、そこでプロペラ後進時の推力を前進最大出力時の $(-\alpha)$ 倍とすると、上式は更に以下のようになり、船体抵抗係数 X'_0 を陽にすることなく停止距離を表現することができる。

$$S'_S = \frac{1}{2\alpha}\frac{\Delta}{T}F^2_{n0} \cong \frac{20}{3\alpha}\left(\frac{\Delta}{MCR}\right)U_{MCR}F^2_{n0} \quad (4.18)$$

ここに、MCR：最大主機出力
U_{MCR}：MCR に対応する定常前進船速（m/s）
F_{n0}：後進開始時のフルード数

図4.12には実船の試運転結果を上式で整理したものであるが、α は概ね 0.6～0.7 程度になっていることがわかる。ただし、この図では実際の停止距離と時間に含まれるプロペラ遊転中の時間と航走距離は除いており、これらは別途考慮して追加する必要がある。

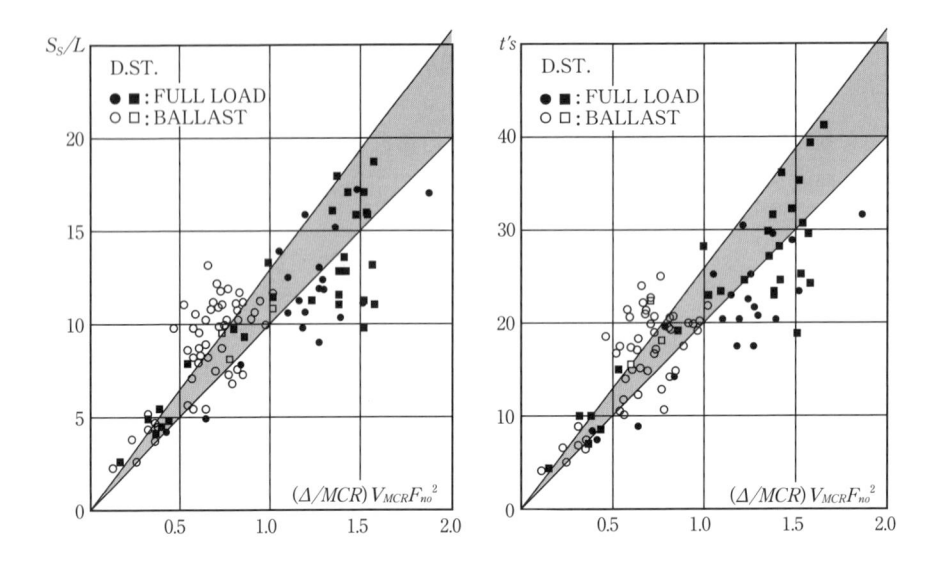

図 4.12　停止距離と停止時間の実績

4.4.3　風力下の操縦性

定常的な風外力を受ける場合の操縦運動の計算は、(4.5) 式右辺の定常流体力にこれらの力を加えることで可能である。

$$\left.\begin{array}{l} X_G + m_y v_G r = X_H + X_R + X_P + X_{wind} \\ Y_G - m_x u_G r = Y_H + Y_R + Y_{wind} \\ N_G \quad\quad\quad = N_H + N_R + N_{wind} - x_G(Y_H + Y_R + Y_{wind}) \end{array}\right\} \quad (4.19)$$

ここで、$(X_{wind}, Y_{wind}, N_{wind})$ は風圧力を表す。風圧力は船の上部構造物の大きさや形状によって大きく異なり、これを精度よく求めるには風洞試験が必要になるが、実用的な推定式が幾つか提案されている。ただし、これらの推定式の多くは風圧抵抗という概念で整理されているので、船体前後方向の力は抵抗側を正とし、また風向（相対風向）は船首から左周りを正で、通常の航海計器の方向とは逆になっている。したがって、船体に作用する風圧力は次式で表現される。

$$\left.\begin{array}{l} X_{wind}/[(\rho/2)LdU^2] = (-C_X)(\rho_a/\rho)(A_x/Ld)(U_a/U)^2 \\ Y_{wind}/[(\rho/2)LdU^2] = (-C_Y)(\rho_a/\rho)(A_y/Ld)(U_a/U)^2 \\ N_{wind}/[(\rho/2)L^2dU^2] = (-C_N)(\rho_a/\rho)(A_y/Ld)(U_a/U)^2 \end{array}\right\} \quad (4.20)$$

ただし、ρ_a：空気の密度
　　　　A_x：船体上部構造物の正面投影面積（風圧正面積）
　　　　A_y：船体上部構造物の側面投影面積（風圧側面積）
　　　　U_a：相対風速
　　　　C_X, C_Y, C_N：風圧力係数（相対風向 ψ_a の関数）

船が一定速度で風に対して保針している状態では、平均的に加速度成分や旋回角速度 r は零な

4.4 港内操船における操縦性

ので、平均当て舵と横流れ角（リーウェイ）が次式で計算できる。

$$\beta = \frac{(N'_\delta - x'_G Y'_\delta)Y'_a - Y'_\delta(N'_a - x'_G Y'_a)}{\left(Y'_\beta - \gamma_R\left(\frac{U}{U_R}\right)Y'_\delta\right)(N'_\delta - x'_G Y'_\delta) - Y'_\delta\left\{N'_\beta - \gamma_R\left(\frac{U}{U_R}\right)N'_\delta - x'_G\left(Y'_\beta - \gamma_R\left(\frac{U}{U_R}\right)Y'_\delta\right)\right\}}$$

$$\delta = \frac{\left(Y'_\beta - \gamma_R\left(\frac{U}{U_R}\right)Y'_\delta\right)(N'_a - x'_G Y'_a) - \left\{N'_\beta - \gamma_R\left(\frac{U}{U_R}\right)N'_\delta - x'_G\left(Y'_\beta - \gamma_R\left(\frac{U}{U_R}\right)Y'_\delta\right)\right\}Y'_a}{\left(Y'_\beta - \gamma_R\left(\frac{U}{U_R}\right)Y'_\delta\right)(N'_\delta - x'_G Y'_\delta) - Y'_\delta\left\{N'_\beta - \gamma_R\left(\frac{U}{U_R}\right)N'_\delta - x'_G\left(Y'_\beta - \gamma_R\left(\frac{U}{U_R}\right)Y'_\delta\right)\right\}}$$

(4.21)

ただし、

$$\left.\begin{aligned}Y'_\delta &= -(1+a_H)(A_R/Ld)f_\alpha(U_R/U)^2\\ N'_\delta &= -(x'_R + a_H x'_H)(A_R/Ld)f_\alpha(U_R/U)^2\\ Y'_a &= C_y(\rho_a/\rho)(A_y/Ld)(U_a/U)^2\\ N'_a &= C_N(\rho_a/\rho)(A_y/Ld)(U_a/U)^2\end{aligned}\right\}$$

(4.22)

ここで、（4.22）式を（4.21）式に代入すると

$$\left.\begin{aligned}\beta &\propto (\rho_a/\rho)(A_y/Ld)(U_a/U)^2\\ \delta &\propto (\rho_a/\rho)(A_y/A_R)(U_a/U_R)^2\end{aligned}\right\}$$

(4.23)

となり、風の中を保針する場合の斜航角は、船体水面下の面積に対する船体上部構造物の側面投影面積の比（A_y/Ld）と相対風速船速比（U_a/U）の自乗に比例する。これに対して平均当舵は、舵面積に対する船体上部構造物の側面投影面積の比（A_y/A_R）と舵有効流速に対する相対風速の比（U_a/U）の自乗に比例することがわかる。

上記の具体的計算を、表4.1に示したPCCについて計算してみよう。ただし、船体上部構造物の側面投影面積はLdの4倍とし、風圧力係数を下表のように仮定する。

C_Y	C_N
$1.2\sin(\psi_a)$	$0.1\sin(2\psi_a)$

ⅰ）船体流体力の線形微係数は4.3.3節の操縦シミュレーションと同じである。

Y'_β	0.2801	N'_β	0.0911
$Y'_r - m'_x$	0.0489	N'_r	-0.0409

ⅱ）4.3.3節の操縦シミュレーションにおいて直進中は$U_R/U=0.809$となり、これより舵力の微係数が下表のように計算できる。

Y'_δ	-0.0501	N'_δ	0.0238

iii) 以上から、平均当舵と横流れ角は図 4.13 のように計算できる。この供試船では風速が船速の 4 倍になる海象（例えば船速 10kt で風速 20.6 m/s）において相対風向が真横になる局面では、平均当舵が 35°を超え、操船不能になることを示している。こうした海象での操船を可能にするには、舵面積を増やすなどの設計変更が必要になる。

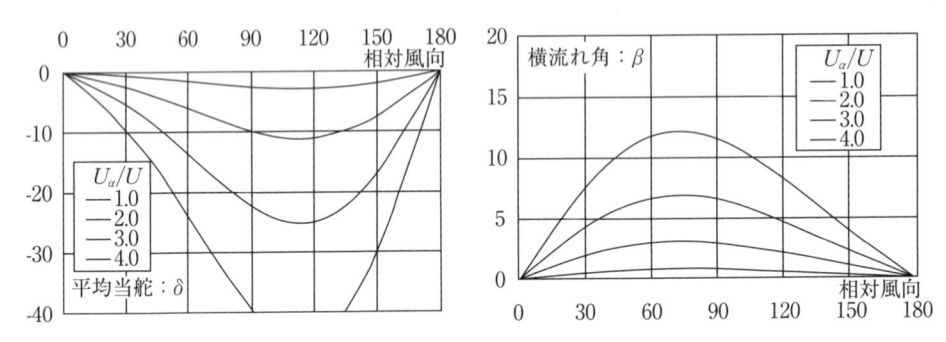

図 4.13 計画船の平均当て舵と横流れ角の推定

4.4.4 浅水域の操縦性

(1) 船体沈下とスコット

船舶が港湾などの浅い水域を航行する場合、船首が大きく沈下して船底が海底に触底する事故が発生する。船体が浅水影響で沈下する現象を squat と呼ぶ。触底した場合は、単に船舶の安全性のみならず、船底損傷に伴う油の流出事故といった莫大な二次災害などにつながるので、操船者、運航管理者、港湾管理者にとって重要な問題である。Squat の研究は運河や河川の航行が多い欧米を中心に進められ、今日まで数多くの推定法が提案されている。

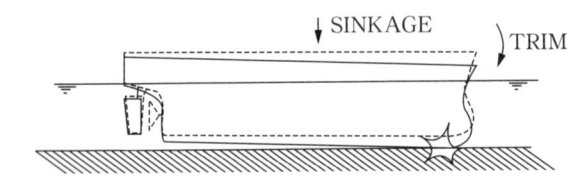

図 4.14 スコットによる触底

広い浅水域における bow squat は数多くの推定式が提案されており、ここではコンテナ船（SR108）と VLCC を対象として計算した結果を図 4.15 に示す。水深喫水比（$=H/d$）はいずれも 1.2 である。各図の太い実線が (4.24) 式による簡易推定である。図中の各線は細長体理論と実験から導かれた幾つかの推定結果を比較するが、簡易式による推定は概ね平均的な特性が得られている。

$$\text{Bow squat (m)} = \left(0.7 + 1.5\left(\frac{d}{H}\right)\right) C_B \left(\frac{B}{L}\right)\left(\frac{U^2}{g}\right) + 15\left(\frac{d}{H}\right)\left[C_b\left(\frac{B}{L}\right)\right]^3 \left(\frac{U^2}{g}\right) \quad (4.24)$$

ただし、H：水深、g：重力加速度

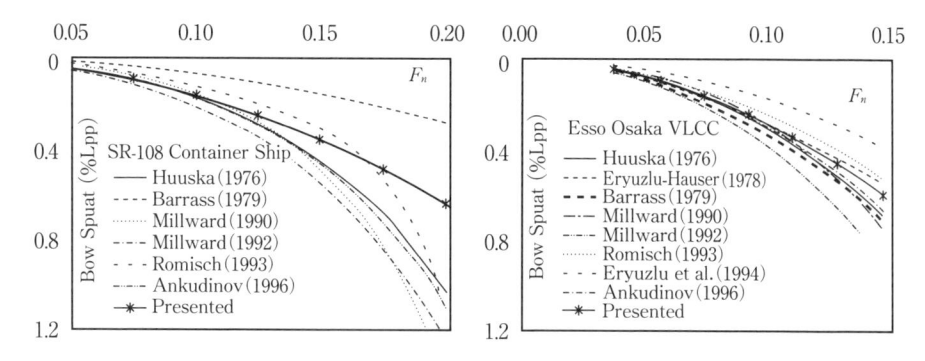

図 4.15 スコットの推定 (H/d=1.2 の場合，図中の"Presented"が (4.24) 式の推定)

港湾の航路などでは図 4.16 のように、浅水域に加えて航路幅の制約を受けるとスコットがさらに増加する。この場合のスコットの推定は、船体周りの水流が閉塞効果によって増加することを考慮して、(4.24) 式の船速を次式に置き換えて計算する。ただし、α は水路断面の閉塞率を表す。

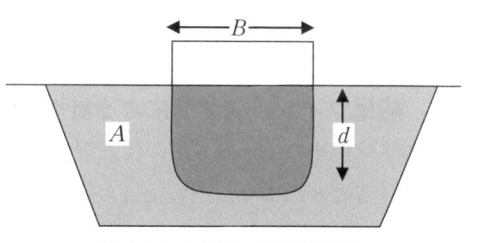

図 4.16 溝型断面形状の航路

$$Ue = U\left(\frac{A}{A-Bd}\right) = U\left(\frac{1}{1-\alpha}\right) \tag{4.25}$$

(2) 旋回性能の変化

水深が浅くなると、船体周りの流場が無限水深の場合とは異なり、主船体に働く流体力に水深の影響が現れる。浅水域では船底を通過する水が制限を受け、船体流体力が著しく増加する。Y や N の船体流体力は揚力成分に基づく力であることから、船底と海底とのクリアランスが減少するに従って海底の鏡像効果でアスペクト比が増加して揚力が増える。舵の力も同様な影響を受けるが、船体ほどアスペクトが小さくないので、その増加は船体流体力に比べて少ない。その結果、旋回・斜航運動を大きく減少させ、旋回航跡も一般に大きくなる。図 4.17 にはタンカー船型の例を示す。ここで、H は水深、d が船の喫水であり、$H/d=1.5$、さらに 1.2 と浅くなるに従って旋回航跡が大きくなることがわかる。

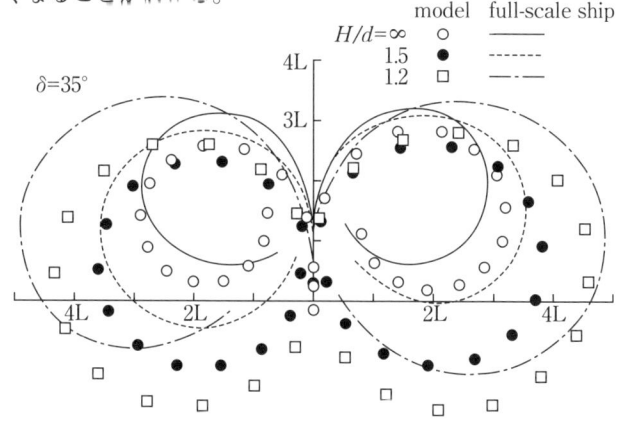

図 4.17 旋回航跡に及ぼす浅水影響 (タンカー船型)

4.5 操縦性の改善

操縦性能が先の基準をクリアできなかった場合の対策は造船所にとって大きな問題になる。船が完成した状態で舵面積や操舵機を変更することは容易ではない。ここでは、幾つかの改善例を紹介する。多くの場合、問題になるのはZ試験のオーバーシュートを指標とする保針性能および回頭惰力抑制性能である。既に述べたように、この性能は針路安定性と操舵能力に依存しているので、これらの双方から改善を行う必要がある。すなわち、

ⅰ）針路安定性の改善：針路安定性指数 $(D=|N_r|Y_\beta-(m+m_x-Y_r)N_\beta)$ を構成する主要な流体力微係数の内、$|N_r|$ と Y_β を増加させ N_β を減少させる。

ⅱ）舵直圧力を増加させる方法

以下に具体的な方法を紹介する。

4.5.1 船尾フィン、スケグによる針路安定性の改善

この方法は前述のⅰ）の方法の代表例である。鉛直に張り出したフィンあるいはスケグを船尾に取り付けることにより、$|N_r|$ と Y_β を増加することができる。一般にフィンはアスペクト比が1.0より大きく、スケグは1.0以下を指す場合が多い。フィンあるいはスケグを図4.18のように船尾に取り付けた場合、船体の流体力微係数は次のように増減する。

$$\left. \begin{array}{l} \Delta Y = F \\ \Delta N = F(-x_f) \end{array} \right\} \tag{4.26}$$

ここに、フィン・スケグの力 F は舵直圧力と同様、次式で表される。

$$F = (\rho/2) A_f f_f (1-w_f)^2 U^2 \gamma_f |\beta + (-x'_f) r'| \tag{4.27}$$

ただし、A_f：フィン・スケグの横投影面積
　　　　x_f：フィン・スケグの船体前後位置（船体後方がマイナス）
　　　　f_f：フィン・スケグの揚力係数勾配（$=6.13 \Lambda/(2.25+\Lambda)$）
　　　　Λ：アスペクト比（船体の鏡像効果を考慮して2倍にする場合もある）
　　　　$(1-w_f)$：フィン・スケグにおける伴流係数
　　　　γ_f：フィン・スケグにおける船体の整流係数

（4.26）式と（4.27）式から、フィン・スケグが複数の場合を想定すると船体流体力の線形微係数が（4.28）式のように変化する。これより、フィンあるいはスケグを船尾に取り付けることにより、$|N_r|$ と Y_β を大きくすることができる。取り付ける位置は、γ_f や $(1-w_f)$ を比較的大きくできる船尾の下部が望ましい。また、肥大船では船尾オーバーハングの直下に取り付けると旋回・斜航によって発生した縦渦が船尾水面付近でリバースフローとなる場合があり、かえって針路安定性を低下させる場合があるので注意を要する。

$$\left.\begin{array}{l}\Delta Y_\beta = +(\rho/2)LdU^2\Sigma f_f\gamma_f(A_i/Ld)(1-w_f)^2\\ \Delta Y_r = +(\rho/2)LdU^2\Sigma f_f\gamma_f(A_f/Ld)(1-w_f)^2(-x_f/L)\\ \Delta Y_\beta = -(\rho/2)LdU^2\Sigma f_f\gamma_i(A_f/Ld)(1-w_f)^2(-x_f/L)\\ \Delta|N_r| = +(\rho/2)LdU^2\Sigma f_f\gamma_f(A_f/Ld)(1-w_f)^2(-x_f/L)^2\end{array}\right\} \quad (4.28)$$

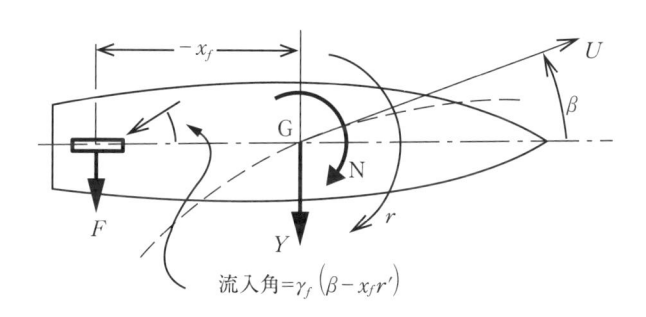

図 4.18 フィンあるいはスケグの座標系

4.5.2 舵力の増強による改善

完成した船の舵面積を増やすことは通常容易ではない。プロペラとの間隔や操舵機の容量などの制限もあり、舵面積の増加はほぼ不可能に近い。以下には舵面積を増やすことなく舵力を増強する方法を紹介する。

(1) 舵端板

現状の舵の上下に端板を取り付ける方法がある。舵直圧はこの端板を取り付けることにより、その鏡像効果によって、舵のアスペクト比を見掛上、増大させる効果がある。これは舵のアスペクト比が小さい程、効果が大きい。図4.19はバルクキャリアで端板を上下に取り付けた例であるが、これにより不安定ループ幅が減少し、最大舵角の旋回性能もやや向上する。また、10°Z試験の第1オーバーシュートも約20%低減することが模型試験で確認されている。なお、この端板取り付けによって舵直圧力が増加するが、アスペクト比の増加は舵力の作動位置を前縁側に近づける方向となり、舵トルクには影響しないと言われている。

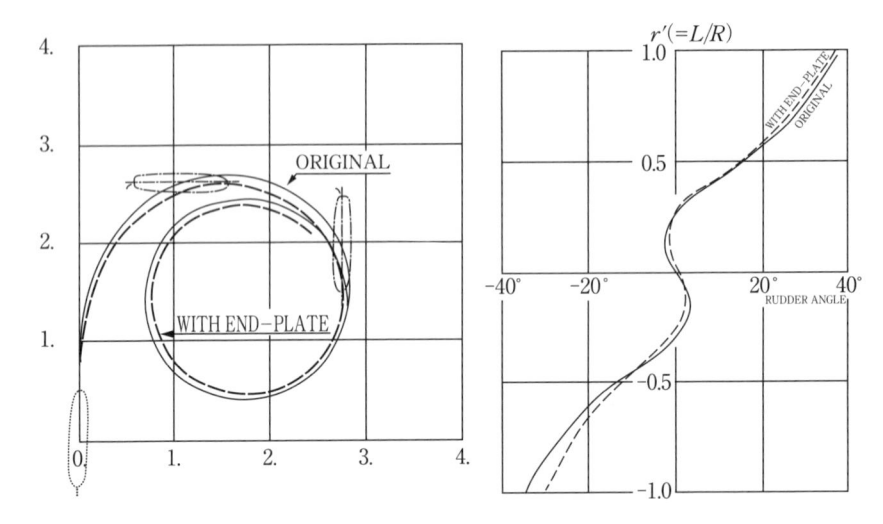

図 4.19　舵端板取り付けによる操縦性能の改善例
（ハンディーバルカー、舵角 35°）

(2) 高揚力舵

　高揚力型の舵として代表的なものに、フラップ舵やフィッシュテール断面を持った舵がある。フラップ舵は航空機の補助翼のように、舵の後端にフラップを取り付け、これが主舵の舵角と連動してフラップの角度が付くようになっている。舵角が大きくなると舵全体に大きなキャンバーができ、同一面積でも大きな舵直圧力を発揮できる。フラップを作動させるリンク機構やフラップ角度の特性は、メーカで異なり、これがまた特許にもなっている。他方、フィッシュテール型舵は特に港内等の低速操船において、強いプロペラ後流を受けた時に大舵角でもほとんど失速することなく、大きい舵力を発揮できることを特徴にしており、内航船などで多くの実績がある。

1) フラップ舵

　フラップ舵には、大きく分けてシングルロッド方式とダブルロッド方式、また歯車などによって駆動する方式がある。シングルロッド方式はリンク機構が比較的簡単で、図 4.20 のような構造になっている。すなわち、舵板の後部にあるフラップ上部から舵軸に向けてフラップに固着されたロッド（フラップのティラー）があり、このロッドが舵軸から後方 x_1 の船体中心線上で回転およびスライド可能な機構で支持される。この場合のフラップの角度は次式となる。

$$\delta_f = \tan^{-1}\left(\frac{x_1 \sin\delta}{x_2 - x_1 \cos\delta}\right) \quad (4.29)$$

ただし、δ_f：フラップの角度
　　　　δ：舵角

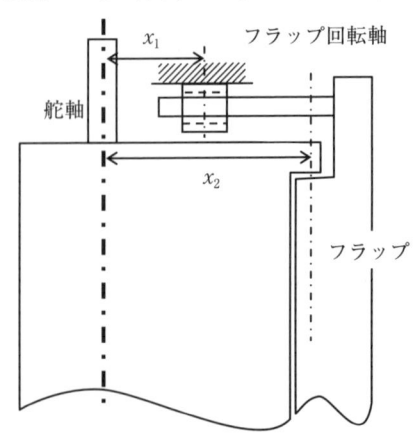

図 4.20　フラップ機構の一例
（シングルロッド方式）

4.5 操縦性の改善

上式の x_1 と x_2 の取り方によってフラップ角の特性を変えることができ、例えば $x_2/x_1=\sqrt{2}$ とすると、舵角 45°でフラップ角が 45°となる。また、$x_2/x_1=1.22$ とすると舵角 35°でフラップ角が 55°になって、最大舵角 35°の通常の操舵機が使用できるメリットがある。

図 4.21 には各種のフラップ角の特性を比較する。シングルロッド方式では、小舵角のフラップ角が大きくなる傾向がある。これに対してダブルロッド方式、歯車方式のフラップ角は舵角にほぼ比例したフラップ角になる。

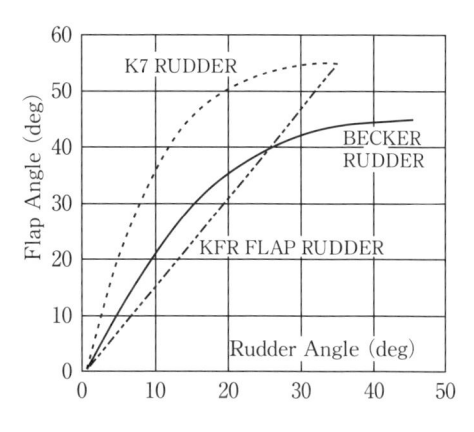

図 4.21 各種フラップ舵の角度特性

2) フィシュテール型舵

舵の性能を向上させるため、舵断面形状を特殊な形状にした舵である。この舵は前述のフラップ舵のような複雑な駆動機

図 4.22 フィッシュテール舵の断面形状

構はない。揚力係数を向上させるため、舵の上下端に端板が併用されている。この舵の直圧力係数勾配は約 1.2〜1.4 倍程度大きく、通常の舵角の範囲でも舵効きが良いのに加え、70°近くまで舵角がとれ、大舵角では非常に強い旋回力が得られる。ただし、操舵機は大角度まで操舵可能なロータリーベーン型のものが必要になる。また、舵断面形状が通常の流線形の翼型とはかなり異なっており、推進性能に変化をきたす場合もある。

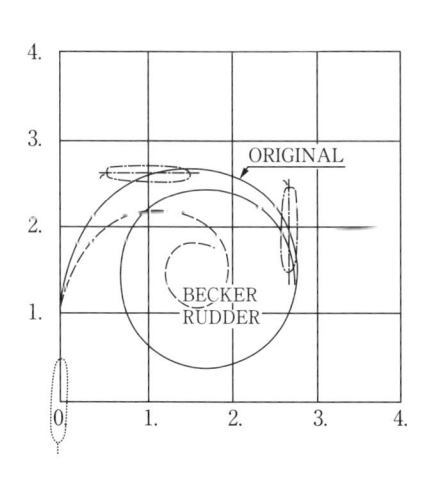

図 4.23 フラップ舵 (舵角 45°) と通常舵 (舵角 35°) の旋回航跡の比較 (ハンディーバルカー、同一舵面積の場合)

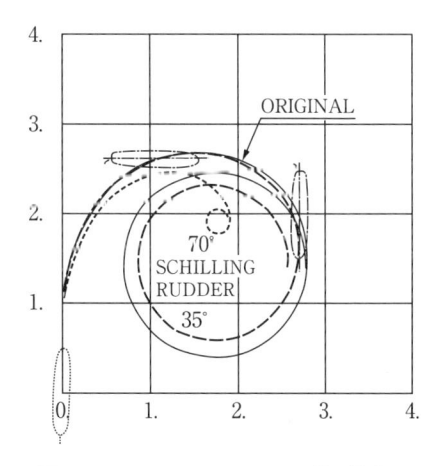

図 4.24 フィッシュテール舵 (舵角 35°および 70°) と通常舵 (舵角 35°) の旋回航跡の比較 (ハンディーバルカー、同一舵面積の場合)

第5章 省エネ装置

5.1 省エネ装置の効果の基準

船に省エネ装置を取り付けた場合、その効果を定量的に把握して、船の運航に利得があることが確信されなければならない。そのためには、効果を測るための合理的な基準が必要である。省エネ装置の取り付けおよび保守その他関連する費用はすべて省エネ装置による効果によってその妥当性が正当化される。したがって省エネ装置の効果を判定する基準は重要である。

省エネ装置を付加した結果、船の抵抗が変化する場合を考えてみる。この付加装置により推進器の特性が変化し、結果として推進器の性能が変化した場合には、この装置の効果をどのように判定すべきであろうか。装置を付加したため、抵抗値がどの程度変化し、また推進器の性能について何がどの程度変化したのかを知る必要がある。

この尺度について船の推進効率に従って考察してみる。推進効率は一定速度 v_s (m/s) で航走する船の抵抗 R (kN) による有効出力 EHP (kW) $= R v_S$ とこれに打ち勝って船を一定速力で航走させるための機関の出力 P (kW) との比をいう。

$$\eta = \frac{EHP}{P} \tag{5.1}$$

両辺の対数微分をとると、次の表現が得られる。

$$\frac{\Delta \eta}{\eta} = \frac{\Delta R}{R} + \frac{\Delta v_s}{v_s} - \frac{\Delta P}{P} \tag{5.2}$$

一般に抵抗が速度の2乗に比例し、出力は回転数 n (rps) の3乗に比例するとされる。この時推進効率は速度と回転数の変化により表される。

$$\frac{\Delta \eta}{\eta} = 3 \frac{\Delta v_s}{v_s} - 3 \frac{\Delta n}{n} \tag{5.3}$$

この式により、推進効率が3%増加する場合を考えてみる。船速および回転数が－1%, 0%,＋1%と変化すると仮定して、次のケースは推進効率を3%増加させることがわかる。

(a) 船速が1%増加するとき、回転数が変わらない場合
(b) 船速が変化しないとき、回転数が1%減少する場合
(c) 船速が1%減少するとき、回転数が2%減少する場合
(d) 船速が2%増加するとき、回転数が1%増加する場合

以上の4ケースでは推進効率はいずれも3%向上している。しかしながら、推進効率の増加は必ずしも燃料消費の減少に結びつかない場合があることに留意しなければならない。

主機（ディーゼル機関を想定する）の機関特性は船の運航で同じ状態に保たれ、また機関特性により出力は回転数で定まるとする。平水中の出力曲線および回転数曲線は基本となる機関特性

燃料消費量が出力に比例するとした場合、回転数の減少は燃料消費に結びつくが、回転数が変化しない場合は燃料消費量は変わらない。回転数が増加する場合は推進効率が上がることはあっても燃料消費は増加する。ケース (a)、(d) は燃料消費量を減少することにはならない。ケース (b)、(c) は燃料消費量が減少する場合である。

速力が増加する場合、全体の航海時間の減少となり、一航海の燃料消費量は減少することになる。しかしながら航海速度の増加による航海時間の短縮は、平水中を航海する場合にのみはっきり分かるものであり、実海域での航海時間の短縮は航海者には実感しがたいものである。

船速、回転数を1%でなく2%、3%と変化させるとき、以上で考察したケースよりはるかに多くのケースが現れ、推進効率の向上が必ずしも燃料消費量の減少には結びつかない場合も数多くあることに留意する必要がある。

5.2　省エネ装置と推進効率

5.2.1　船の推進効率

省エネ装置の効果の判断の基礎として、船の推進効率を考えることができる。推進効率は模型船による水槽試験から自航要素が得られれば理論的に組み立てが可能であり、また模型船と実船の尺度影響を勘案することにより実船の推進効率も推定できる。さらに実際の航海記録の解析により、模型船から推定される自航要素についても適否が判断でき推進効率を推定することができる。

船体とプロペラ、操舵系から成るシステムが与えられているとき、推進効率の向上とは有効出力 EHP に打ち勝つために必要とされる機関出力 P を減少させることと表現される。実船の場合は有効出力 EHP を計測することは困難であるので、EHP を模型船データから推定することになる。推進効率を構成する自航要素についても同様である。

5.2.2　推進効率を構成する要素

推進効率を構成する要素は省エネ装置を考えるうえで重要である。機関の出力 P は、ある速度 v_S で船を航走させる推力 T をプロペラで発生しなければならない。推力 T を発生するプロペラのトルク Q_B とそのときの回転数 n により機関出力は次のように表される。

$$P = 2\pi n Q_B \tag{5.4}$$

このとき、プロペラの作用により生じる推力 T により定義される推力出力（THP）との比により、船尾プロペラ効率 η_B が定義される。これは与えられた船の船尾流場に置かれた推進器に対するものである。

$$\eta_B = \frac{THP}{2\pi n Q_B} \tag{5.5}$$

船尾流場のプロペラ軸方向の流入速度はプロペラ面で一様ではないが、実流場の平均流速に対

応する一様流速 v_a を定め、これにより推力出力を定義する。

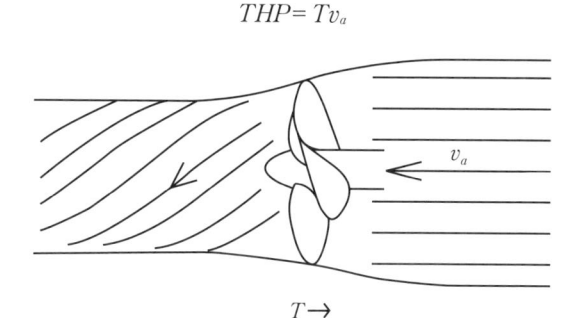

$$THP = Tv_a \tag{5.6}$$

図 5.1　一様流中のプロペラ

また、この一様流速場に置かれたプロペラの作動によるプロペラ単独効率 η_0 を次式で定義する。

$$\eta_0 = \frac{Tv_a}{2\pi n Q_0} \tag{5.7}$$

一様流速場で作動するプロペラのトルク Q_0 は船後の実流場でのトルク Q_B と異なっている。船尾流場中のプロペラトルク Q_B と、一様流中単独プロペラの対応トルク Q_0 の比をプロペラ効率比 η_0 と呼ぶことができる。

$$\eta_R = \frac{Q_0}{Q_B} \tag{5.8}$$

船後効率、プロペラ単独効率およびプロペラ効率比の間には次の関係がある。

$$\eta_0 \eta_R = \eta_B \tag{5.9}$$

船体とプロペラの間には相互干渉があり船体抵抗とプロペラ推力は一般的には一致しない。また船速とプロペラへの仮想一様流入速度は、船体形状および粘性等の影響により異なる。すなわち

$$R \neq T$$
$$v_S \neq v_a$$

である。これを次のように推力減少係数および伴流係数により関係づける。

$$R = (1-t)T \tag{5.10}$$
$$v_a = v_S(1-w) \tag{5.11}$$

これより船殻効率が次のように定義される。

$$\eta_H = \frac{EHP}{THP} = \frac{1-t}{1-w} \tag{5.12}$$

通常の船型では伴流係数 $1-w$ は推力減少係数 $1-t$ より小さくなっており、船殻効率は 1 より大きくなる。すなわち有効出力よりも推力出力のほうが小さいという現象が生じており、プロ

ペラの付かない場合よりプロペラが船後で働いている方が効率は良いことになる。

推進効率は定義より、船後プロペラ効率 η_B と船殻効率 η_H の積により表される。

$$\eta = \eta_H \cdot \eta_B = \frac{EHP}{THP} \cdot \frac{THP}{P} = \frac{EHP}{P} \tag{5.13}$$

また船後プロペラ効率 η_B はプロペラ単独効率とプロペラ効率比の積で表されるので、推進効率は次式で与えられる。

$$\eta = \eta_H \eta_0 \eta_R \tag{5.14}$$

推進効率の向上は、船後プロペラ効率と船殻効率の積を大きくすることであり、また船殻効率、プロペラ単独効率、プロペラ効率比を向上させることである。この積の個々の要素を独立に改善することができれば推進効率の改善につながるが、これらの要素は互いに関連し合い、単独の要素について効率の改善は必ずしも容易ではない。

以上に見たように、推進効率は自航要素により組み立てられている。自航試験の目的の一つは最適な推進システムを求めることにある。自航要素の改善が推進効率の向上につながることになるが、船型の変更、省エネ付加物の装着が自航要素とどのように結びついて、その効果を発揮するのかを理解することが重要である。

5.2.3 船殻効率

船殻効率は伴流係数および推力減少係数により表される。これらの自航要素について基礎的な意味を考える。

(1) 伴流係数

自航試験解析により求められる伴流係数は、船尾に置かれたプロペラに実際に流入する流れとは異なるものである。

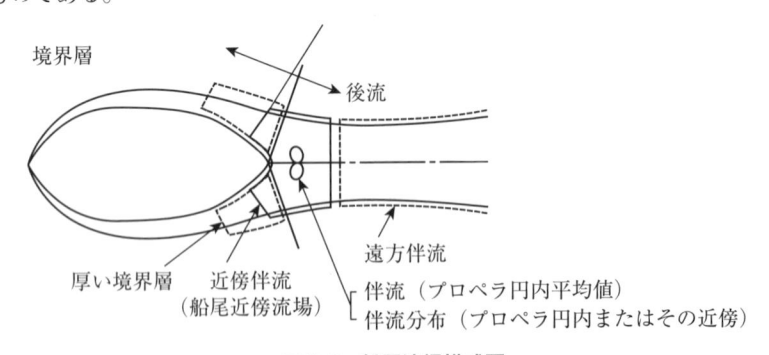

図 5.2 船尾流場模式図

実際の流場は、プロペラ面のあらゆる場所で船尾の流れとプロペラの作動による影響により一様ではない速度ベクトル (v_x, v_y, v_z)、または径方向および周方向成分で表されるベクトル (v_x, v_r, v_θ) を持っている。このような複雑な流れ場を推力一致法等の操作により、一様な平均流速ベクトル $(v_a, 0, 0)$ であるとしたものである。

したがって、自航試験解析により得られる伴流係数は、船尾流場中のプロペラ面の軸方向分布を平均化し、また径方向速度および周方向速度成分を無視したものとなっている。プロペラ効率比 η_R はこの二つの流れ場の違いによるトルクの差を表す尺度となっている。

粘性伴流成分が大きいほど伴流係数 $1-w$ は小さくなり、$1-t$ が変化しないとき船殻効率は高くなる。このことは流体の粘性によって失われた運動エネルギの一部をプロペラが回収するものと考えられる。この効果を伴流利得という。また、プロペラの後ろに置かれた舵の厚みによってポテンシャル排除流が生じ、プロペラ面の流速は小さくなり、見かけ上伴流係数 $1-w$ が小さくなり、船殻効率が良くなることが知られている。

船体抵抗の増加を招かずに、プロペラ面の伴流率 w を増加させることにより、性能改善をはかることが原理的には可能である。しかしながら、伴流は本来船体粘性抵抗に相当する運動量の変化を表すものであり、粘性伴流率 w が大きくなることは粘性抵抗が大きくなることを意味し、推力減少係数 $1-t$ が小さくなることを示唆する。

プロペラの位置の変化または省エネ付加物の取り付けにより伴流運動量を回収することが可能であるとされるが、船体抵抗の増加を伴う場合は船殻効率の向上を図るのは容易ではない。

船尾部の境界層内の流れを、抵抗の増加無しにプロペラ面へ誘導するような船尾形状を考案することによって、伴流係数 $1-w$ の減少を図ることができるが、境界層内の流れは複雑であり、しかもプロペラ面内の流速分布はできるだけ均一であることが望ましく、船尾の流れ場を自在に制御することは容易でない。伴流利得だけでなく、船体抵抗の増加を制御する必要があり、これを達成するのには船尾流れに対する深い洞察と船型設計の経験が必要である。

伴流利得の考え方には、船尾伴流の軸方向成分によるものしか考慮されていない。伴流 (v_x, v_r, v_θ) のプロペラ面内の成分のうち周方向成分 v_θ に着目してこの成分による推進効率の改善を図ろうとする省エネ装置もあり、これらも広義の伴流利得であると考えられる。

(2) 推力減少係数

船殻効率の改善には伴流係数のほかに、推力減少係数 $1-t$ の変化を利用する方向がある。

プロペラの他に推力を発生する付加物をつけると付加物の発生する推力が抗力を上回るとき、結果的にプロペラの荷重度を下げる効果があり、上限推進効率が向上することが期待される。

推進効率はプロペラの単独効率を基礎とするものであるので、推力を発生する付加物によりプロペラ荷重度が下がることによるプロペラと船体との干渉も小さくなることが推察される。すなわち推力減少率 t も小さくなり、荷重度のみならず推力減少率 t の変化による推進効率の向上も得られる。

船体の直後で作動するプロペラの推力は、無限翼数プロペラ理論を利用すると、次のように表される。

$$T = 1/2 \rho A (v_a + u_i/2) u_i \tag{5.15}$$

ここで A はプロペラ面の面積であり、u_i は無限後方でのプロペラ誘起速度、$u_i/2$ はプロペラ面での吸引速度である。すなわち、プロペラ面全体に吸い込みが生じているとみなしてよいことになる。

この吸い込みと船体との干渉により船体の抵抗が増加する。船体抵抗増加量（$=tT$）は吸い込み量と速度の積で定義される力（Lagallyの定理）により求めることができる。ポテンシャル流を船尾で仮定すると、プロペラ前面の船体形状を吹き出し特異点で表すことができ、これによりプロペラの吸い込みとの干渉力を Lagally の定理から知ることができる。

船尾形状を表す特異点の強さを弱くすることにより、プロペラとの干渉による船体抵抗増加量を小さくできる。すなわち、一般的には船尾をできる限り狭くすることにより干渉力を小さくすることが可能である。しかしながら船尾船体は機関の収納などによる肥瘠度の保持もあり、干渉力を小さくするには制限がある。

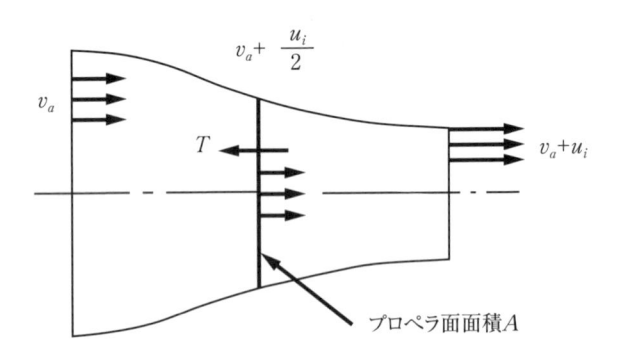

図 5.3　無限翼数プロペラ流れの模式図

Lagally 力の代わりに、プロペラ面の吸い込みが作る流場の圧力が船体に作用するとして、その圧力の軸方向成分を積分して、圧力の変化を抵抗増加として捉えることができる。この方が船尾とプロペラの相互干渉を考察するのに直感的である。力はプロペラ面からの距離の自乗に反比例して減衰するので、プロペラに近い船尾では形状の軸方向のタンジェントを小さくし、離れるに従いタンジェントを大きくすることで抵抗の急激な増加を防ぐことができる。しかしこのことは伴流にも影響することにもなるので圧力抵抗のみを考えて、船殻効率を最適にすることは容易ではない。

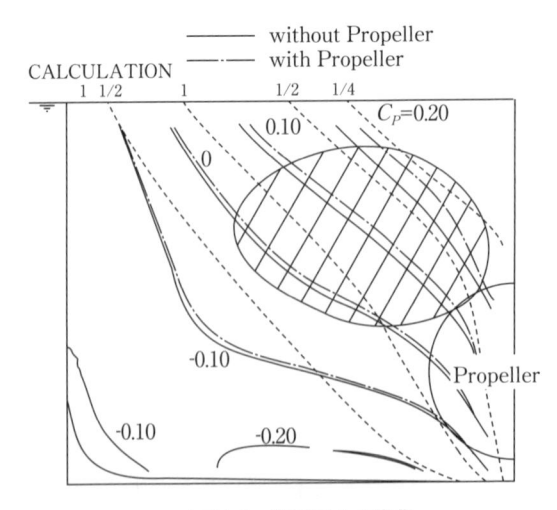

図 5.4　表面圧力の変化

プロペラを吸い込み分布とし、船尾ポテンシャル流場との干渉を圧力として表した例を図5.4に示す。プロペラの吸い込み作用で船尾船体表面の流速が加速されプロペラ無しの場合に比べ圧力が低下していることが分かる。この圧力低下による抵抗増加が推力減少率を与えることになる。圧力低下の強い部分（斜線で示されている）の形状を修正することで抵抗増加を緩やかにし、船殻効率を高めることが可能である。

5.2.4 推進効率と船殻効率との一般的関係

船殻効率の向上が主に伴流によるものであるとするとき、伴流率 w の増加とともに船殻効率は増加するが、プロペラ面への流入速度 v_a が小さくなるのでプロペラ推力 T を維持することは推力荷重度も増加させるので、プロペラ効率は減少し、推進効率において船殻効率の増加を相殺する。このことをプロペラの理想単独効率を使って考察する。

プロペラの単独効率にはプロペラの荷重度によって決まる上限があり、その値を理想効率 η_{Pi} という。プロペラの直径を D とする。このとき理想効率は次のように定義される。

$$\eta_{Pi} = \frac{2}{1+\sqrt{1+C_T}}, \quad C_T = \frac{T}{\frac{\rho}{2} v_a^2 A} \quad \text{ここで} A = \frac{\pi}{4} D^2 \tag{5.16}$$

プロペラの前進速度 v_a の代わりに船速 v_S をとった推力荷重度 C_{Ts} を用いて、上限推進効率 η_i を表すことにする。定義により、

$$\eta_i = \eta_H \eta_{Pi} = \frac{1-t}{1-w} \cdot \frac{2}{1+\sqrt{1+C_{Ts}/(1-w)^2}} \tag{5.17}$$

と表すことができる。

これにより船の推進効率に及ぼす伴流係数の影響を定性的に知ることができる。図5.5に理想効率と荷重度の関係を示す。

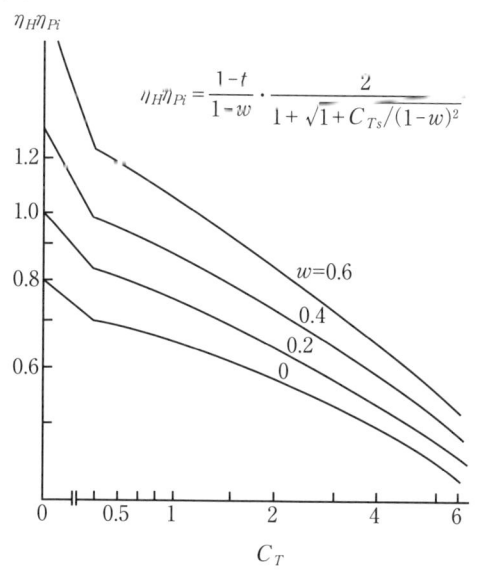

図 5.5 理想効率と荷重度の関係

推力減少率 t を一定として、伴流率 w をパラメータとし変化を見る。伴流パラメータが一定では、荷重度の増加とともに推進効率は減少し、伴流率の増加と荷重度の増加が相殺されることが理解される。このことより、船殻効率と荷重度の変化の関係において、伴流係数に着目して推進効率を改善することは容易ではないことが理解される。

プロペラの単独効率は荷重度により変化し、船殻効率の変化との兼ね合いで推進効率が定まることになる。また、伴流率の粘性成分は抵抗に関連するので、伴流率を大きくすることによる船殻効率の向上は、他の効率の変化との関係を十分考慮しなくてはならない。

5.2.5 推進効率向上の一般的方向

船のエネルギ効率を、省エネ装置を付加することにより改善するとき、省エネ装置の効果の測定の基準を何にするのかをはっきりさせておかなければならない。これまで多くの経験と蓄積のある自航試験データを利用することができるため、推進効率を測定の基準として取り上げ、推進効率の向上の方向について考察することにする。しかしながら、省エネ効果の基準を、推進効率として取り上げることが必ずしも船のエネルギ効率の向上として採用されない場合もあることに留意が必要である。

一般に船のエネルギ効率の向上には次の二つの方向がある。
(a) 航行のためのエネルギ損失を最小にする
(b) 捨てられているエネルギを回収する

初めの方向は、船体抵抗を設計条件の下に最小化を図り、また船尾の流れ場と推進器および操舵装置の組み合わせで推進効率の向上を図ることになる。

二番目の方向は、船型と推進器がすでに与えられているという条件の下に、何らかの付加装置等により推進効率の向上を図ろうとするものである。

いわゆる省エネ付加物は、船が航走することにより捨てられるエネルギを何らかの方法で回収もしくは損失を減少させ、付加物そのもので生じるエネルギ損失との差をプラスとしようとする装置であるといえる。

5.3 省エネ装置による効率向上の原理

5.3.1 船体とプロペラのエネルギの回収と減少

流体力学的な現象として失われるエネルギの回収と減少により省エネを行うことができる。船が平水中を一定の速度で推進器の作用で航走しているとき、船の抵抗および推進器、操舵装置の抗力に関する流体現象のエネルギが主な損失エネルギの源であるとされる。それらは次のようなものである。

(a) 船体、舵の系の圧力（造波、造渦）損失エネルギ
(b) 船体、舵、推進器の系の摩擦現象（摩擦抵抗）損失エネルギ
(c) プロペラ回転運動エネルギ損失（トルクの反作用）
(d) 付加物による（造波、造渦）損失エネルギ

これらの損失エネルギで、船体の進行方向にベクトルの向きを持つ抗力は、模型船の水槽試験では船体抵抗として計測されるものであり、実船ではプロペラの出す推力と逆向きの力として経

験されるものである。舵あるいは省エネ装置は推力を出すものが少なくないが、この推力を独立に模型試験で計測すること困難である。計測では、抗力と推力の差としての量が計測される。

プロペラの場合はプロペラの推力はプロペラによる抗力より圧倒的に大きいが、船体、舵および付加物では抗力が推力より大きいので、損失エネルギはすべて抵抗として計測される。

付加物はその抗力が推力より大きい場合、必ず抵抗増加をもたらすものである。したがって、付加物を船に取り付けて省エネの効果を生じさせるには、付加物によりプロペラ回転運動エネルギ損失を回収するか、もしくは付加物により全体のエネルギ損失を減少させることが必要となる。

船体またはプロペラが流体に与えるエネルギを何らかの方法により回収するか、エネルギ損失を何らかの方法で減少させるか、その方向には次のようなものがある。

(a) プロペラの後流の運動エネルギの回収（エネルギ回収）
(b) プロペラの荷重度を低下させることによる効率改善（エネルギ損失減少）
(c) プロペラチップおよびハブ渦拡散による効率改善（エネルギ損失減少）
(d) 船尾流場の整流による効率改善（エネルギ回収または損失減少）

5.3.2 プロペラと舵の干渉

推力減少率の項で説明したように、プロペラの作用を無限翼数でモデル化するとき、プロペラの前面は吸い込み特異点で表すことができ、船体との作用を吸い込み特異点の相互作用として船体抵抗増加を理解した。同様にプロペラ後面を吹き出し特異点とし、舵を表す吹き出し特異点との相互作用として、舵の推力増加を説明することが可能である。これにより、1軸船のプロペラの船後に舵を配置した場合に推進効率が向上する傾向が説明される。

この場合、舵に厚みがなくて舵角の無いときプロペラと舵の干渉は無視できる。舵の厚みのあるとき、プロペラの直後は増速流であるので舵の推力は水平浮力の一種とも考えることができる。荷重度変更法の基礎的な考え方をプロペラと舵の干渉に適用するとき、船体とプロペラの組み合わせに対して、舵の有無による自航要素の荷重度に対する変化を表すことができる。

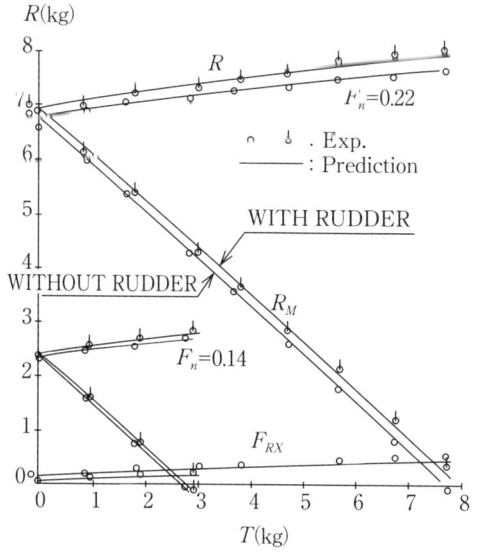

図 5.6 舵の有無船型の荷重度変更試験

舵の有無の影響は、推力減少係数では顕著に現れず、伴流係数に現れる。伴流係数は荷重度変更法での解析では、次のように表される。

$$1-w = (1-w)_0(1-\varepsilon) + C_0 \Gamma \tag{5.18}$$

$$\Gamma = -1 + \sqrt{1+C_T} \tag{5.19}$$

C_T はプロペラ荷重度である。$(1-w)_0$ は舵なしの場合の伴流係数を表し、$(1-\varepsilon)$ は舵のプロペラ面での排除流の効果を表し、舵の厚さがないとき $\varepsilon=0$ である。C_0 は無限後方のプロペラ誘起速度 Γ に比例する係数である。$C_T=0$ のとき、舵のプロペラ排除流の強さを知ることができる。

舵の有無についての荷重度変更法による試験結果を図5.6に示す。舵により抵抗が増加するので、舵の抗力 F_{RX} を計測した荷重度試験の結果より、舵無し船の抵抗に舵の抗力 F_{RX} を加えたものが舵あり船の抵抗となる。しかし、プロペラ荷重度の増加による舵の抗力 F_{RX} の増加に比べ、舵付き船の抵抗の増加の割合は少なく舵の排除流れと船体との干渉による船体圧力抵抗が舵無しの場合に比べ減少していることが推測される。しかしながら、荷重度に対する抵抗増加の割合は舵の有無であまり変化はなく推力減少率には差がない。図5.7に舵の有無による自航要素の違いを示す。

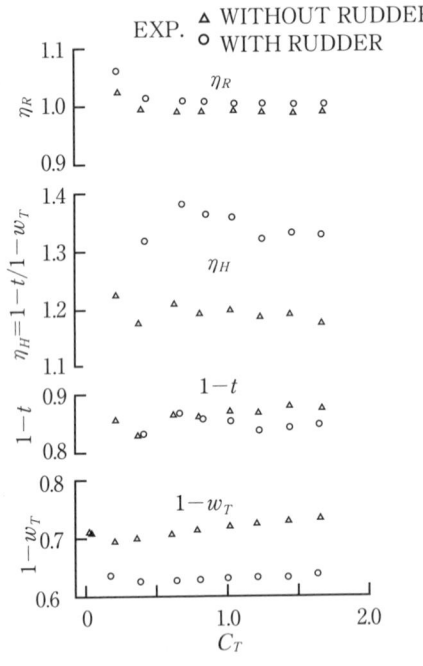

図5.7 舵の有無船型の自航要素の変化

一方、伴流率については舵のプロペラ面での排除流 $(1-\varepsilon)$ の効果により、舵のある場合の伴流率 w は、舵なしの場合より大きくなっている。これより、$(1-t)$ は大きく変わらずに、$(1-w)$ が大幅に変化し船殻効率が向上していることが分かる。したがって、プロペラ単独効率、プロペラ効率比の変化が大きくなければ、推進効率は向上していることになる。

舵の抗力により船の系の全抵抗は増加しているので、推進器の出力は必ずしも減少していない。舵は操縦装置としての役割が主要であるが、舵の適切な設計および配置を検討することに

5.3.3 プロペラ後流回転流の運動エネルギの回収

プロペラの回転に伴うトルクの反作用として、プロペラ後方に運動エネルギをもつ回転流を発生する。このエネルギは回収されなければ無駄に捨て去られてしまうものである。

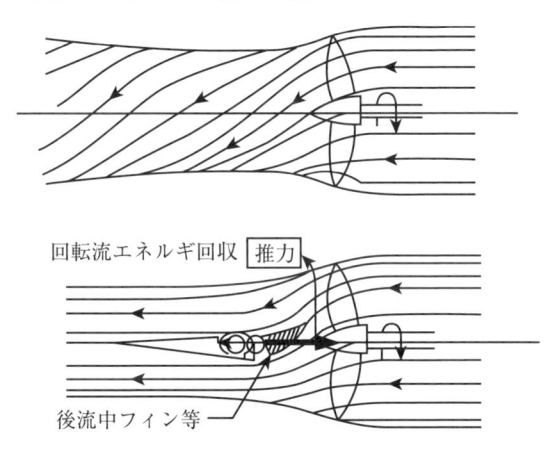

図 5.8 プロペラ後流回転流

図 5.8 にプロペラの回転後流の模式図を示す。この後流中にフィン、ベーンその他の装置を置くとき、流れの逆方向に推力を発生させることが可能である。この推力が、装置の付加抵抗よりも大きいときは利得となり、プロペラの負担を軽くし、装置を含んだシステムの推進効率が向上することになる。

5.3.4 舵によるエネルギ回収

(1) 一般的な舵によるエネルギ回収

プロペラの回転によるプロペラの後方の流れは、通常舵の置かれる位置では十分な回転流の運動エネルギを保持しており、舵によってプロペラ回転流エネルギの回収がなされている。

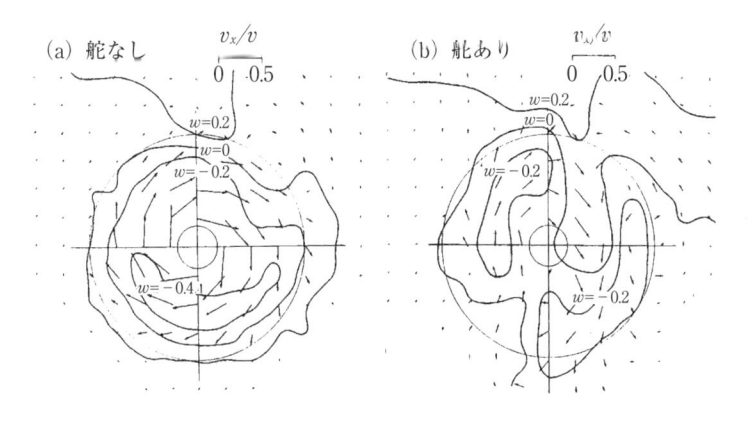

図 5.9 舵の有無によるプロペラ後流

プロペラ後流中の舵の有無による流れ場の計測を図5.9に示す。舵への流入速度は、軸方向速度と周方向速度の合成速度で表される。舵のある流場では、プロペラの加速域が右側では下方に、左側では上方に移動している。プロペラ軸を中心線として半径 r の円周上の流速の平均値を推定し、舵の有無による比較を図5.10に示す。周方向速度の平均値は舵ありの場合、明らかに少なくなっており、舵により回転流が減少していることが分かる。舵の存在により回転流が減少し、軸方向成分は舵の中心線近くで減速されている。

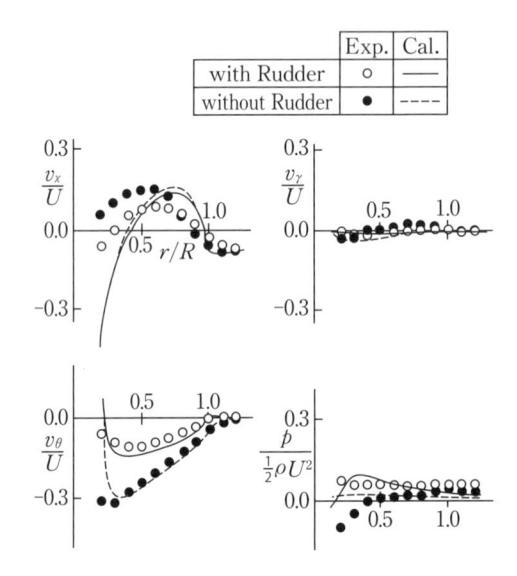

図5.10 プロペラ後流中の舵有無の場合の流速平均値

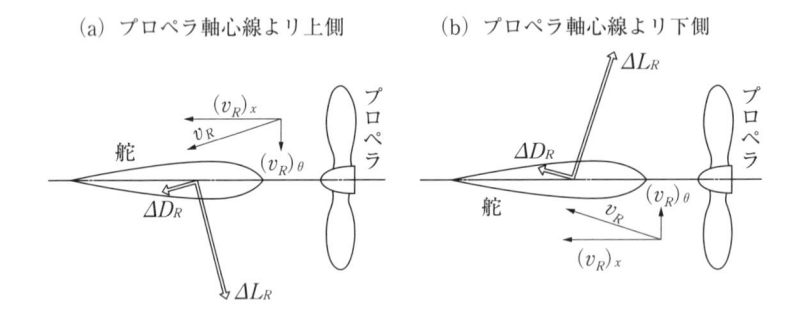

図5.11 舵に流入するプロペラ後流

プロペラの後流が舵に流入するときの速度場の模式図を図5.11に示す。舵に流入する軸方向および周方向成分は模式的に次式で表すことができる。

$$(v_R)_x = v_x + k_x \Delta v_x$$

$$(v_R)_\theta = k_\theta \Delta v_\theta$$

ここで、プロペラによる誘導速度の軸方向、周方向、半径方向成分を夫々次のように表している。

$$(\Delta v) = (\Delta v_x, \Delta v_\theta, \Delta v_r)$$

舵角ゼロの舵に対して v_R の合成速度の流れが流入する。この流れによって舵の断面には揚力と抗力が発生する。これらの力の和の軸方向成分が正であれば舵が推力を発生することになる。推力は舵の全面積で積算される。

$$T_R = \int_{A_R} (\Delta L_R \sin \alpha_R - \Delta D_R \cos \alpha_R) dA_R \tag{5.20}$$

このことは、プロペラの回転に伴いそのトルクの反作用として、それに等しい角運動量をもつ回転流 (Δv) が流出し、この回転流の運動エネルギが舵に発生する推力として回収されると考えることができる。

(2) リアクションラダー

舵の前縁部を直線ではなく、プロペラの中心線の延長で舵を上下に分け、図5.12のように、その上下の前縁部をプロペラ後流回転流に対し舵が最適推力を得るよう流入角度を変化させたものである。これにより、推力 T_R の更なる増加を目指すものである。

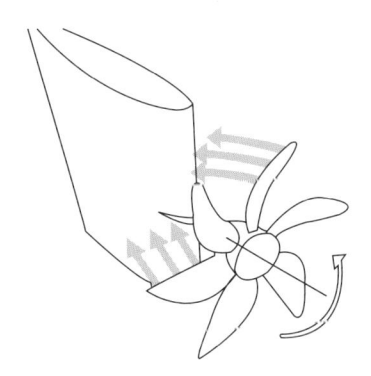

図5.12 リアクションラダー

リアクションラダーの作用による推力効果により舵抗力は減少し、荷重度試験時の船体抵抗 R_M は通常舵よりも少ない。全抵抗 $R = R_M + T$ と荷重度0のときの船体抵抗 Rc により推力減少率 t が求められるので、定義よりリアクションラダーの推力減少係数 $1-t$ は通常舵の場合より大きくなる。

図5.13に示すようにリアクションラダーの推力 T_R の増加により推力減少係数 $1-t$ が向上する。舵の排除効果を含む $1-w$ は、舵の厚みが変わらないため変化は現れていない。$1-t$ の向上による船殻効率の改善およびプロペラの荷重度の低減効果により推進効率の向上が確実に期待できるものである

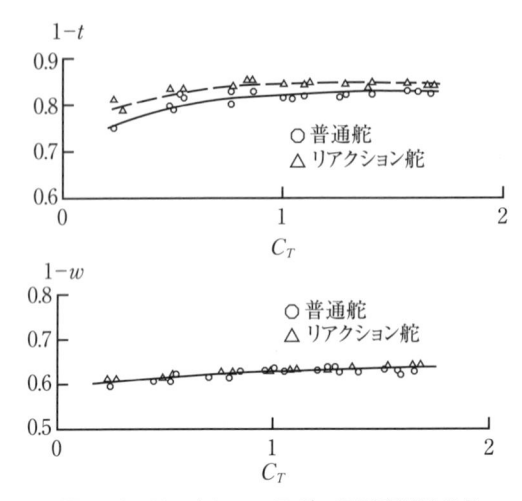

図5.13　リアクションラダー荷重度試験結果

(3) リアクションウイング

　舵はプロペラ後方に置かれた垂直翼であると考えられるが、水平に置かれた翼(フィンあるいはリアクションウィングともいわれる)でもプロペラの回転流のエネルギを回収することが可能である。

　この場合も、翼の左右で逆の捩りを与えた翼とすると、リアクションラダーと同等の原理のものとなる。船の操縦のためには垂直な舵を必要とするので、翼(フィン)は付加的に舵の前に置かれるか、または舵につけられた翼(フィン)となる。その大きさはプロペラ後流流れの大きさと同じ翼幅とされる場合が多い。

　水平翼を舵に取り付けた装置の例を図5.14に示す。この場合、翼はプロペラ後流中で効果が最大となるよう適当な迎え角となるよう設置される。水平翼に流入する流場の模式図を図5.15に示す。

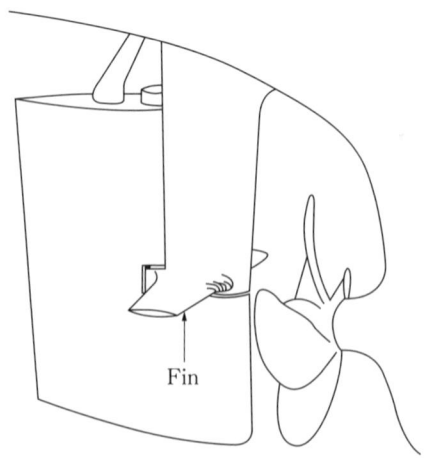

図5.14　フィン付き舵

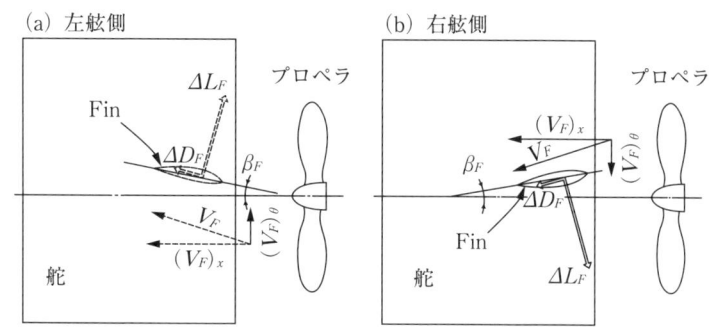

5.3 省エネ装置による効率向上の原理

図 5.15 水平翼への流入速度

フィン付き舵の流場計測の結果を図 5.16 に示す。前節の舵の後流の場合と同じ解析によると、プロペラの回転流はさらに減少しており、プロペラ後流エネルギがフィンにより回収されていることになる。リアクションラダーの場合と同じく、フィンによる抵抗増加が相対的に無視できる程度であれば推力減少係数の向上による推進効率の改善が可能である。

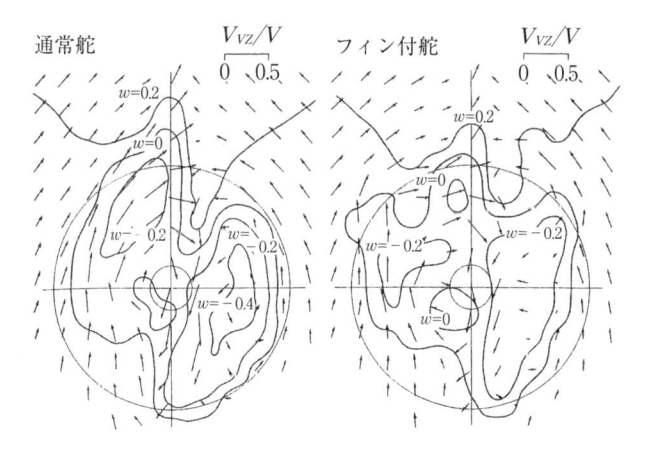

図 5.16 フィン付き舵の流場計測結果

水平フィンによるプロペラ回転流のエネルギ回収を試みるものに、様々な形状のものがある。翼の平面形に工夫を凝らしたもの、舵と共に回転する形式等のものが工夫されている。原理的にはフィン付き舵と同等なものである。

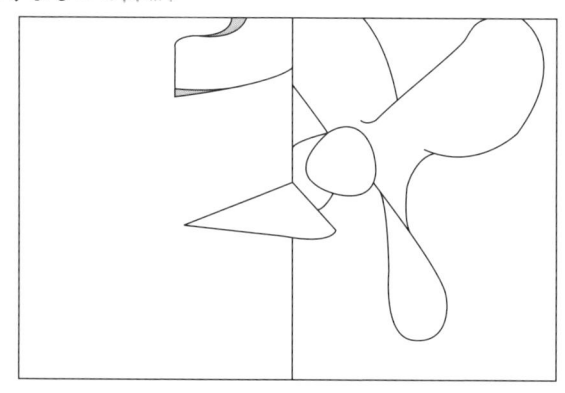

図 5.17 舵に固定されたフィン

(4) プロペラ後方のリアクションフィン

　プロペラ後流の回転と逆向きの回転流を生じさせるように捻りを与えたフィンであり、舵とプロペラの間に装置される。リアクションウイングは原理的にプロペラ中心軸に対して任意の角度をもって設置できる。リアクションフィンはリアクションウイングを複数組み合わせたものである。この装置のプロペラ後流エネルギの回収の原理は舵の場合に示したものと同じである。複数翼のリアクションフィンでプロペラの回転流のエネルギはほぼ回収できると考えられる。しかしリアクションフィンの抵抗も無視できず、エネルギ回収はこの抵抗による損失との兼ね合いで定まる。

図 5.18　ステータフィン

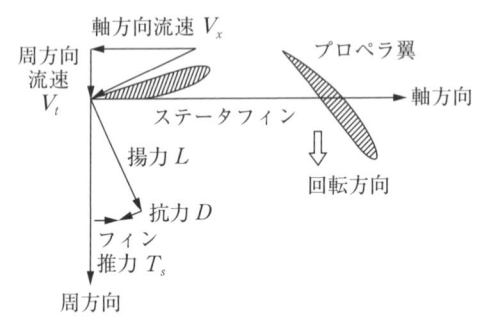

図 5.19　ステータフィンの流れ場

　プロペラ後流中にプロペラ中心軸に対して任意の角度で設置された翼であるが、翼に流入する流れ場は基本的に、舵または水平翼の場合と変わりはない。図 5.19 にプロペラとフィンの組み合わせ（ステータフィン）の相対的な位置関係の例を示す。

5.3.5　プロペラ回転流運動エネルギ回収装置

　プロペラの回転に伴う運動エネルギは舵だけでは回収され得ない。舵により回収されないエネルギが捨てられていることになる。運動エネルギのおよそ半分が捨てられていると推定される。このことは図 5.9 の舵の有無によるプロペラ後流により推察することが可能である。

この運動エネルギを回収する目的でさまざまな装置が提案されている。その原理は前節で示した舵による推力の発生で説明される。

このような装置は通常プロペラの直後、舵の前方に設置されている。回転流を推力に変換すること、またはプロペラの回転流により更なる回転翼を回転させ推力を得る工夫が主なものである。原理は同等であるが、その形態には違いがあり、それぞれの装置の利得および工作方法の容易さ等にいろいろな工夫がなされている。これらの装置の幾つかを紹介する。

(1) プロペラ運動エネルギの損失減少装置

プロペラの後流には、翼端およびボス近辺から渦流が流出していることが知られている。プロペラ面の流出渦はこれらの渦系に吸収され、プロペラから離れた場所ではこれらの渦系のみが存在し、その遠場でのプロペラの回転流はこの渦系の誘起速度であると見なされる。

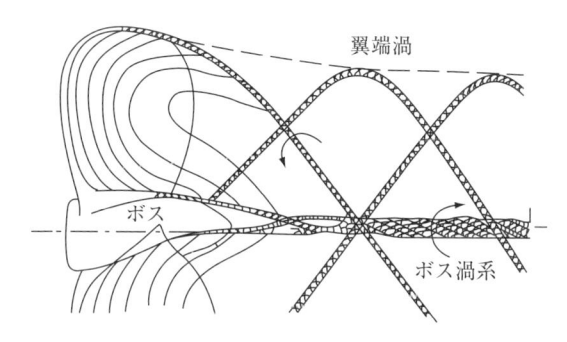

図 5.20 プロペラ後流渦の模型図

プロペラ直後の回転流場はプロペラ面からの流出渦によるものであるが、プロペラの径方向の揚力分布の形状により、プロペラ面からの流出渦の他に端部から強い渦が流れ出る。

翼端渦は、通常プロペラの先端部で正面側から背面側へ回り込む流れによって翼の背面側に生じる。プロペラボス渦は翼端渦と同様に、プロペラ翼の根部からの流出渦であるが、厚みのあるボスに沿う流れにより、他の翼の根部からの流出渦と集合しボスの後端からボス渦糸として流出している（図5.20）。

プロペラを無限翼数とし、その作用を軸方向速度のみの運動量理論で扱った場合に対しては、以上で述べた渦による回転流は、プロペラの作用にとり余分なエネルギを費やすものである。このうちプロペラ後流回転流については、この回転流そのものがプロペラ作用であるので、この後流エネルギを小さくすることはできず、後流エネルギの回収のみが可能であることが示されている。前節でそのエネルギ回収がいくつかの省エネ装置により可能であることを見た。

端部からの渦については、プロペラの作用にとり不可欠なものではなく、可能であれば始めから排除しておきたいものでもある。このようなプロペラ設計もある程度可能である。しかし、一般的には端部からの渦のエネルギをキャンセルし、エネルギの回収を可能とする省エネ装置が実際的である。

端部からの渦は翼端およびプロペラの半径の小さい場所で強く、この部分の渦流に逆の回転を持つ流れを加えることにより、端部の渦流れをキャンセルしプロペラ後方に持ち去られるエネ

ギを少なくすることができる。逆の回転を作るために使われるエネルギと持ち去られるエネルギの差は利得としてエネルギ回収であるとされる。このような装置の代表的なものが、ラダーに付けたバルブ、翼端からの渦をキャンセルする翼端付加翼およびプロペラのボスに翼あるは溝をつけてボス渦をキャンセルする装置等である。

これらの装置そのものでも推力を発生させることができる。ラダーに付加したバルブおよびプロペラのボスに付けた装置ではプロペラ後流で持ち去られるエネルギの内、ボス近くのエネルギ損失を回復する働きが主である。

(2) ラダーに付加したバルブ

プロペラ後流の舵面への流入角が大きい場所にバルブ状の形状を与え、見かけの舵厚を大きくし、かつ後方に流線型で整形した形状として整流効果により舵の抗力の増大を防止するものである。ボス渦流をラダー面にまで誘導し、舵面に渦流をキャンセルする役目を果たさせている。プロペラの直後に置かれたバルブの効果についてはプロペラ直後のボス渦を含む後方回転流を拡散させ舵面への流入角を緩和し舵の抗力の急激な増加を防止する効果がある。

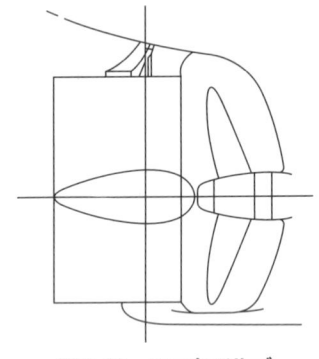

図 5.21 コスタバルブ

コスタバルブ（図 5.21）の作用もこのように説明される。このバルブに加えリアクションウイングまたフィンを付け加えたものが多く提案されている。ボス渦のエネルギ損失を小さくしつつ、プロペラ回転流のエネルギ回収を狙ったものである。

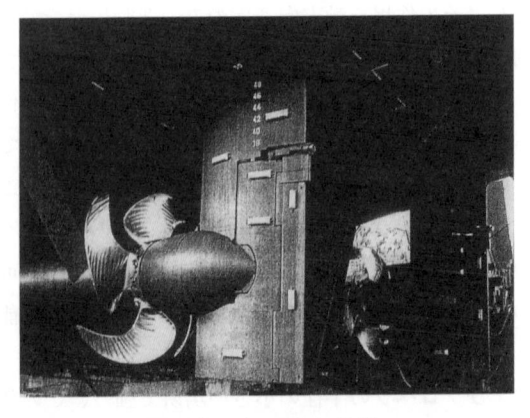

図 5.22 プロパクトラダー

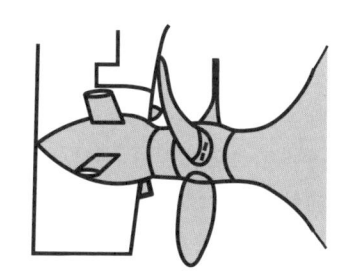

5.3 省エネ装置による効率向上の原理

図 5.23 フィン付きラダーバルブ

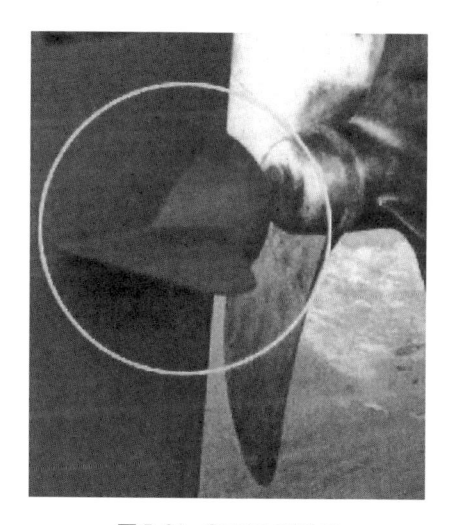

図 5.24 SURF-BULB

(3) プロペラのボスへの付加装置

プロペラボスから渦流が流出しているが、この部分の後流に逆の回転を持つ流れを加えることにより、プロペラボスの渦流れをキャンセルしプロペラ後方に持ち去られるエネルギを少なくすることができる。

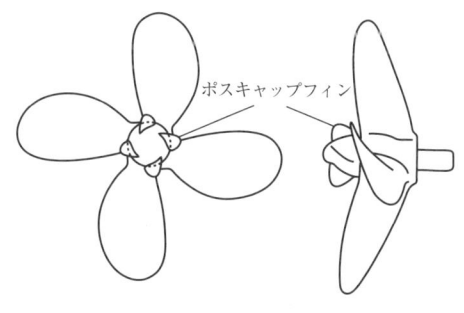

図 5.25 ボスキャップフィン

この形式の原理は渦流れを打ち消す逆流を作るための装置であり、図 5.25 に示す小翼(フィン)、ボス渦の流れを誘導する溝等の形式のものがある。

したがって、装置付のプロペラと付いていないものとの自航要素の比較では、プロペラへの流

入速度を表す伴流係数 $1-w$ とプロペラ前面の船体との干渉を現す推力減少係数 $1-t$ には、その有無による差が顕著に現れないが、プロペラ後方の回転流として持ち去られるエネルギの差としての仕事、すなわちプロペラ回転エネルギ（$\propto nQ$）の差として表われる。プロペラの推力の増加およびトルクが減少する効果があることになる。回転数 n が同じであるならプロペラ効率の差として違いが現れる。これは自航要素では船後プロペラ効率比 η_R の違いとして差が現れることになる。ボスに付加されたフィンについて実験の結果を図 5.26 に示す。

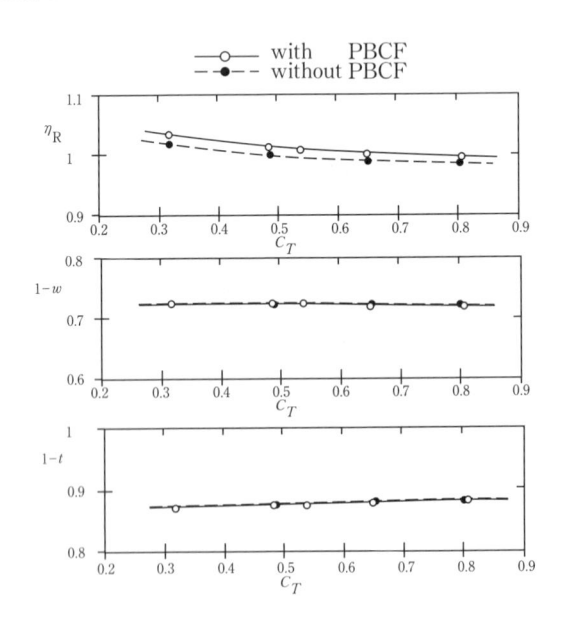

図 5.26 自航試験結果

ボスのキャップに装着したフィン自体の抵抗が小さければ、プロペラ単独特性ではスラスト曲線、トルク曲線および効率に差が現れることになる。ボスのフィンの設計でその寸法が大きくなるときは、フィンの抵抗および推力が表れ、その効果についての算定は複雑になる。ボスに溝を付け、ボスからの渦流を消すアイデアもあるが、この場合は、この溝による渦の消去効果のみを考えればよいことになる。

(4) プロペラ翼端渦エネルギ吸収装置

プロペラのボスからの流出渦エネルギの減少と同様に、プロペラの翼端からの流出渦エネルギの減少、およびこの渦流を利用した推力増加を狙った装置が幾つか提案されている。

このアイデアは航空機の主翼端にウイングレットを装置し、エネルギ減少と推力増加を得ることと同じであるが、プロペラの構造的な問題から実用化が最近までなされていなかったものである。飛行機の場合と異なり、プロペラのチップボルテックスは縮流中の螺旋流場にあり、効果的な形状を求めることが困難であったためである。プロペラの前方に翼端を傾斜させたプロペラが実用的な装置として完成された。その形状を図 5.27 に示す。またプロペラ後方に翼端の形状を変化させても翼端渦を打ち消す効果があるので、そのような形式のプロペラも開発されている。

5.3 省エネ装置による効率向上の原理

図 5.27 翼端渦エネルギ回収プロペラ

　これらの装置の翼のブレードは翼端渦の減少と渦流からのエネルギ回収を目的として、独特な形状をしている。この翼形状はプロペラ流場の精密なシミュレーションが可能となったことで開発ができたと云われている。ブレード形状は、先端で流場に合わせた形で、強い角度で流れの前方あるいは後方に曲げられていることが多い。チップボルテックスの減少により振動、キャビテーションの減少効果もあるとされている。

　翼端渦の減少はボス渦の場合と同じく、プロペラ効率比の違いとして表れる。すなわちプロペラ推力の増加およびトルクの減少があるとされる。

(5) 自由回転フィン（ホイール付きプロペラ）

　プロペラの後方にプロペラよりも直径の大きな遊転回転翼を取り付け、プロペラの回転流のエネルギによりこれを回転させ推力を得ることを目的とする。

図 5.28　ホイール付プロペラ

　図 5.29 と図 5.30 の作動原理に示すように遊転ホイールは高アスペクト比の多翼の羽根車で、プロペラ後流を受けて回転力を発生させる内側のタービン部と、その外側の推力を発生するプロペラ部で構成されている。

　プロペラ直径の 20% 程度増の直径を持ち、遊転するときの回転数はプロペラ回転数の半分程度である。利得はプロペラの荷重度に関係する。

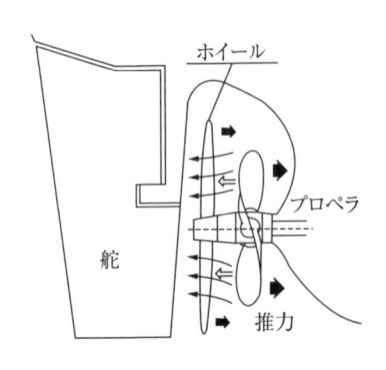

図 5.29　ホイール作動原理図 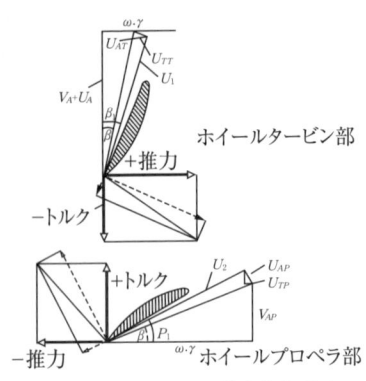　　　　図 5.30　ホイールの推力とトルク

　この装置はプロペラとは別に推力を利得とするものであり、この意味において舵および舵に付けた翼の場合と同じであるとされる。装置の抗力より推力が大きい場合、推力減少係数を大きくしプロペラ荷重度を下げるので推進効率の向上が期待される。

5.3.6　付加物による運動エネルギの回収

(1)　プロペラ前方付加物による運動エネルギの回収

　プロペラ前方に設置した付加物によりプロペラ作動面に回転流を発生させ、その効果によりプロペラの回転数が変化し、プロペラ後方で付加物の作る流れと相俟って、プロペラ後方の回転流の運動エネルギを相殺することが可能である。すなわちプロペラ後流の運動エネルギの回収を行うことができる。

　しかし、この場合流れに回転流を作るだけで、一様流を増減速する作用を持つ場合と区別して考察しなければならない。フィンに流入する一様流に回転流を新たに付け加えるので、この回転流が一様流と共にプロペラに流入するとき、理想的な状況であれば、プロペラは回転せずに推力を発生することができるはずである。このことは、回転流を付加することにより見かけ上プロペラの回転数を減らすことが可能であることを示唆する。

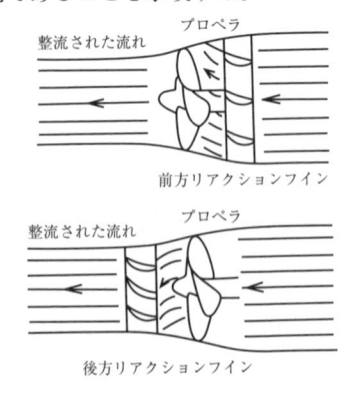

図 5.31　プロペラ前後のフィンによる流場

　図 5.31 にフィンによる回転流がプロペラ後流に影響する様子が模式的に示されている。プロペラ後方に置いたフィンによる省エネ装置については前述したが、プロペラの前方に配置した

フィンにより回転流を発生させ、省エネ効果を狙うものも幾つか提案されている。

しかしながら、プロペラの推進力を回転無しで出すほどの回転流を作り出すのは、プロペラの前に同程度のプロペラを配置することでもなければ現実的に不可能であろう。このことはコントラローテイティングプロペラ（CRP）の後方プロペラに当てはまる状況である。いずれにせよ、強い回転流を発生させるにはそれなりのエネルギが必要とされる。

プロペラ後方のフィンは揚力を発生することにより、プロペラの後流回転流の運動エネルギを回収する。前方に置かれたフィンはプロペラに捩れ流入場を与え、この流れ場で作動するプロペラの後流の回転流を弱める働きをする。この場合、軸方向の運動エネルギの変化による働きとは別なものであることに留意する必要がある。

(2) プロペラの前後に置かれたフィンの効果

図 5.32 のような実験装置により、フィンの効果を調べた結果によると、プロペラの後方に置かれたフィンの効果は、フィンの発生する推力によるものであり、前方に置かれたフィンの効果は、プロペラ回転流に関する効果であることが示された。

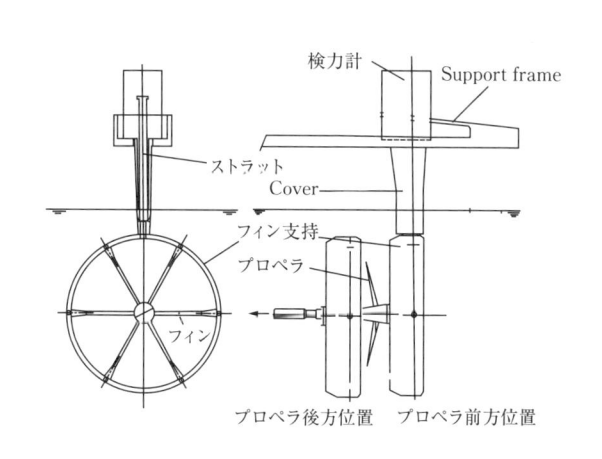

図 5.32 フィンの効果の実験装置　　　**図 5.33 フィンの計測結果**

プロペラの前後に置かれたフィンの効果について、この系の自航要素を実験的に求めた例を図 5.33 に示す。これより、プロペラの後方のフィンの場合は、フィンの向い角の変化に対して推力減少率が変化し、伴流率の変化は少ない。前方にフィンが置かれた場合は、推力減少率の変化は少なく、伴流率が変化することが分かる。一様流程度の強さの流れに置かれたフィンの発生する推力は、それほど大きくなくフィン装置の抗力に埋没する程度であり、フィンの働きは、流れの方向を変化させ、周方向速度成分の増加をもたらすことが主であることが分る。一様流ではなく、周方向速度成分を変化させることにより伴流率が大きく変化することになる。

(3) プロペラ前方のリアクションフィン

船尾流場中にあるプロペラの前方にフィンを取り付け、プロペラ流入速度場、特に周方向速度成分を変化させて推進効率を向上させる装置がリアクションフィンとして提案されている。

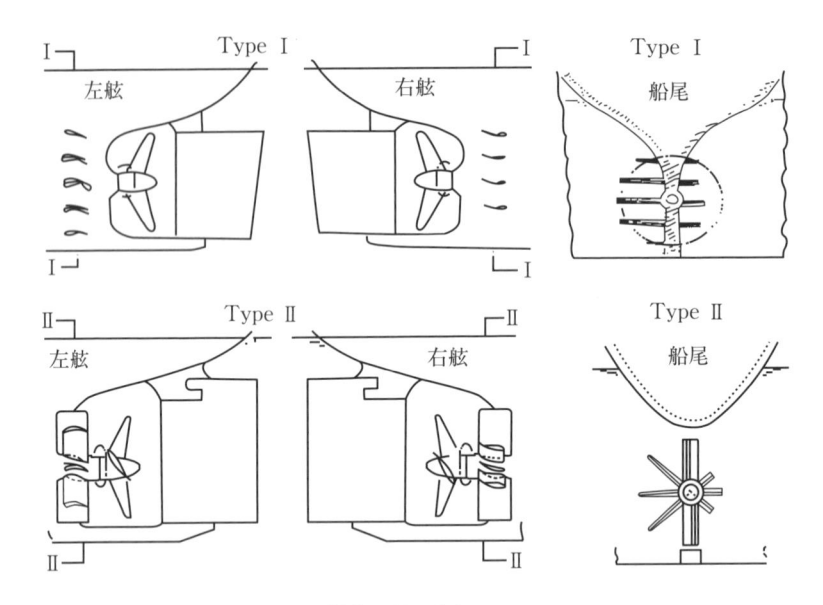

図 5.34　種々のリアクションフィン

これらの装置は、船尾流場の流場分析により、プロペラ面への周方向速度成分を均一化し、フィンの数、取り付け角およびアスペクト比を検討し、最大の効果が得られるよう設計される。

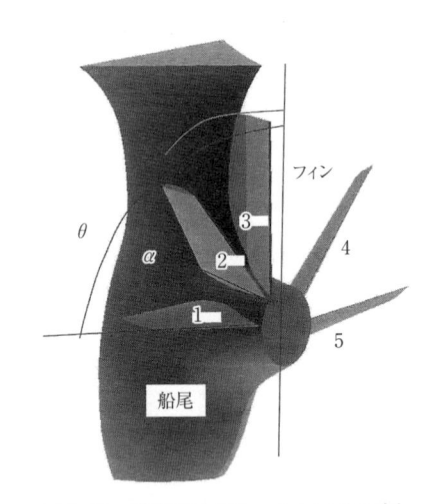

図 5.35　前方リアクションフィンの例

前方リアクションフィンの一つに次のようなフィンが提案されている。これは、プロペラ前方船尾上半部に数枚のフィンを配置して、プロペラ流入速度を制御して、推進効率の向上を狙ったものである。センターフィン（図 5.35 の 3 番のフィン）はプロペラ回転方向に合わせて、周方向成分が大きくなるように捻って設置され、非対称船尾船型となっている。フィンの取り付け角 α は船尾流場に合わせて設定されている。

フィンによりプロペラに誘起される速度の模式図を図 5.36 示す。軸方向の流入速度は変化せずに、周方向成分がプロペラ翼の流力的向い角が大きくなるよう調整されている。これによりプ

ロペラが同じ推力を出すのに見かけ上回転数が少なくなる。

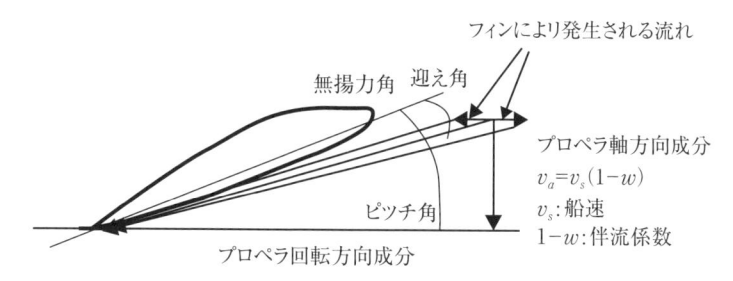

図5.36　前方リアクションフィンによるプロペラ周方向速度

これは自航試験において、見かけの上では軸方向流入速度v_aが小さくなる効果として現れる。推力一致法による自航解析では、同じ回転数に対する推力が大きくなるので推力係数は大きくなり、プロペラ性能曲線において通常の運航状態では前進係数およびプロペラ効率は減少する。したがって見かけの軸方向速度は小さく計算され、伴流係数も小さくなり船殻効率は向上することになる。プロペラ前面の実際の軸方向速度成分の変化は小さく、周方向速度成分によるプロペラのトルクの変化も小さいと想定されるので、船殻効率の向上が推進効率の向上を与えることになる。

5.3.7　軸方向速度成分の制御による省エネ装置

プロペラ流入速度場の軸方向速度成分の増減により、推進効率が変化することを5.2.4節の図5.5において理想効率と荷重度の関係により考察した。そこでは、軸方向流入速度v_aが増加すると荷重度が減少しプロペラ効率が改善され、船殻効率は悪化することを見た。

船の速度vが一定の場合、プロペラ流入速度v_aの減少により船殻効率は向上するが、速度v_aの減少は船体流場の運動エネルギ減少、すなわち抵抗増加を意味する。速度v_aの増加はプロペラ荷重度を減少させ、船体抵抗の減少を意味する。これらのことは、軸方向速度成分の運動エネルギの損失を減少させ、また回収することの基本的な難しさを示す。また速度v_aは尺度影響の大きい量であるので、模型船レベルでの利得が実船レベルで同様に得られる保証がないということでも、その困難さが推察される。

軸方向速度v_aを利用して推力を発生させる装置により、プロペラの荷重度を小さくする場合は、船殻効率は変化せずにプロペラ効率の向上により、推進効率が改善されることになる。図5.5に見られるように、荷重度の大きい領域では推進効率に及ぼす荷重度の減少の効果は大きい。

(1)　ノズルプロペラ

プロペラ前面の軸方向流速を増速することにより、効率を向上させるという試みがある。ノズルプロペラあるいはダクトプロペラと呼ばれる装置がそうである。

図5.37に加速型のダクトプロペラを示す。ダクトは円環状の翼であり、流れに置かれたとき軸方向の推力を発生する。ダクトの抵抗との兼ね合いで推進効率が定まる。この型のダクトはプロペラ面への流入速度を増加するので、プロペラの荷重度を下げる働きがあり、荷重度の大きいプロペラにダクトを装備するとその効果は大きい。

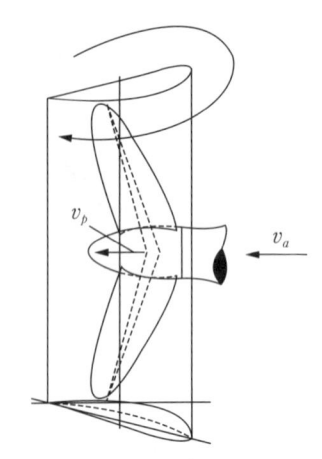

図 5.37　加速型ダクトプロペラ

(2) プロペラ前方のダクト

通常のダクトプロペラと異なり図 5.38 のようにダクトをプロペラの直前に設置したものが省エネ装置として、いくつか提案されている。荷重度の大きな大型肥大船に適用されるダクトはダクト内のプロペラキャビテーションを避けるために、このような配置を創案したと云われている。

前方型ダクトプロペラにもいくつかの変化型があり、様々な名称がつけられている。

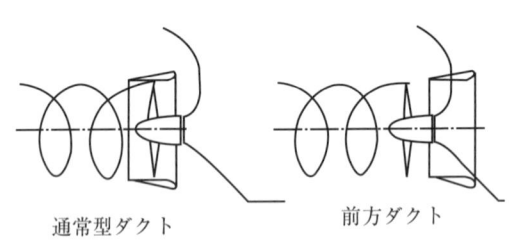

通常型ダクト　　　前方ダクト

図 5.38　前方型ダクトプロペラ

これらは、ダクトの発生する推力の利用、およびダクトによる軸方向プロペラ流入速度の増速による推進効率の改善を目指すものと考えられる。

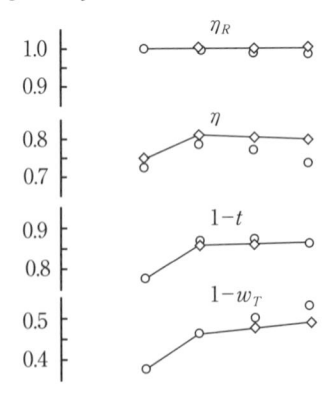

図 5.39　ノズル有無の自航要素

ダクトプロペラの効果を考察するために、普通プロペラにノズルを付けて、ダクトプロペラにした場合の模型船の荷重度変更試験の仮想自航試験を考えてみる。簡単のために、荷重度0のとき、ダクトの推力とダクトの抵抗が同じであるとして、ダクト無しの船体抵抗 R_C と一致しているとする。

プロペラの荷重度（推力 T）を増すとき、プロペラ前面の流速は増加するので、ダクトの推力も増加する。模型船の抵抗 R_m が0となる自航点の推力との差、$T_d - T_c$ はプロペラの作用によるダクトの推力効果を表す。このことは図5.37のダクト周りの循環 Γ が増加していること、またこれによるプロペラ面流入速度の増加があることが予想される。以上のことは、自航要素では $1-t$ と $1-w$ が通常プロペラの場合より増加することを意味する。プロペラ荷重度が小さくなるのでプロペラ効率 η_0 は改善されることになる。プロペラ効率比 η_R は流場の分布にそれほど差が出ないのでほとんど変化しないと考えられる。$1-t$ と $1-w$ の比、すなわち船殻効率はプロペラ効率ほど変化しないと想定されるので、ダクトプロペラの推進効率の向上はプロペラ効率 η_0 の改善によるものと言われる。ダクトプロペラはプロペラ直径を増加させる効果であるとも云われるが、以上の推論はこれを裏付けるものでもある。ノズルプロペラを装着したときの自航試験結果を図5.39に示しているが、これらは上記の推論を裏書する結果となっている。

5.3.8 船尾流れの整流効果による省エネ装置

(1) プロペラ流入速度場の整流

ここではプロペラに流入する速度場の周方向速度あるいは軸方向速度を制御して、プロペラの回転運動エネルギの回収、荷重度の低減効果による効率の向上が可能であることを考察した。これらは、プロペラの作動の物理的現象のモデル化を基本とするものであった。

これまで述べてきた様々な省エネ装置の他に、いわゆる船尾流場の整流効果により省エネを達成するという装置が提案されてきている。これらの装置は、船尾付近における流れの剥離を抑制し、プロペラ上方付近の逆流を防ぎ、ビルジ渦のプロペラ面への誘導および船体抵抗の低減により、船全体の推進効率を改善するものと云われている。

(2) 伴流均一化リング

これらの装置の中で、伴流平均化フィン、または均一化ダクトと呼ばれている装置がある。ここに、伴流平均化ダクトと呼ばれている装置を図5.40と図5.41に示す。

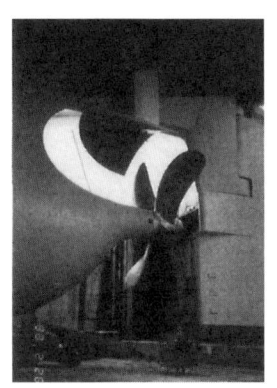

図5.40 伴流フィン

図 5.41　伴流平均化ダクト

　この装置により船尾剥離の防止、ビルジ渦の誘導を行うことができると云われている。また船体抵抗の低減は、ダクト（フィン）の推力効果および船尾の圧力（吸引）抵抗を減少させることにより実現すると云われている。

　装置の基本形状は翼型断面をしたリング形状（またはリングの一部）を成しており、伴流フィンではリングの部分を左右の舷に設置し、また均一化ダクトでは両舷に円環状のリングを設けている。これらのリングは形状に合わせて翼角、船体への取り付け角を調整している。したがってその形状は非対称である。リング自体の推力効果の外に、プロペラ面へ周方向速度を誘起するので、プロペラ前方のリアクションフィンと同様な働きがあると云われている。

　伴流均一化による推進効率の向上の機構については判明していない点が多い。軸方向運動量理論に関連する効率の向上は、平均的な伴流率が変化しなければ理想効率で見たように推進効率は変化しない。周方向速度の改善であれば、前方リアクションフィンと同じ機構であると云える。ビルジ渦の誘導とプロペラ吸引作用による船尾流場への運動量供給で剥離を防止し、船体抵抗を低減するという機構は非常に複雑であり、直感的にこの機構を理解して、この種の省エネ装置の設計を行うことは容易ではない。

(3) 船尾流場整形ダクト

　伴流の整流効果を狙ったものものとして、プロペラ前方の船体にリング状のダクトを装置するものがある。このダクトはプロペラ直径よりも小さく、また船尾船体近傍全体を覆うようにしている。船尾流れを整流するように船尾の曲率の強い部分を整形し、船尾の2次元剥離を防止している。これにより船体抵抗の削減が期待される。

図 5.42 船尾整形ダクト

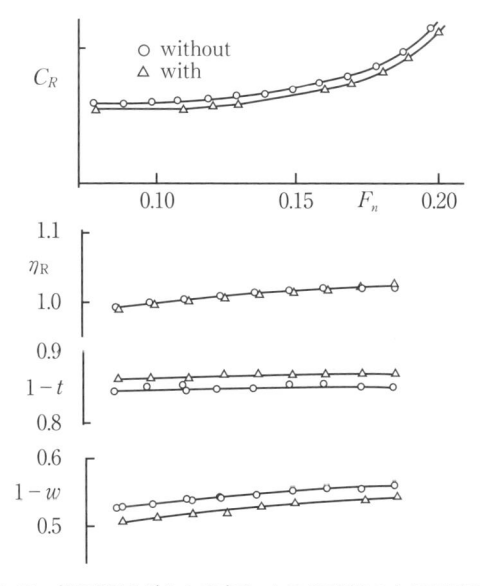

図 5.43 船尾整形ダクト有無による模型船の自航試験結果

このダクトを図 5.42 に示す。船尾での剥離を防止するよう船尾の整形効果を狙ったものであり、均一化ダクトとは原理的に異なる。図 5.43 に自航試験結果を示す。プロペラ前方のダクトの場合と比べ、船体抵抗の低減が大きく、これにより推力減少係数は向上している。しかしこの装置ではダクトのプロペラ面への軸方向速度成分の増速効果はなく、流れは減速されており、伴流係数は小さくなっている。したがって荷重度が大きくなっており、プロペラ効率 η_0 は低下する。プロペラ効率比 η_R は差がないので、船殻効率の向上とプロペラ効率の低下の割合により推進効率が変化する。船体抵抗の低減により船殻効率が依存する割合が大きいので、これにより推進効率を改善するには船の推進・抵抗に深い洞察が必要である。

(4) 非対称船尾

プロペラ流入速度成分に周方向速度成分を誘起させることが前方リアクションフィンの役目であり、それにより自航解析では見かけの軸方向流入速度 v_a が小さくなり、船殻効率が向上することを見た。船殻効率に関連するもう一方の要素、推力減少係数はプロペラ面での吸い込み作用

による船尾圧力抵抗であるので、この船尾圧力抵抗を大きく変化させないよう、船尾形状を非対称に変形させ、プロペラ面に周方向速度成分を誘起させることにより、船殻効率を向上させることが可能であると推測される。

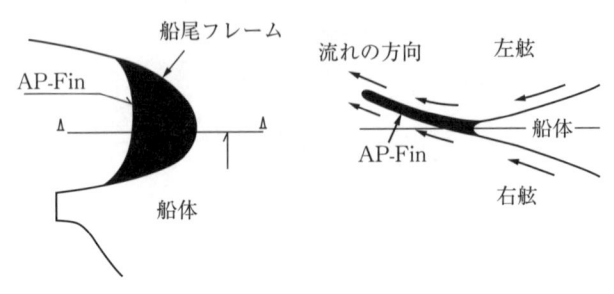

図5.44 船尾フィン

非対称船尾による周方向速度の誘起は、リアクションフィンの作用の一部分であるが、基本的な非対称船尾として図5.44に船尾フィンを示す。これはプロペラアパーチャーにフィンを取り付けることが可能である船型に適用されるものであるが、一般の船型では船尾を非対称となるよう設計しなくてはならない。これは、省エネ装置という概念からは離れたものとなっている。ちなみに、非対称船尾形状として、船尾端をS字上に捻った船型を図5.45に示す。

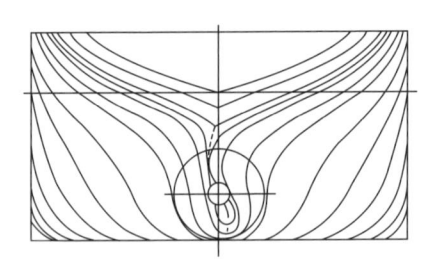

図5.45 S字型非対称船尾

(5) 船尾流場改善

肥大船の船尾の流れ場はビルジからの流れの剥離による渦、船体からの2次元的剥離現象等がありプロペラ面上方では逆流域も見られる。これらの流れを整流して船体抵抗の低減、またプロペラに流入する流速の均一化等が試みられている。一般的に流れの剥離を防止するには、船体表面の境界層に運動エネルギを供給しなければならない。

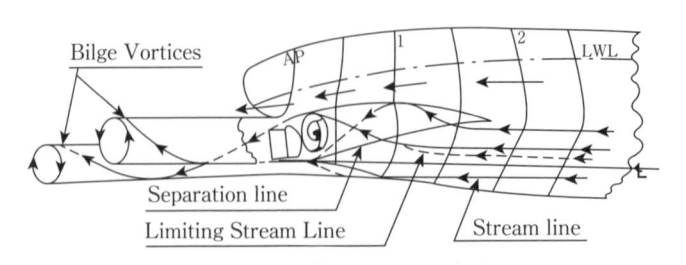

図5.46 船尾渦流れ模型図

5.3 省エネ装置による効率向上の原理

剥離しそうな船体表面の曲率を緩やかにし逆圧力勾配を少なくするか、流れの方向に加速して運動エネルギを高める等の工夫が必要である。はじめの方法はいわゆる流線型に船尾を整形することであり、船尾整形ダクトに見たものである。運動エネルギを高める方法の例として、ビルジロータを図5.47に示す。ビルジ渦の削減による船体抵抗の減少が得られている。

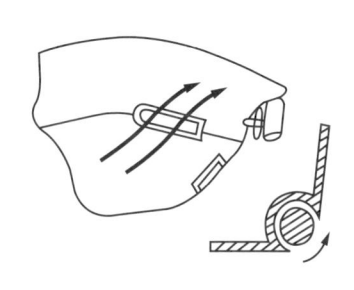

図5.47 ビルジロータ

図5.48 ビルジロータによる抵抗減少

船体後部に船体の長手方向に細長いフィンを取り付けて船尾ビルジ渦の形成を制御し、渦抵抗を減少させようとする試みがなされている。これらのフィンの配置については、流線観測等（図5.49）によりフィンと船尾流れの干渉について検討して決定される。

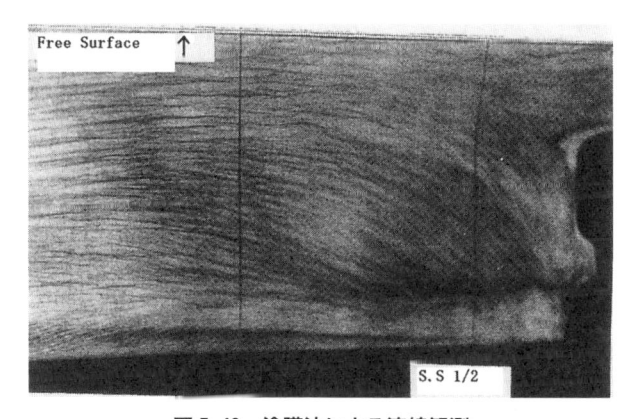

図5.49 塗膜法による流線観測

図5.50 整流フィン (1)

図5.51 整流フィン (2)

またこのフィンはプロペラ面への流入流れを整流するとして、推進効率の向上を図るものとされている。図 5.50、図 5.51 にそれらの例を示すが、この二つのフィンはほぼ似たような働きをするとされる。しかしながら、プロペラ面への流入速度場を変化させることは確かであろうが、船尾流速の増加による渦抵抗の削減については、その物理的メカニズムについて十分な説明がされていないためその効果は明確でない。またこれらのフィンを装着した船の自航試験の結果に明確な相違が見られない場合、省エネ装置としての効果を知ることは困難である。

船長方向に細長いフィンではなく、アスペクト比の小さいフィンによる船尾流れ制御の例も存在する。例として図 5.52 にその概念図を示す。

これはプロペラ前方のリアクションフィンに似た作用も持っているが、ビルジ渦の流れに対してその運動エネルギを回収しようという目的が主であるとされている。このフィンの設計には詳細な流れ解析が必要である。先に紹介した船尾フィンとの類似もあり、リアクションフィンにも分類されるものとも考えられる。図 5.53 のグロシュウススポイラーはビルジ渦エネルギ回収とプロペラ前方水平リアクションフィンの両方の特徴を持つ装置であると考えられる。

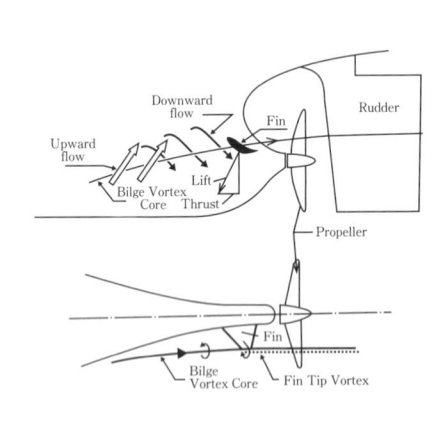

図 5.52 船尾ビルジ渦制御フィン 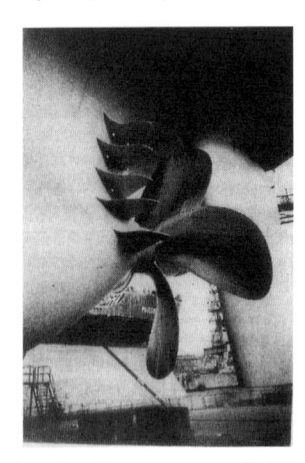　　　　　**図 5.53 グロシュウススポイラー**

5.4 省エネ装置の効果の検証

省エネ装置により推進効率を向上させ得ることが明確にされた。推進効率の向上は省エネ装置の推力発生による船全体の抵抗減少、プロペラ渦エネルギ吸収によるプロペラトルク削減、プロペラ前方流場改善によるプロペラ荷重度減少による効率向上、船尾形状変化および付加物による圧力抵抗また粘性抵抗の削減等によって実現されている。

省エネ装置は原理、構造が様々であり、また幾らかのコストを要するものである。コストは省エネ装置の効果により回収されなければならない。省エネ装置の効果は推進効率の向上として評価されるが、5.1 節に述べたように、推進効率の向上は速度の増加また回転数の減少により達成される。

航海速力の増加は実際の航海では風波による抵抗増加に埋もれてしまい、気象海象状態の異なる各航海で速力増加の効果を知ることは容易ではない。また推進効率向上を速力の増加で実現するとき、実海域の機関特性により定まる燃料消費量は変化しないことになり、省エネ（省コス

ト）には結びつかない。

　省エネ装置の付かない場合の船の性能特性は、平水中の出力曲線および回転数曲線により表わされる。省エネ装置の効果により推進効率が向上し、この効果を回転数の減少により実現しようとするとき、省エネ装置を付けた場合の出力曲線および回転数曲線を用意しておく必要がある。いずれにせよ省エネ装置の付いた船の回転数が推定できれば、回転数の減少に伴う燃料消費量の減少を実海域での効果として推定することが可能となる。

　このような回転数の減少による燃料消費量の変化を具体的に知ることのできる例を示す。プロペラボス渦の吸収による省エネ装置はプロペラ推力の増加およびプロペラトルクの減少効果があることを示した。この省エネ装置の有無による出力曲線が図 5.54 に示されている。同じ回転数、出力を保つとき船速は 3～4% 程度増加する。

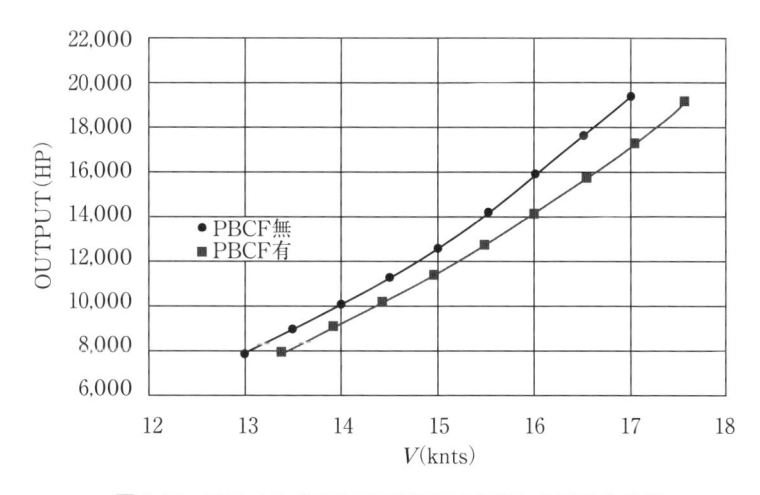

図 5.54　プロペラボス渦の吸収装置の有無による出力曲線

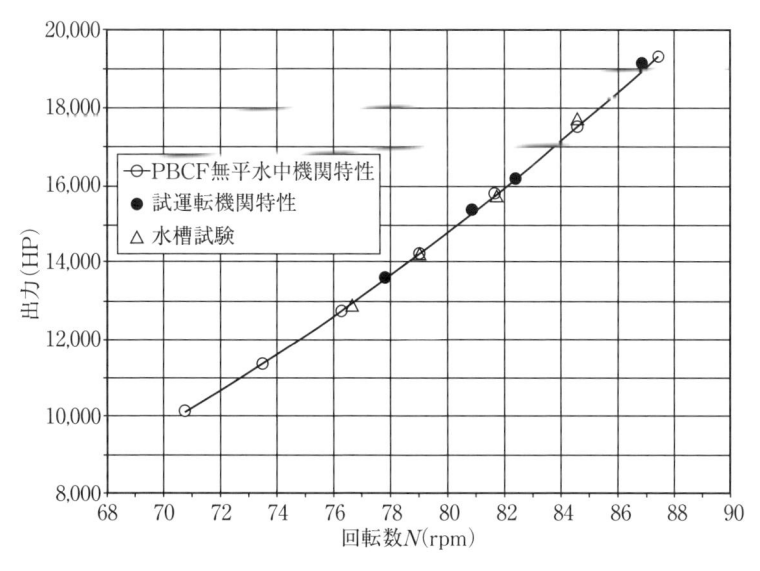

図 5.55　省エネ装置無の場合の機関特性

この省エネ装置が付いた場合に付かない時と同じ速度を保つと、少ない出力で航走する事ができる。出力の減少差から回転数の減少を推定するには機関特性を利用する。図5.54で15ノットの場合、図5.55の機関特性より回転数を3〜4%程度減少させることができる。出力の減少に伴い燃料消費量も出力の減少に比例して減少することになる。

　推進効率の向上は省エネ装置の効果を表わす指標である。しかしこの指標は航海速力とプロペラ回転数の二つのパラメータで表わされる。速度、あるいは回転数また同時に二つのパラメータを変化させることにより省エネ装置の効果を最大限利用することになる。

　以上は平水中の性能について考察したものであるが、実海域における航海での省エネ装置の効果を知るには実航海データに基づく解析が必要である。すなわちアブログ記録による実海域での推進性能の解析を行い、省エネ装置の効果を考察することになる。

第6章　実船性能の解析

　実船性能とは実海域における推進性能のことを言う。実海域における推進性能としては試運転での性能および実際の航海での性能がある。試運転はプロペラ回転数、船の速力および主機の出力が正確に計測されている航海である。実航海はアブログデータによる速力、回転数および燃料消費量が単位時間平均として計測される航海である。

　実海域における性能の解析は、速力、回転数、出力が与えられた場合に、船の平水中性能およびプロペラ特性を利用し、気象海象の影響による船体抵抗増加をシーマージンとして取り入れ、船の実海域性能を推定するものである。

　平水中の船舶の性能は第1章、第2章で扱われ、プロペラ特性については第3章において詳述される。本章では各章の解析法を利用し、実海域における航海性能の解析手法を解説する。

6.1　シーマージン

　シーマージンについては、大別して3つの定義が存在する。一つは定格機関出力が与えられたときに航海速力を設定するために定義されるシーマージンである。二つ目はディーゼル機関の機関負荷に関係するもので、定格出力（MCR）をプロペラ設計の起点とした場合の基準機関負荷特性と実航海時の機関負荷特性の違いをシーマージンとして定義するものである。三つ目のシーマージンは平水中の出力と実海域での航海の出力の差（抵抗増加に起因する）を平水中の出力の相対変化として定義するシーマージンである。

6.1.1　航海速力と機関出力の設定のためのシーマージン

　商船の航海速力は計画満載喫水で平水中において主機を常用出力（NSR）で運転したとき出し得る速力であると定義される。実際の航海において船が一定の航海速力を維持しようとすれば、常用出力は航路の海象状態、船底の汚損等による所要馬力の増加を考慮して、ある程度の余裕を持っておく必要がある。

　計画した航海速力に対応する出力に対してある程度の余裕を持たせた出力を常用出力と設定することは、平水中においては常用出力に対応する速力より少ない速力を航海速力として計画することでもある（図6.1参照）。

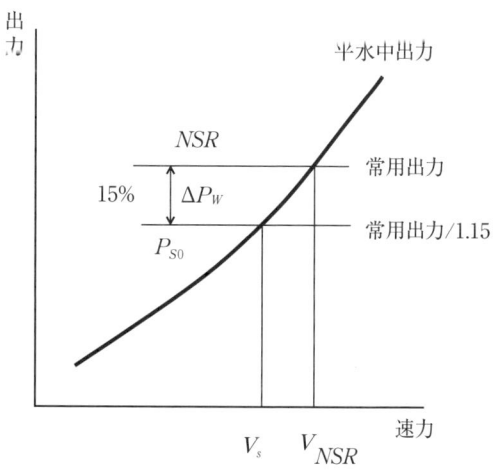

図 6.1　航海速力設定のシーマージン

この余裕分をシーマージといい、次の式で表わす。

$$SM = \frac{NSR - P_{S0}}{P_{S0}} \times 100 (\%) \tag{6.1}$$

ここで P_{S0} は平水中（風や波の無い穏やかで、水深の十分にある海面）を、船底、プロペラが清浄な状態で船が直進したとき、航海速力 V_S を出すのに必要な出力である。

日本船の場合、要目表に記載する速力は15%マージンとするのが普通であり、航海速力は常用出力を 1.15 で割った出力に相当する速力となる。

6.1.2　機関負荷特性図における機関マージン

一般にディーゼル機関の出力と回転数の関係は図6.2の機関特性図に示される。この特性図は、出力が回転数の3乗に比例するとする場合である。

$$P = 2\pi nQ = An^3 \tag{6.2}$$

ここで P (kW), n (rps), Q (kN-m) とする。機関の連続最大出力 MCR とこの出力に対応する回転数 N_{MCR} (rpm) を元に次の表現を導入する。

$$\frac{P}{MCR} = A' \frac{n^3}{n_{MCR}^3} \quad \text{ここで} \quad A' = \frac{n_{MCR}^3}{MCR} A \tag{6.3}$$

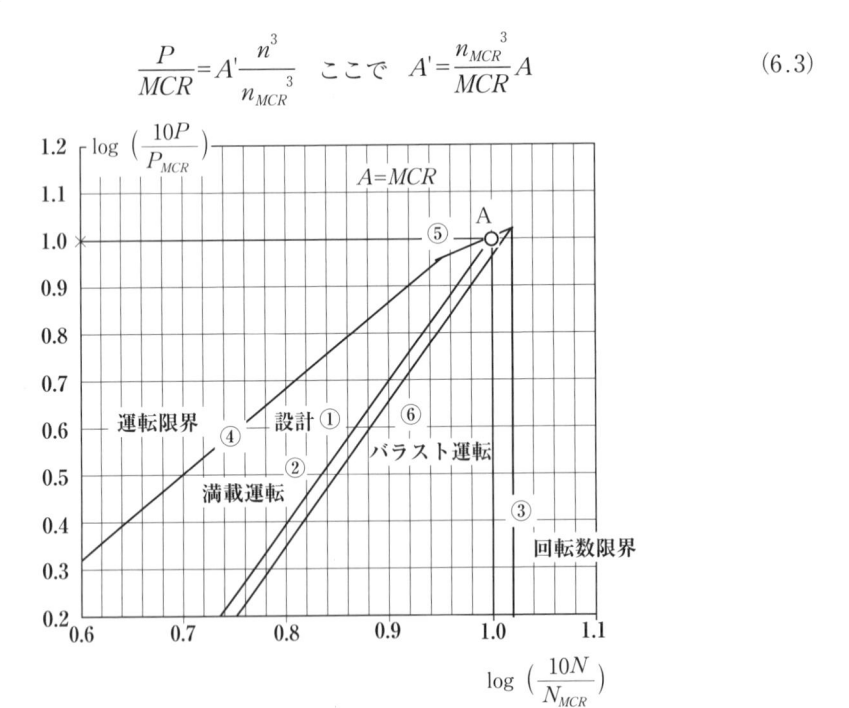

図6.2　ディーゼル機関負荷ダイアグラム

図6.2の特性図は機関出力と回転数の10を底とする対数表示としているので、次の関係がある。

$$\log(10P/P_{MCR}) = B + 3\log(10N/N_{MCR}) \tag{6.4}$$

直線①、②、⑥の勾配は3であり、直線①はMCR（図中のA点）を通る線である。このとき$B=-2$である。

　直線①は計画満載状態におけるプロペラ設計の起点をMCR点（A点）とし、プロペラ回転数の3乗則に則して出力が決定されるとした場合の特性曲線である。直線②は設計されたプロペラに対する実際の機関特性である。①と②が一致する場合は設計したプロペラと実際の船の平水中におけるプロペラの作動が完全にマッチングしている状態である。

　直線⑥は直線①に比べプロペラが軽くなっている状態であり、平水中でのバラスト状態の試運転に対応する機関特性を示すと考えてよい。直線②が直線①の左側に来るとき$B<-2$、右側に来るとき$B>-2$となる。これはMCR出力に対応するプロペラ回転数がn_{MCR}より小さくなる場合と大きくなる場合であり、それぞれ$n_{<MCR}$、$n_{>MCR}$と表記する。

　直線①において、次の関係がある。

$$\frac{P_{MCR}}{n_{MCR}^3}=2\pi\frac{Q_{MCR}}{n_{MCR}^2}=2\pi\rho D^5 K_{QMCR} \tag{6.5}$$

ここで$K_Q=\dfrac{Q}{\rho n^2 D^5}$（トルク係数）であり、直線①上でトルク係数は一定値となっている。直線②が直線①の左側に来るときは、

$$\frac{P_{MCR}}{n_{<MCR}^3}=\frac{P_{MCR}}{n_{MCR}^3}\frac{n_{MCR}^3}{n_{<MCR}^3}=2\pi\rho D^5 K_{QMCR}\frac{n_{MCR}^3}{n_{<MCR}^3} \tag{6.6}$$

となり、直線②上ではトルク係数が大きくなっていることが分かる。すなわちトルクリッチの状態となる。また直線②が右側に来るときトルク係数は小さくなる。

　一般的に出力は回転数の3次曲線で近似されるので、図6.3のような出力と回転数の関係により機関特性曲線が表される。

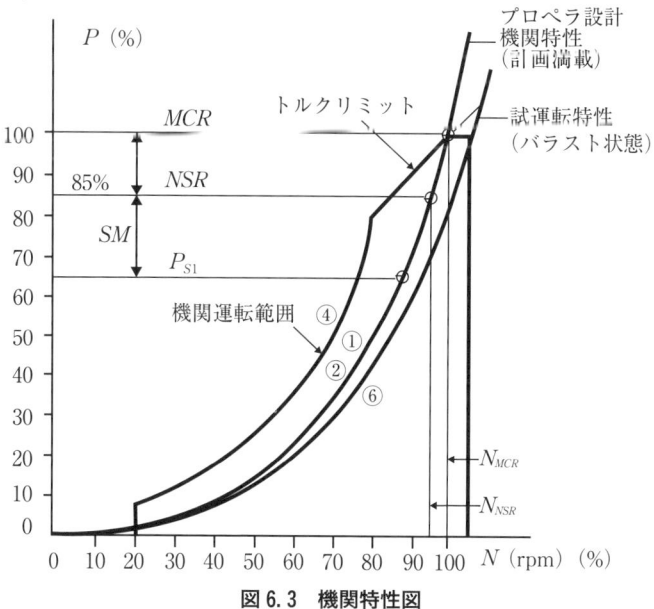

図6.3　機関特性図

図6.1で定義される常用出力は出力 P_{S1} にシーマージン SM を加えたものとなっている。機関の定格出力が船の推進性能とマッチングしている場合は出力 P_{S1} において航海速力 V_S を与えることになる。

実航海の機関特性が計画満載の機関特性①と異なる場合、回転を設定すると機関出力に差が生じ、この違いを出力マージンとして定義することができる。また出力を設定する場合、回転数のマージンを定義することが可能である。したがって、出力負荷の違いによるシーマージンが次のように定義される。

出力負荷マージン
$$PM = \frac{P_{②}(N) - P_{①}(N)}{P_{①}(N)} \times 100 \, (\%) \tag{6.7}$$

回転数負荷マージン
$$RM = \frac{N_{②} - N_{①}}{N_{①}} \times 100 \, (\%) \tag{6.8}$$

6.1.3 航海時の船体抵抗増加に伴うシーマージン

船舶が実際に運航する海域では平水中と異なり、波風の影響により船体抵抗が増加する。また船体やプロペラの汚損による抵抗増加も加わる。船舶が通常運航する海域は Beaufort 風力階級5以下である場合が多い。このような海象条件では、波浪は波高2.5 m、風速は8 m/s 程度以下と想定することができ、船体運動はそれほど大きくないが、船型によっては波浪による抵抗増加が無視できない。

海象条件が悪くなり、船体運動も大きくなると波浪中抵抗増加は大きくなり、平水中の船体抵抗と同じレベルとなる場合もあることが知られている。このような場合は運航の安全性から意識的に減速を行わざるを得ない状況となる。

しかし、航海時間の大部分を占める「Beaufort 風力階級5以下」の気象海象条件下の運航では船速を意識的に下げることはなく、機関の運転を一定に調整した状態で船体抵抗増加に応じ速力が変化するのが普通である。このような航海状況における船舶の運航性能を理解するために船体抵抗増加の推定および抵抗増加によるシーマージンの算定とが重要な課題である。

航海時のシーマージンを次のように定義する。「水深の十分ある波風のない穏やかな平水海面を、船底、プロペラが清浄な船が、ある一定速力 V (knots) で直進する場合に必要な平水中出力を $P_0(V)$ とする。また $P(V)$ を実海域海面において速力 V (knots) で直進する場合の出力とする。このとき出力の相対変化をシーマージンと云う。」

シーマージンを相対変化として、% 表示で表すとき、以上の定義は次のように書くことができる。

$$SM = \frac{P(V) - P_0(V)}{P_0(V)} \times 100 \, (\%) \tag{6.9}$$

これは実海域における出力と平水中の出力の差、すなわち気象海象による抵抗増加に基づく出

力増加の相対変化であると云える。このシーマージンの定義は航海速力設定のためのシーマージンの定義を拡張したものとなっていることが分かる。

6.2 航海時の推進性能の解析

　実海域で抵抗増加がある場合の推進性能の諸量の変化について調べる。出力についてはシーマージンにより変化を見ることができるが、その変化の仕方は船舶の運航方式、機関の制御方式により異なる。これらの変化は船の自航状態の力の釣り合いの条件が基礎式となる。

6.2.1　機関出力とプロペラトルクの関係式

　一般的に機関出力はプロペラ特性と関連付けるとき速力および回転数の関数となり、プロペラのトルクと回転数により定義される。

$$P(n,V) = 2\pi n Q_P(n,V) \tag{6.10}$$

この式は機関出力が与えられたとき、出力に応じ船速とプロペラ回転数を変化してプロペラトルクにより満足させることを意味する。

　速力 V における平水中の出力関数 $P_0(V)$ は次の式で表わされる。

$$P_0(V) = 2\pi n(V) Q_{0P}(n(V), V) \tag{6.11}$$

　出力および船速が与えられたとき、プロペラのトルク関数によりプロペラの回転数が求められるので平水中出力は速力の関数として表すことができる。しかしこの式は平水中出力と速力の関係であり、実海域における出力と速力の関係に使うことはできない。実海域における関係はシーマージンを導入することにより次式で定義される。

$$(1+S_W)P_0(V) = 2\pi n Q_P(n,V) \tag{6.12}$$

　ここでシーマージンを $S_W = 0.01 SM$ としている。この場合はシーマージンに応じて速力を指定すれば回転数が、また回転数を指定すると速力を求めることができる。これにより実海域への拡張を行うことができる。

　また平水中の機関特性関数 $P_E(N_E)$ は船の速力に関係なく機関の回転数 N_E により表され、平水中での機関出力とトルクの関係は次式で与えられる。

$$P_E(N_E) = 2\pi n_E Q_{0P}(n_E, V(N_E)) \qquad N_E = 60 n_E \tag{6.13}$$

　この場合は機関出力とプロペラ回転数に応じプロペラ特性関数により船速が求められる。平水中の機関出力を保持して航海する場合の関係は次の式で与えられる。

$$P_E(N_E) = 2\pi n Q_P(n,V) \tag{6.14}$$

実海域での出力を平水中での出力と同じくする場合、回転数および速力の変化がプロペラトルクでもって上式により表される。

以上の機関出力に関係する式の他に、機関のトルクとプロペラのトルクに関する同様な関係式を考えることができる。

$$Q_E(N_E) = Q_P(n, V) \tag{6.15}$$

これは平水中でのトルクを保持して実海域を航海する場合に適用される関係式である。与えられた機関トルクに応じ、実海域において船速とプロペラ回転数を変化させてプロペラトルクにより条件式を満足することを意味する。

これら (6.12)、(6.13)、(6.14)、(6.15) 式の条件はそれぞれ、船速制御、プロペラ回転数制御、機関出力制御およびトルク制御の運航に対応するものである。

6.2.2 船体抵抗とプロペラ推力の関係式

機関出力とプロペラトルクの関係が与えられたが、プロペラ推力と船体抵抗の関係は次式で与えることができる。

$$R(V) + \Delta R_W - (1-t) T_P(n, V) = 0 \tag{6.16}$$

ここで $R(V)$ は平水中における船体抵抗であり ΔR_W は航海時の船体抵抗増加を表す。$T_P(n, V)$ はプロペラの推力を表す。抵抗関数ではなく船体を推し進める推力関数 $T_0(V)$ を使ってこの式を表すことにする。推力減少係数が実海域の航海においても変わらないとして、

$$T_0(V) + \Delta T_W = \frac{R(V) + \Delta R_W}{(1-t)} \tag{6.17}$$

の関係より

$$T_0(V) + \Delta T_W - T_P(n, V) = 0 \tag{6.18}$$

となる。ここで $T_0(V)$ は平水中の推力関数、ΔT_W は航海時の抵抗増加に対応する推力増加を表す。推力関数は速力のみの関数であるので、プロペラは船速に応じ回転数を変化させて条件式を満足させることになる。

機関出力によるシーマージンの定義式を推力関数により表わすことが可能である。機関出力の関係式である (6.11) 式を船体抵抗を介してプロペラ推力の関係式として表すことにする。機関出力は有効出力と推進効率の比で定義されるので、有効出力の抵抗を推力で表わして次の式が定義される。

$$S_W = \frac{T_P(n, V) \frac{\eta_{calm}(V)}{\eta(V)} - T_0(V)}{T_0(V)} \tag{6.19}$$

ここで $\eta_{calm}(V)$ は平水中の推進効率、$\eta(V)$ は航海時の推進効率である。これより航海時のプロペラ推力がシーマージン、推進効率、推力関数により表される。

$$T_P(n,V) = (1+S_W)\frac{\eta(V)}{\eta_{calm}(V)}T_0(V) \tag{6.20}$$

6.2.3 自航条件による機関、プロペラおよび船体の関係式

機関とプロペラトルクの条件式および船体抵抗とプロペラ推力の条件式を連立させることは、船の運航の際に課せられる様々な条件の下、船の自航条件を満足させることである。この連立方程式では速力、回転数、シーマージンを変数として、トルクに関係する式および推力の式を解くことに帰着する。

船の平水中の出力曲線、機関特性、推力曲線および自航要素等が分かっているとする。さらにプロペラ単独特性曲線が与えられており、これを前進常数 $J=v_a/nD$ の関数として近似できるとする。

プロペラ流入速度は伴流係数 $(1-w)$ を導入して

$$v_a = 0.514444(1-w)V \text{ (m/s)} \tag{6.21}$$

として定義される。また、プロペラトルク関数は前進常数の2次式で近似されるとする。

$$K_Q = dJ^2 + eJ + f \tag{6.22}$$

これによりトルクについては次のように書ける。

$$Q(n,V) = \rho n^2 D^5 \left\{ d\left(\frac{v_a}{nD}\right)^2 + e\frac{v_a}{nD} + f \right\} \tag{6.23}$$

また推力についても、プロペラ推力関数は前進常数の2次式で近似されるとする。

$$K_T(J) = aJ^2 + bJ + c \tag{6.24}$$

このとき推力は次のように表される。

$$T(n,V) = \rho n^2 D^4 \left\{ a\left(\frac{v_a}{nD}\right)^2 + b\left(\frac{v_a}{nD}\right) + c \right\} \tag{6.25}$$

以上により船の航海の条件を設定することにより次の連立方程式が定義される。

(a) 速力一定の運航

$$\left.\begin{array}{l} f(n,S_W) = 2\pi n Q(n,V) - (1+S_W)P_0(V) = 0 \\ g(n,S_W) = (T_0(V) + \Delta T_W) - T(n,V) = 0 \end{array}\right\} \tag{6.26}$$

(b) 回転数一定の運航

$$\left.\begin{array}{l} f(V, S_W) = 2\pi n Q(n, V) - (1+S_W) P_0(V) = 0 \\ g(V, S_W) = (T_0(V) + \Delta T_W) - T(n, V) = 0 \end{array}\right\} \quad (6.27)$$

(c) トルク一定の運航

$$\left.\begin{array}{l} f(n, V) = Q(n, V) - Q_E(N_E) = 0 \\ g(n, V) = (T_0(V) + \Delta T_W) - T(n, V) = 0 \end{array}\right\} \quad (6.28)$$

(d) 出力一定の運航

$$\left.\begin{array}{l} f(n, V) = 2\pi n Q(n, V) - P_E(N_E) = 0 \\ g(n, V) = (T_0(V) + \Delta T_W) - T(n, V) = 0 \end{array}\right\} \quad (6.29)$$

6.2.4 運航条件による連立方程式の解法

運航条件を設定することにより、2変数の連立方程式が得られる。この連立方程式は非線形連立方程式であるのでニュートン法等を利用して解を求めることができる。ニュートン法の適用により次の反復式が得られる。

2つの2変数の関数のテイラー展開の1次項をとると、次の式が得られる。

$$f(x_{i+1}, y_{i+1}) = f(x_i, y_i) + \frac{\partial f(x_i, y_i)}{\partial x}(x_{i+1} - x_i) + \frac{\partial f(x_i, y_i)}{\partial y}(y_{i+1} - y_i) \quad (6.30)$$

$$g(x_{i+1}, y_{i+1}) = g(x_i, y_i) + \frac{\partial g(x_i, y_i)}{\partial x}(x_{i+1} - x_i) + \frac{\partial g(x_i, y_i)}{\partial y}(y_{i+1} - y_i) \quad (6.31)$$

これらの式の右辺を0と置いて変数 (x, y) について解くと、逐次近似式として次の関係が得られる。

$$x_{i+1} = x_i - \frac{f_i \frac{\partial g_i}{\partial y} - g_i \frac{\partial f_i}{\partial y}}{\frac{\partial f_i}{\partial x}\frac{\partial g_i}{\partial y} - \frac{\partial f_i}{\partial y}\frac{\partial g_i}{\partial x}} \qquad y_{i+1} = y_i - \frac{f_i \frac{\partial g_i}{\partial x} - g_i \frac{\partial f_i}{\partial x}}{\frac{\partial f_i}{\partial y}\frac{\partial g_i}{\partial x} - \frac{\partial f_i}{\partial x}\frac{\partial g_i}{\partial y}} \quad (6.32)$$

これにより、各関数 $f(x, y)$ および $g(x, y)$ が十分小さくなるまで計算を行うことにより解を求めることができる。

6.3　供試船の性能特性

想定した供試船を対象として実航海域での性能を前節の方法に基づいて推定計算を行う。供試船は $L \times B \times d = 150\,\mathrm{m} \times 19\,\mathrm{m} \times 7\,\mathrm{m}$ の要目を持ち、直径 $D = 4.0\,\mathrm{m}$、ピッチ比 $H/D = 1.0$ のプロペラが装備されているとする。

供試船に対して船型およびプロペラが設計されていて、これらの模型試験等から有効出力曲線とプロペラ特性曲線が与えられているとする。また自航要素も特定されているとする。供試船の有効出力およびプロペラ特性はこの船に固有な性能曲線である。

6.3.1 供試船の基本性能

供試船の基本性能として、定格出力とその時の回転数、有効出力およびプロペラ特性が与えられている。

(1) 定格出力

供試船の定格出力が次のように与えられているとする。

$$MCR \ \ 4274\text{kW} \ \ at \ \ 170 \ \text{rpm}$$
$$NSR \ \ 3633\text{kW} \ \ at \ \ 161 \ \text{rpm}$$

(2) 有効出力曲線

供試船の抵抗曲線および有効出力曲線は次の式で表わされており、有効出力曲線が図 6.4 に示されている。

$$R(V) = 0.9555 V^2 \ \ (\text{kN})$$
$$EHP(V) = 0.4915 V^3 \ \ (\text{kW})$$

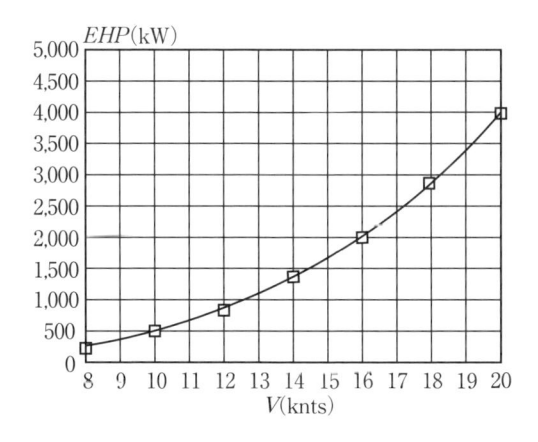

図 6.4 有効出力曲線

(3) プロペラ特性曲線

供試船のプロペラ特性は図 6.5 のように与えられている。

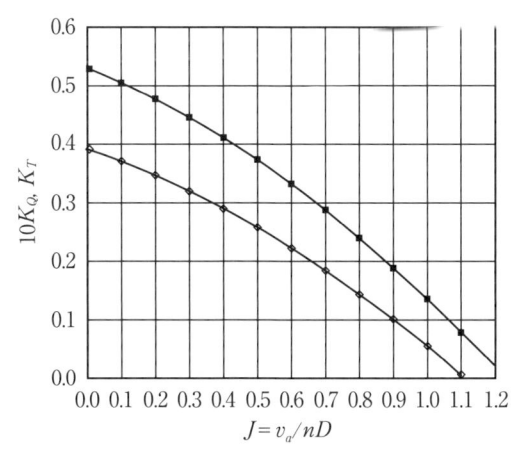

図 6.5 プロペラ特性曲線

プロペラ特性曲線は次のように前進常数の2次式で近似される。
　　　単独プロペラトルク係数
$$10K_Q(J) = -0.1626J^2 - 0.2316J + 0.5289$$
　　　船後プロペラトルク係数
$$10K_{QB}(J) = -0.1563J^2 - 0.2227J + 0.5086$$
　　　プロペラ推力係数
$$K_T(J) = -0.1428J^2 - 0.1934J + 0.3907$$

(4) 満載定格出力におけるトルク係数と航海速力

供試船に対し計画満載時の定格出力 MCR および回転数 N_{MCR} は与えられた量である。このとき $n_{MCR} = N_{MCR}/60$ (rps) として、

$$K_{QB} = \frac{MCR}{2\pi \rho D^5 n_{MCR}^3} \tag{6.33}$$

により定格出力点におけるトルク係数が決定され、プロペラ特性曲線よりこのトルク係数値 $K_{QB}(J)$ を与える前進常数 $J = v_a/n_{MCR}D$ からプロペラ流入速度

$$v_a = 0.514444(1-w)V \text{ (m/s)} \tag{6.21}$$

が求められる。伴流係数 $1-w$ を与えることにより計画満載状態定格出力における航海速力 V_{MCR} が推定される。

6.3.2 供試船の平水中特性

供試船の自航要素が次のように特定され、自航要素は速力に関係なく一定値を取るものとする。

　　　伴流率　　　　　　　　　　$w = 0.2175$
　　　推力減少率　　　　　　　　$t = 0.155$
　　　船後プロペラ効率比　　　　$\eta_R = 1.04$

これより推力一致法による出力推定計算を行った結果を表6.1に示す。

表6.1　供試船の自航解析

V(knt)	EHP(kW)	T(kN)	v_a(m/s)	n(rps)	J	K_T	$10K_{QB}$	Q(kN-m)	P_0(kW)	N(rpm)
8	252	72	3.220	1.190	0.6763	0.1946	0.2865	43	319	71.4
12	849	163	4.831	1.786	0.6763	0.1946	0.2865	96	1076	107.1
16	2013	289	6.441	2.381	0.6763	0.1946	0.2865	170	2550	142.9
20	3932	452	8.051	2.976	0.6763	0.1946	0.2865	266	4980	178.6

自航解析により平水中で供試船をある速力で動かすための推力曲線、機関の出力曲線、機関特性およびプロペラの回転数曲線を次のように求めることができる。

　　　推力曲線（船体）　　　$T_0(V) = 1.1308\,V^2$
　　　出力曲線（機関）　　　$P_0(V) = 0.62253\,V^3$

機関特性（機関）　　　$P_E(N) = 0.0008746\,N^3$

回転数曲線（プロペラ）　$N_0(V) = 8.9287\,V$

　以上の性能特性はすべて平水中のものである。図 6.6 に出力曲線、図 6.7 に機関特性曲線および図 6.8 に回転数 - 速力曲線を示す。機関特性曲線は図 6.3 における機関特性①の線に対応するものである。

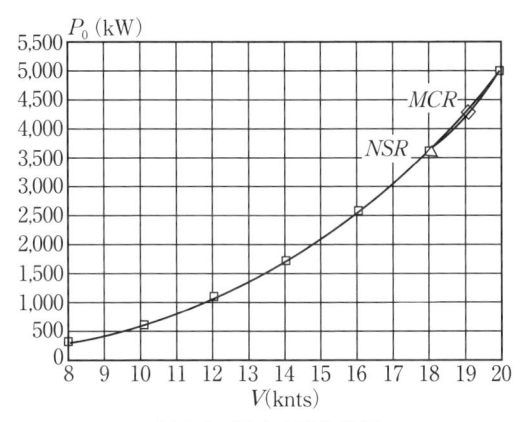

図 6.6　平水中出力曲線

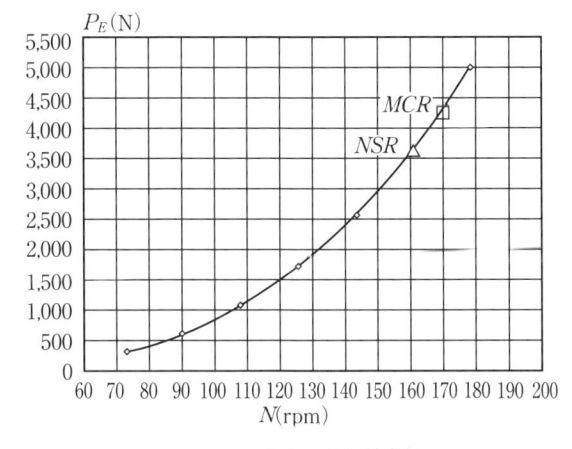

図 6.7　平水中機関特性曲線

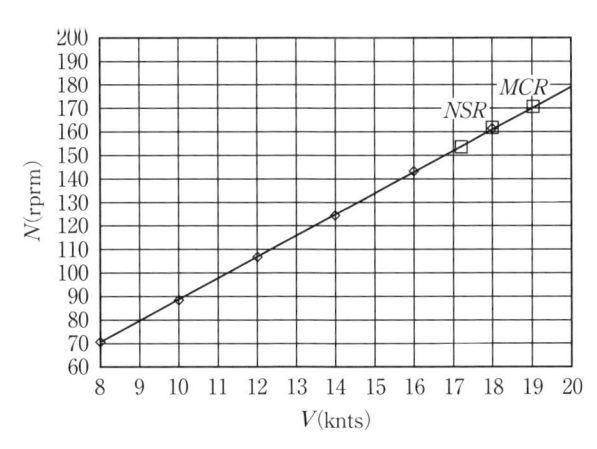

図 6.8　平水中回転数 - 速力曲線

定格出力における速力が平水中の特性により推定される。表6.2に定格出力における速力を示す。航海速力は出力 $NSR/1.15$ に対応する速力として求められ，供試船では航海速力は17.22knotsになる。

表6.2　定格出力における回転数と速力

MCR(kW)	4726	N(rpm)	170.0	V(knts)	19.04
NSR(kW)	3652	N(rpm)	161.0	V(knts)	18.04
$NSR/1.15$	3176	N(rpm)	153.7	V(knts)	17.22

6.4　供試船の実航海性能解析

実際の海域では平水中と異なり波風等による船体抵抗増加があり，性能特性は平水中とは異なる。航海時の性能推定は供試船の航海条件に対して6.2節に述べた方法によって行うことができる。実際の船舶では速力、回転数、出力あるいはトルク等を制御して航海しており，それぞれの制御方式に従い性能特性は変化する。以下では，船体抵抗増加を推力増加に置き換え，制御条件を変更して，航海時の性能特性の解析を行う。

6.4.1　速力一定制御

平水中の速力 V が船体抵抗増加のある実海域でも変わらないとするとき，プロペラ回転数、出力等がどのように変化するかを調べる。

この場合トルクと推力関数は回転数とシーマージンの関数となる。推力増加 ΔT_W をパラメータとして与えるとき，次の2つの式が回転数 n とシーマージン S_W に関する連立方程式となる。

$$\left. \begin{array}{l} f(n, S_W) = 2\pi n Q(n, V) - (1+S_W) P_0(V) = 0 \\ g(n, S_W) = (T_0(V) + \Delta T_W) - T(n, V) = 0 \end{array} \right\} \quad (6.26)$$

$V = V_S = 17.22$knts の場合に推力増加（抵抗増加）をパラメータとした計算例を表6.3に示す。

表6.3　速力一定制御解析例

ΔT_W(kN)	v_a(m/s)	n(rps)	N(rpm)	J	$10K_{QB}$	Q(kN-m)	P(kW)	K_T	T(kN)	S_w
0	6.930	2.562	153.7	0.676	0.286	197	3176	0.1946	335	0.000
25	6.930	2.618	157.1	0.662	0.293	211	3465	0.2002	360	0.091
50	6.930	2.673	160.4	0.648	0.299	224	3761	0.2054	385	0.184
75	6.930	2.727	163.6	0.635	0.304	237	4065	0.2102	410	0.280
100	6.930	2.779	166.8	0.623	0.309	251	4375	0.2147	435	0.378

海象による抵抗増加のある場合，速力を一定に保とうとすると回転数および出力が増加する。さらにトルクも共に増加する。出力の増加の様子を図6.9に示す。速力は一定であるので，推力増加により出力が平水中より大きくなっている様子示されている。

6.4 供試船の実航海性能解析

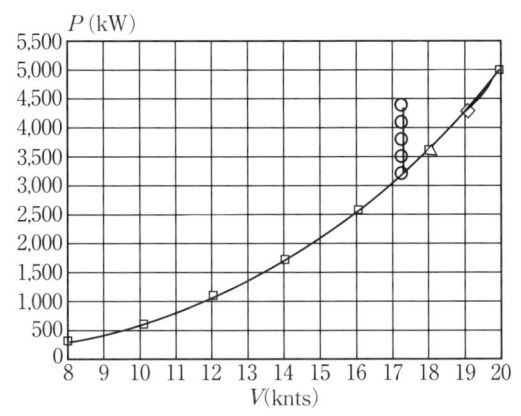

図 6.9 速力一定制御出力

機関特性を図 6.10 に示す。この船の平水中機関特性は図 6.3 の機関特性図の①に相当するものであるが、速力一定制御の機関特性は②の特性となりトルクリッチの状態となっていることが示されている。

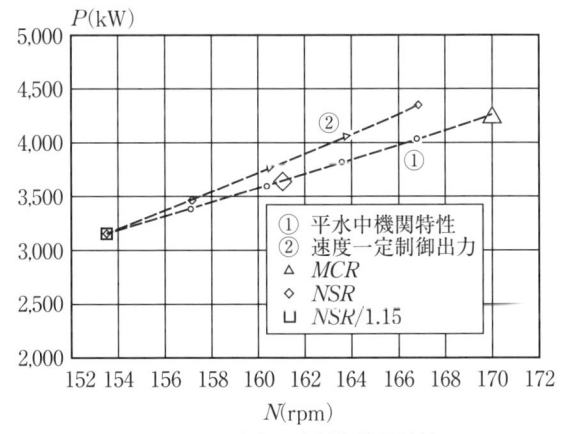

図 6.10 速力一定制御機関特性

推力の増加に対するシーマージンの増加の割合が図 6.11 に示されている。これによりシーマージン値から船体抵抗の大きさを推定することができる。この場合推力増加（抵抗増加）とシーマージンはほぼ比例している。

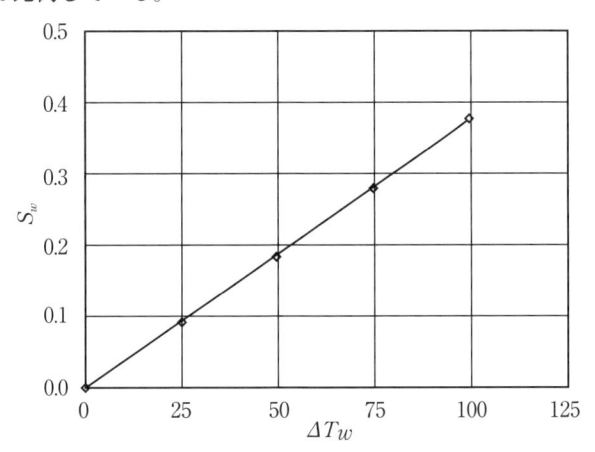

図 6.11 推力増加とシーマージン

速力一定制御は実海域の海象条件により船体抵抗が増加しているときでも速力を基準速力に保つ場合に相当する。このとき機関特性を変化させなければならず見かけ上基準機関特性より上方の特性となり、すなわちプロペラが重くなる状態で航行することになる。

6.4.2 回転数一定制御

プロペラの回転数を波風による抵抗増加を受ける場合でも平水中と同じに保つ制御を考える。回転数一定の制御の場合は、基準速力での平水中回転数を一定回転数の値とし、気象海象に伴う推力増加に対応して速力、出力がどのように変化するかを見ることができる。基本となる連立方程式は推力増加をパラメータとし、速力とシーマージンを変数とする次の式となる。

$$\left.\begin{array}{l} f(V, S_W) = 2\pi n Q(n,V) - (1+S_W)P_0(V) = 0 \\ g(V, S_W) = (T_0(V) + \Delta T_W) - T(n,V) = 0 \end{array}\right\} \quad (6.27)$$

航海速力 V_S=19.04knts における回転数 N_S=170rpm を基準回転数とした場合の計算結果を表6.4に示す。

表 6.4　回転数一定制御解析例

ΔT_W(kN)	v_a(m/s)	V(knts)	n(rps)	J	$10K_{QB}$	Q(kN-m)	P(kW)	K_T	T(kN)	S_w
0	7.664	19.04	2.833	0.676	0.286	241	4297	0.195	410	0.000
25	7.524	18.69	2.833	0.664	0.292	246	4377	0.199	420	0.095
50	7.381	18.33	2.833	0.651	0.297	250	4458	0.204	430	0.203
75	7.235	17.97	2.833	0.638	0.303	255	4540	0.209	440	0.325
100	7.088	17.61	2.833	0.625	0.308	260	4622	0.214	451	0.463

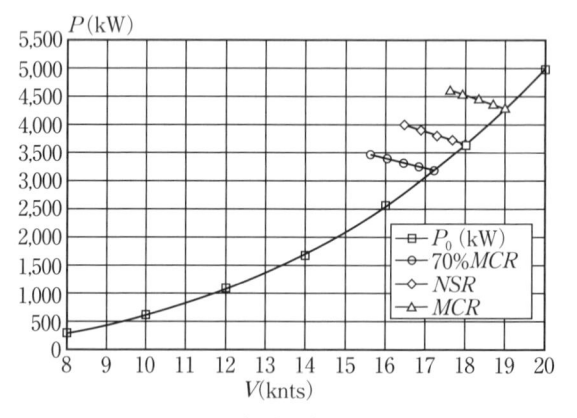

図 6.12 回転数一定制御の出力

回転数一定制御の場合の出力の変化を図6.12に示す。回転数一定で抵抗増加があると速力の低下と共に出力は増加することが分かる。定格の3点の回転数に対し速力の低下と出力の増加の様子が図6.12に示されている。抵抗増加による速力低下と出力の増加の量は基準回転数により変化する。

回転数一定制御の場合のシーマージンの船速に対する変化を図6.13に示す。波風による船体

抵抗増加に応じ船速は低下し、シーマージンの値は大きくなる。このシーマージンの変化は表6.4の解析に見られるように供試船固有の変化を示している。すなわち供試船の平水中の推進性能が分かっている場合シーマージンの変化は波風による抵抗増加量により求めることができる。

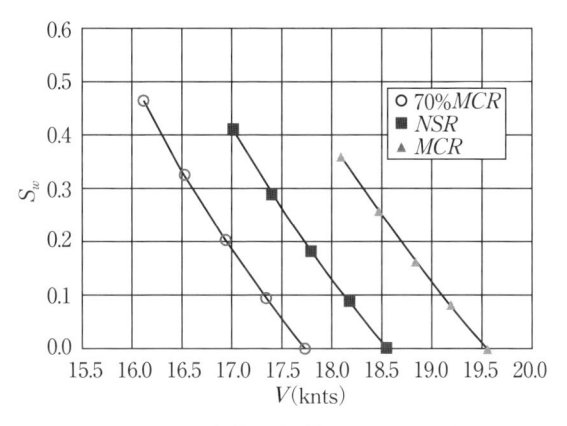

図6.13　回転数一定制御のシーマージン

回転数一定の制御での航走は速力試運転の場合に見られる。速力試運転における速力修正の解析にはここで述べる方法を利用することが可能である。

6.4.3　トルク一定制御

トルク一定制御は基準速力における平水中出力とそのときの回転数で発生する平水中トルクを一定に保つ制御方式であり、抵抗増加のある場合に速力と回転数がどのように変化するかを調べることができる。次の方程式において回転数と速力を未知数として解析することになる。

$$\left.\begin{aligned} f(n,V) &= Q(n,V) - Q_E(N_E) = 0 \\ g(n,V) &= (T_0(V) + \Delta T_W) - T(n,V) = 0 \end{aligned}\right\} \quad (6.28)$$

ここで N_E は基準速力における平水中出力に対応する回転数であり、この回転数に対応する機関特性関数により平水中基準トルクが次式で定義される。

$$Q_E = \frac{P_E(N_E)}{2\pi(N_E/60)} \quad (6.34)$$

基準速力 $V=V_S=17.22$ knots において平水中の出力と回転数はそれぞれ $P_E=3167$ kW、$N_E=157.3$ rpm であるので、基準トルクは $Q_E=197$ kN-m となる。基準トルクを一定とし、気象海象による推力増加（抵抗増加）をパラメータとして計算した結果を表6.5に示す。シーマージンは計算された出力と変化した速力における平水中出力の相対変化として求めている。

表 6.5　トルク一定制御解析例

ΔT_W(kN)	v_a(m/s)	V(knts)	n(rps)	N(rpm)	J	$10K_{QB}$	P(kW)	K_T	T(kN)	S_w
0	6.930	17.21	2.562	153.7	0.676	0.286	3176	0.195	335	0.000
25	6.692	16.62	2.532	151.9	0.661	0.293	3139	0.201	337	0.098
50	6.445	16.01	2.502	150.1	0.644	0.300	3102	0.207	340	0.214
75	6.189	15.37	2.471	148.3	0.626	0.308	3063	0.214	342	0.354
100	5.922	14.71	2.440	146.4	0.607	0.316	3016	0.221	345	0.526

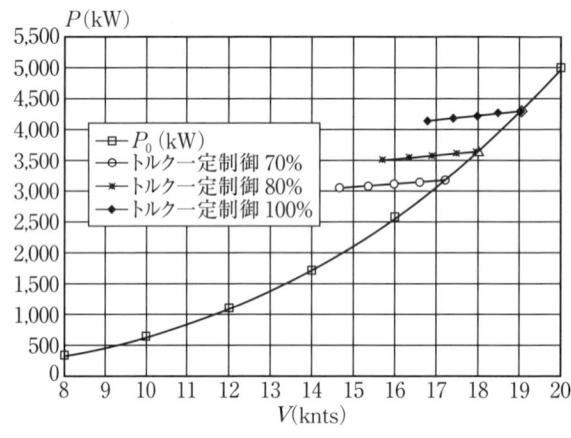

図 6.14　トルク一定制御の出力

図 6.14 に船速低下に対応して変化している出力を、また図 6.15 に平水中の機関特性に対するトルク一定制御の場合の各定格出力に対応する機関出力と回転数の変化を示す。

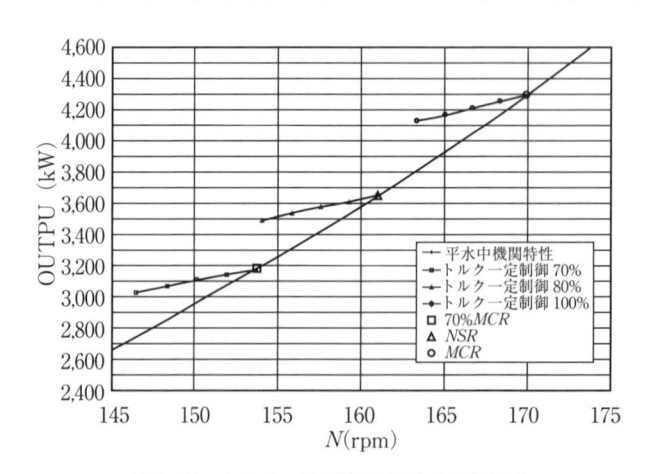

図 6.15　トルク一定制御の場合の機関特性

トルク一定制御の場合の出力は回転数一定のときと異なり基準出力より小さくなる傾向がある。また回転数も船速低下に伴って変化するが、その様子を図 6.16 に示す。

6.4 供試船の実航海性能解析

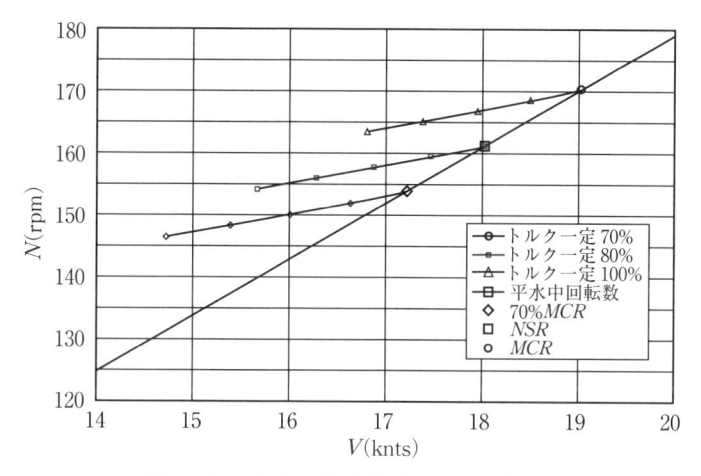

図 6.16 トルク一定制御の場合の回転数変化

抵抗増加が無い場合は平水中の回転数曲線上にあるが、抵抗増加があると平水中の線から離れて行くのが分かる。この場合も基準回転数より小さくなる傾向がある。回転数一定の場合よりトルク一定制御の方が船速低下は大きい。また、シーマージンは見掛け上トルク一定制御の場合の方が大きくなる。大型肥大船等がトルク一定制御で運航されるとき、航海における出力と回転数の抵抗増加に対する変化はここでの解析が適用される。

シーマージの変化が図6.17に示されている。シーマージの変化は速力に対して線形ではなく少なくとも2次曲線で表わされるような変化を示すことが分かる。この傾向は回転数一定の場合にも見られる。一般にシーマージンの変化は線形でなく、少なくとも3点のデータがシーマージン特性のために必要である。

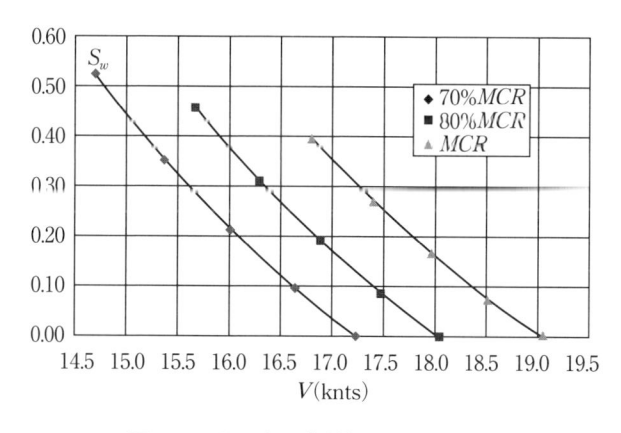

図 6.17 トルク一定制御のシーマージン

ディーゼル機関装備の実船の航海ではピストン圧力を一定に保つときトルク一定の制御になると云われている。ディーゼル機関にはいろいろな制御が適用されているが、航海記録の解析によりここで示すような傾向が示される場合には、トルク一定の制御が適用されていると見ることができる。

6.4.4 出力一定制御

出力一定の場合は基準出力を一定値として次に与えられる連立方程式となる。

$$\left. \begin{array}{l} f(n,V) = 2\pi n Q(n,V) - P_E(N_E) = 0 \\ g(n,V) = (T_0(V) + \Delta T_W) - T(n,V) = 0 \end{array} \right\} \quad (6.29)$$

計算結果を表6.6に、また図6.18に出力、図6.19にシーマージンを示す。

表6.6 出力一定制御解析例

ΔT_W(kN)	v_a(m/s)	V(knts)	n(rps)	N(rpm)	J	$10K_{QB}$	Q(kN-m)	K_T	T(kN)	S_w
0	6.930	17.21	2.562	153.7	0.676	0.286	197	0.195	335	0.000
25	6.719	16.69	2.542	152.5	0.661	0.293	199	0.201	340	0.097
50	6.503	16.15	2.522	151.3	0.645	0.300	200	0.207	345	0.210
75	6.280	15.60	2.502	150.1	0.627	0.307	202	0.213	350	0.343
100	6.050	15.03	2.482	148.9	0.609	0.315	204	0.220	355	0.502

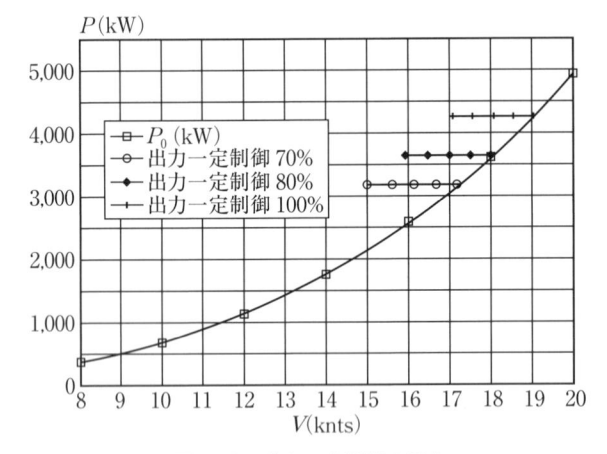

図6.18 出力一定制御の出力

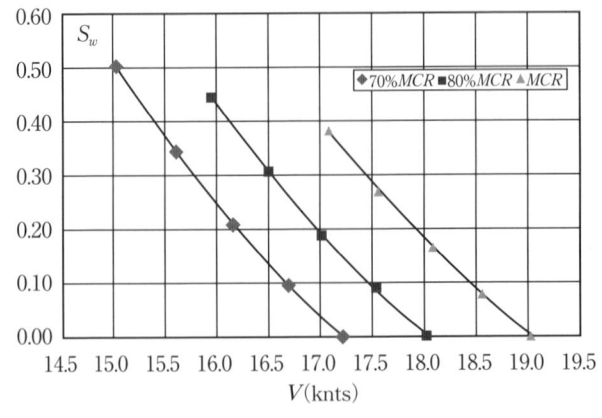

図6.19 出力一定制御のシーマージン

機関の制御の方式により出力の変化の様子が異なることが示された。またシーマージンの速力による変化も制御方式により異なることが示された。

出力一定制御の場合、回転数一定制御とトルク一定制御の中間的な傾向であると云える。機関の運転の制御が自由に選択できる場合には運航に合わせた制御方式を採用することができる。

6.5 参照船の試運転解析

実際の船について航海性能の解析を行う手法について考察する。想定する実船を参照船と呼ぶことにする。参照船は実航海のアブログ記録が利用できるものである。参照船の主要目、定格出力およびプロペラ要目を表6.7に示す。

表6.7 参照船主要目等

Length(B.P)		270.0	m
Breadth(MLD)		43.0	m
Draft(Design)		16.3	m
Displacement(Design)		163000	t
Main Engine(Diesel)			
MCR	(kW×rpm)	13500	84.6
NSR	(kW×rpm)	11470	80.1
Propeller Dia.		8.8	m
Propeller Pitch		0.62	

参照船は試運転が行われており、試運転に対応するバラスト状態および計画満載状態での水槽試験による出力曲線が用意されている。航海はバラストおよび満載状態について行われている。機関の運転は満載状態の機関特性による運転である。バラスト状態の航海においても満載と同じ満載機関特性で運転されているとする。

6.5.1 速力試運転のデータ

一般に試運転は船が造船所で完成し船主に引き渡される前に、造船所により推進性能および機関性能の確認を行うため実際の海上において行われる。推進性能に関する試験としては速力試運転と機関試運転があり、タンカーは満載状態で試験ができるが、他の船種ではバラスト状態のみで試運転が行われる。

参照船の試運転はバラスト状態で行われている。そして機関の運転状態はバラスト状態の機関特性を基礎としている。したがって、機関の運転状態は満載航海の場合と異なるものとなっている。表6.8に速力試運転の結果を示す。

表 6.8 速力試運転結果

	RUN NO.	WIND COND.		SEA COND.		KNOTS	RPM	OUTPUT (kW)
		SCALE	DIRECTION	TIDE	SCALE			
70%	1	5	Aga.	W	4	15.1	77.9	10194
	2	4	With	A	3	14.8	77.9	9797
	MEAN					14.9	77.9	9995
85%	1	4	Aga.	W	3	16.3	82.5	12106
	2	4	With	A	3	15.6	82.5	11746
	MEAN					15.9	82.5	11930
100%	1	4	Aga.	W	3	17.0	86.9	14203
	2	4	With	A	3	16.0	86.9	13960
	MEAN					16.5	86.9	14085

機関出力はバラスト状態で想定された100%出力、85%および70%出力について設定されている。速力試験ではバラスト状態の機関特性で計測がなされている。図6.20に機関負荷ダイアグラムを示す。バラスト状態の速力試験の機関特性は図6.3の⑥の状態に対応するものである。

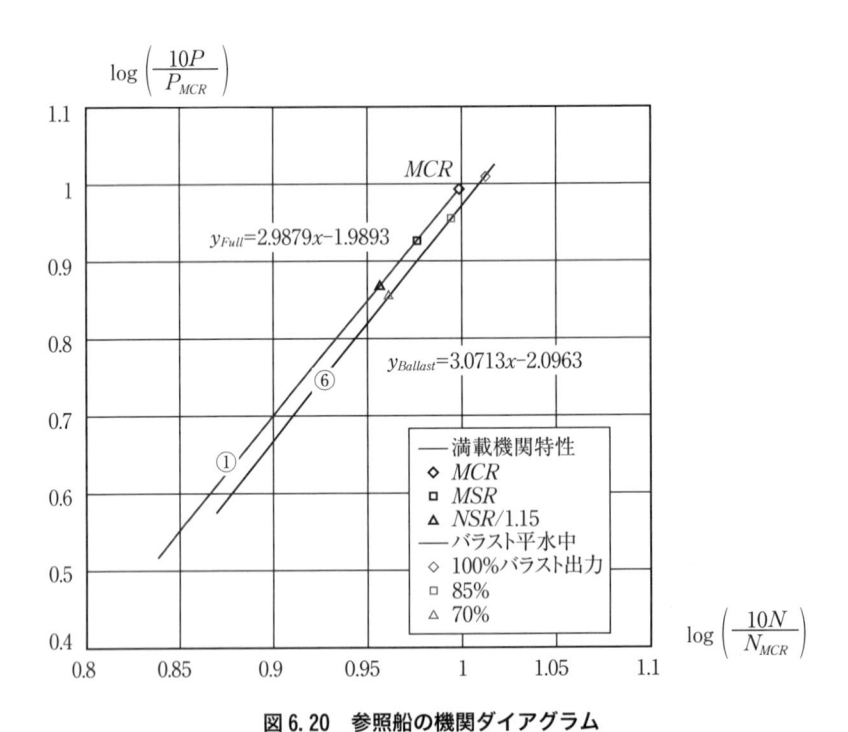

図 6.20 参照船の機関ダイアグラム

満載状態の定格出力点は次に与えられている。

MCR　13500 kW　at 84.6 RPM
NSR　11470 kW　at 80.1 RPM

これらの点は機関ダイアグラムの①の線上にあり、バラスト状態の機関特性線上⑥にはない。満

載状態の機関特性は上に示した定格出力値を使って機関特性ダイアグラムにより推定することになる。

6.5.2 プロペラ特性と平水中性能曲線

参照船のプロペラの特性関数を図 6.21 に示す。プロペラ特性曲線を次のように前進定数の 2 次曲線で近似する。

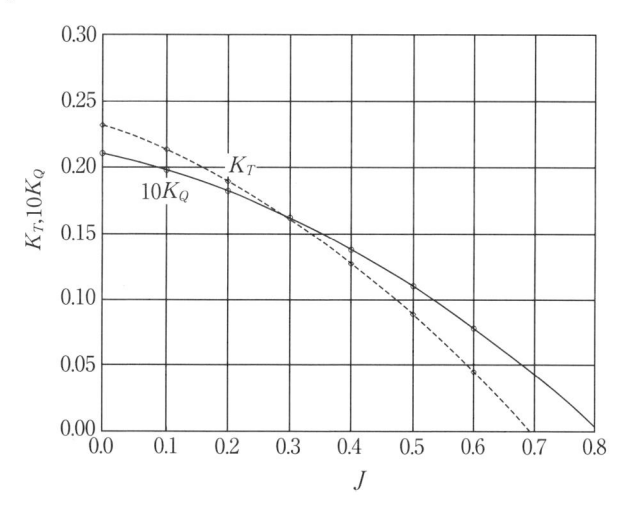

図 6.21 参照船のプロペラ特性曲線

単独プロペラトルク特性
$$10K_{Q0}(J) = a_0 J^2 + b_0 J + c_0$$

船後プロペラトルク係数
$$10K_{QB}(J) = a_B J^2 + b_B J + c_B$$

プロペラ推力係数
$$K_T(J) = A_0 J^2 + B_0 J + C_0$$

本船の出力曲線が水槽試験結果と共に図 6.22 に示されている。実線で示す水槽試験結果にはバラスト状態の出力曲線と共に基準満載状態の出力曲線も示されている。また機関特性曲線を図 6.23 に示す。バラスト状態には試運転試験の結果が反映されているが、満載状態については定格出力および水槽試験の出力曲線を元に推定されている。

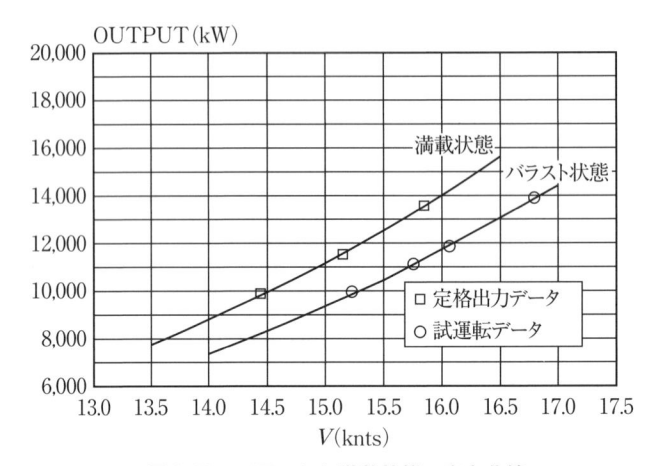

図 6.22　バラストと満載状態の出力曲線

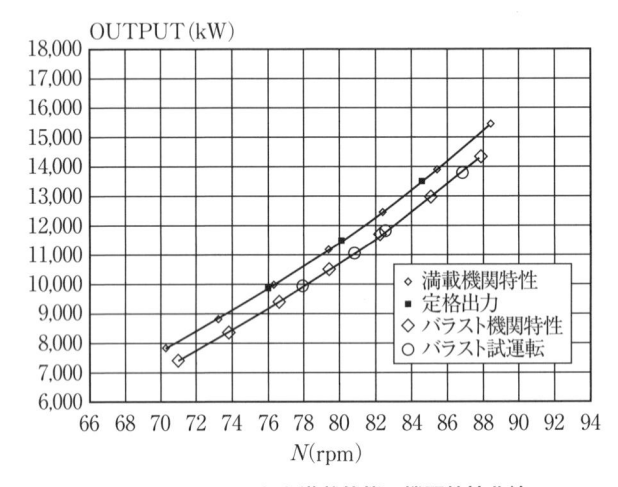

図 6.23　バラストと満載状態の機関特性曲線

　以上の関係式等により解析した平水中出力曲線、機関特性曲線および自航要素等を次の形式の近似式で表わすことによりアブログ解析を行う。

(a) 出力曲線　　　速力の3乗で近似する
　バラスト状態　　$P_0(V) = A_{P0B}V^3 + B_{P0B}V^2 + C_{P0B}V$
　満載状態　　　　$P_0(V) = A_{P0F}V^3 + B_{P0F}V^2 + C_{P0F}V$

(b) 機関特性曲線　回転数の3乗で近似する
　バラスト状態　　$P_E(N) = A_{PEB}N^3 + B_{PEB}N^2 + C_{PEB}N$
　満載状態　　　　$P_E(N) = A_{PEF}N^3 + B_{PEF}N^2 + C_{PEF}N$

(c) 推力曲線　　　速度の2乗で近似する
　バラスト状態　　$T_0(V) = A_{T0B}V^2 + B_{T0B}V + C_{T0B}$
　満載状態　　　　$T_0(V) = A_{T0F}V^2 + B_{T0F}V + C_{T0F}$

(d) 自航要素

伴流係数　　　　　　速度の2乗で近似する

バラスト状態　　　　$1-w=A_{(1-w)B}V^2+B_{(1-w)B}V+C_{(1-w)B}$

満載状態　　　　　　$1-w=A_{(1-w)F}V^2+B_{(1-w)F}V+C_{(1-w)F}$

推力減少係数　　　　推力減少係数数は一定値とする

バラスト状態　　　　$1-t=C_{(1-t)B}$

満載状態　　　　　　$1-t=C_{(1-t)F}$

船後プロペラ効率比（バラスト状態と満載状態で共通とし、一定値とする）

$$\eta_R = C_{\eta R}$$

6.5.3　回転数一定制御による速力試運転の解析

　速力試運転は海上のマイルポスト間の同じ航路を往復し潮流の影響を相殺することが可能である航走方式で実施されている。往復の航走ではプロペラ回転数を一定に保ち、対地速力および機関出力を計測している。

　図6.24aに出力－速力の計測結果を示す。これらの図には往航と復航の速力 V_1、V_2 および計測値の平均値 (V_1+V_2) に対して出力値が示されている。同様に回転数－速力の計測結果を図6.24bに示す。回転数は試運転の各航走で一定である。図6.24 a,b の平均線で以て試運転結果とすることできず、更に波風による修正を行う必要がある。

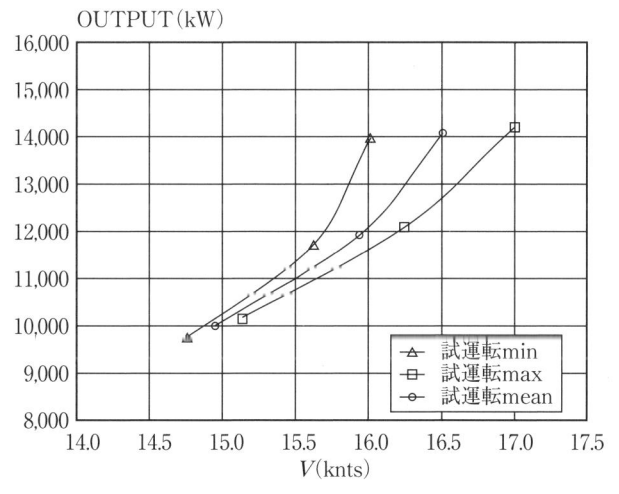

図6.24a　試運転出力結果

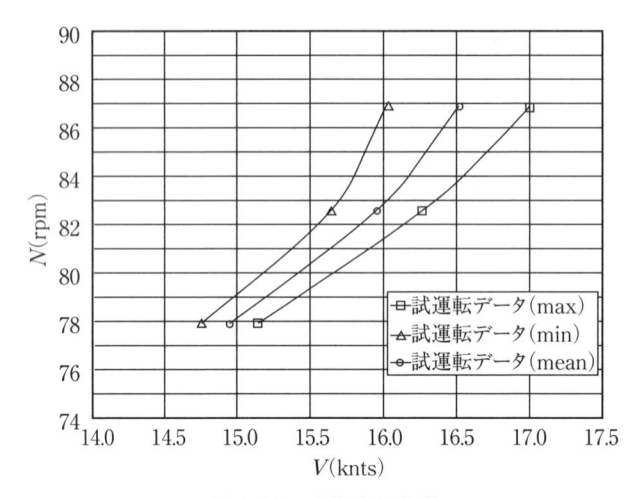

図 6.24b　試運転回転数

試運転時の海象気象条件は風力がビューフォート階級で4、5が記録されており平水中の気象海象条件とは言えない。また波浪階級は3および4であり、波高が1ないし3m程度の状態である。このような気象海象状態は本船の通常航海時に多く遭遇する状態であり、船舶の平水中での基本性能を計測するには必ずしも適している状態ではない。平水中の性能を試運転結果から推定するには、潮流および波風による抵抗増加の影響を考慮して速力の修正が必要である。

速力試験における往航では向い風、潮流は追い汐であり、復航では追い風、向い汐の状態である。波の向きは概ね風の方向であると考えて良い。

計測された速力 V_1(往航)、V_2(復航) は潮流に大きく影響されていることが判る。潮流の速力を V_T とし、風浪による速力影響を V_A ($Against$)、V_W ($With$) 平水中の対応速力を V_0 とするとき、$V_1=V_0+V_T-V_A, V_2=V_0-V_T+V_W$ であるので、平水中の速力は次の式で推定されることになる。

$$V_0 = \frac{V_1+V_2}{2} + \frac{V_A-V_W}{2} \qquad (6.35)$$

往復航において潮流速度が変化しない場合には、平均値においては潮流の影響は除かれているので、気象海象による速力の修正が必要である。計測値 V_1、V_2 に現れる風浪による速力の修正には多くの方法が考えられていて、各造船所により独自の修正法が工夫されていると言われている。

速力試運転は回転数一定の条件下の往航と復航の2航海であると見ることができる。したがって6.4.2節.に示した解析が適用できる。表6.9に70%出力の速力試験のデータによる計算を示す。

表 6.9　回転数一定制御計算（70% 出力）

航海No.	方向	V(knts)	P_T(kW)	$10K_{QB}$	$V \pm V_T$	v_a(m/s)	$J=v_a/nD$	$10K_{QB}$	P_S(kW)	$(P_T-P_S)/P_S$	$P_0(V \mp V_T)$	S_W
70%	往	15.13	10194	0.137	14.550	4.474	0.392	0.139	10362	−0.0162	8253	0.255
	復	14.75	9797	0.132	15.330	4.764	0.417	0.133	9871	−0.0075	9984	−0.011

速力 V および出力 P_T は計測値である。回転数と出力値から計算されるトルク係数 K_{QB} が次の欄に示されている。潮流速力を V_T とし、潮流を修正した船速による前進常数から計算されるトルク係数が計測された出力値による係数と一致するように潮流速力を特定する。計算例では $V_T=0.58$ knots であった。潮流を修正した流速が船の速力であるとされる。しかしこの速力は気象海象による抵抗増加の影響を受けたものであり、更にこれから平水中の速力を推定しなければならない。この速力に対する平水中出力が最後から2つ目の欄に計算されている。この速力に対応する平水中の出力と計測された出力によりシーマージンが計算され最後の欄に記されている。70%、85% および 100% の試運転結果のシーマージンを図 6.25 に示す。

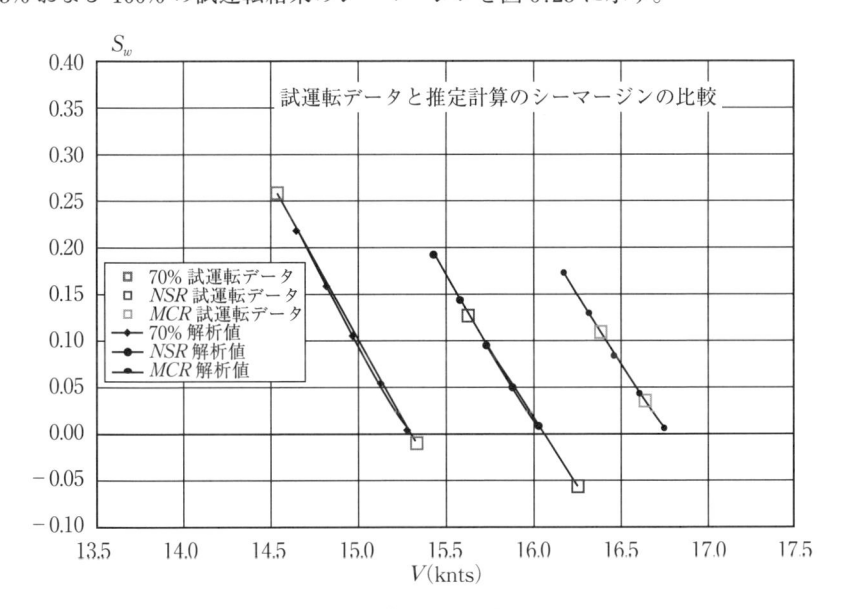

図 6.25 試運転回転数一定解析シーマージン

表 6.10 修正速力と出力

	N(rpm)	シーマージン解析		潮流
		V_{est}(knts)	$P(V)$(kW)	V_T(knts)
70%	77.9	15.296	9902	0.58
85%	82.5	16.054	11831	0.62
100%	86.9	16.749	13842	0.62

図 6.25 でシーマージンが零となる速力が求めるべき修正された平水中速力となる。修正速力および修正速力における平水中出力、潮流速度を表 6.10 に示す。図 6.25 には表 6.4 と同様な解析されたシーマージンも示されている。

また図 6.26 に試運転データの修正の手順を示す。試運転の生データを①で示し、これに潮流の修正を行ったデータを②で示した。②の点における速力と出力に対しシーマージンが計算される。図 6.25 においてシーマージンが零となる速力を③で示している。シーマージンは平水中の出力関数を使用し次の式で計算されている。

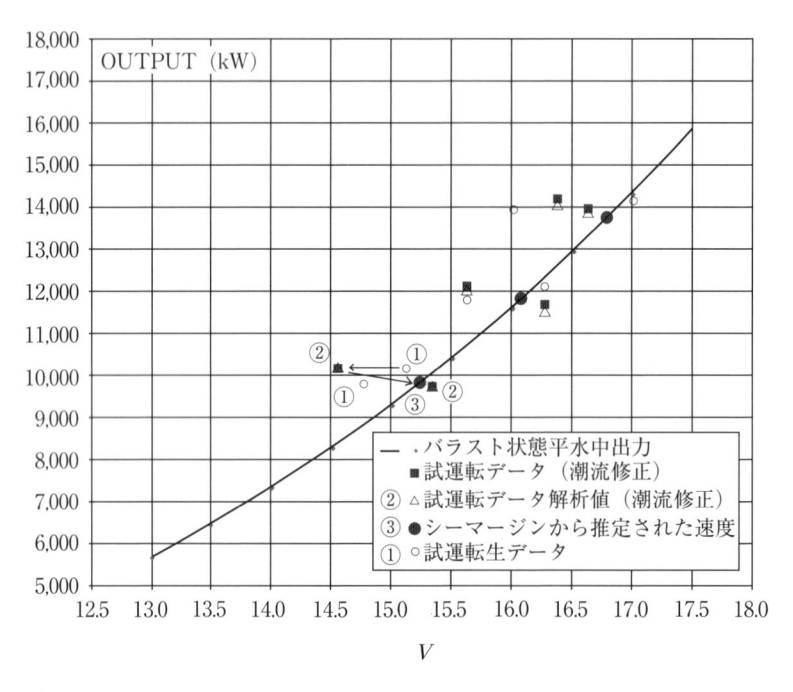

$$S_w = \frac{P_② - P_0(V \pm V_T)}{P_0(V \pm V_T)} \qquad (6.36)$$

図6.26 試運転データの修正図

　この方法では修正された速力は平水中の出力曲線上に設定されることになる。速力試運転の結果が水槽試験による平水中出力曲線を検証する結果となっている。一方で平水中出力曲線を使い、推力増加（抵抗増加）をパラメータとして回転数一定制御により理論的に求めたシーマージンと試運転データから求めたシーマージンの比較を行うことができる。この比較より平水中出力曲線に修正が必要であるか否かを判定することが可能である。両者が良く一致しているならば平水中出力には修正は必要ない。図6.25に計算値と測定値の比較を示すが、両者はよく一致しており、水槽試験に基づく平水中出力曲線とともに本解析法が信頼できるものであることを示している。

6.6　参照船のアブログデータ解析

　参照船の実際の航海データ（アブログデータ）を使用して、実海域の性能を解析する。参照船は同じ航路を往航はバラスト状態で復航は満載状態で航海する。

　バラスト航海では喫水とトリムは各航海でほぼ同じで喫水の変化は無いとされるが、満載の航海は積荷の状態により喫水が変化している。したがってバラスト航海では喫水修正は必要ないが、満載航海では喫水修正が必要である。

　バラスト航海での機関の運転は試運転で示されたバラスト状態の機関特性で行われておらず、満載状態の機関特性（図6.3の曲線①）に従って運転されているとする。すなわちバラスト航海

の機関の運転はバラスト状態の機関特性（図6.3の曲線⑥）ではない。このとき機関特性が異なるため同じ回転数に対して、バラスト航海の出力は機関特性の差の分だけ大きめの出力となることになる。

参照船の航海データから、波浪中抵抗増加による船速変化と出力変化の関係はトルク一定の制御に従い変化していることが分かる。したがって参照船の航海解析はトルク一定制御によって行う。

6.6.1 バラスト状態の航海

バラスト状態の各航海の喫水変化は小さく、従ってバラスト航海の場合、喫水修正（排水量修正）を行わずに各航海のアブログデータの比較をすることが可能である。

バラスト状態では13航海のデータを使用したが、各航海でビューフォート階級6以上の気象海象の悪いデータは除いた。航海アブログ例を表6.11に示す。航海番号A番では出港および入港日のデータを除いたものであり8日分のデータを示している。

表6.11 バラスト状態航海番号Aのアブログデータ例

航海No.	V(knts)	Direction	Beaufort Scale	Sea State	RPM(rpm)	FO(t/day)
バラスト航海 Voy.A	14.46	2	4	Moderate	78.0	46.2
	14.25	8	4	Moderate	77.4	46.5
	14.68	8	4	Moderate	78.6	44.6
	14.98	2	3	Slight	78.7	45.3
	15.25	8	3	Smooth	78.8	46.3
	15.25	2	4	Slight	78.7	46.3
	14.79	7	5	Moderate	78.3	45.8
	14.75	8	5	Slight	78.8	46.0

速力（対水）、回転数および燃料消費量が実際のアブログ計測値である。アブログデータは一日の平均値で表わされている。参照船の気象海象データ（風力、方向および波浪階級）は航海の定時における観測値が記載されている。

出力 P（kW）は燃料消費量を燃料消費率で除して次式で算出している。

$$P(\mathrm{kW}) = FO(\mathrm{t/day})/\mu(\mathrm{g/Hr \cdot kW}) \tag{6.37}$$

燃料消費率 μ は燃料消費量から算出される出力とアブログ解析による出力が均衡するように定められる。機関特性がバラスト航海および満載航海の両者でおなじであるとするので、燃料消費率も同じであることが要請される。

バラスト状態の全ての航海データの出力と速力の関係を図6.27に示す。速力が減少するとき出力も減少する傾向が見られるので、回転数一定または出力一定制御ではなくトルク一定制御による航海であることが示唆される。

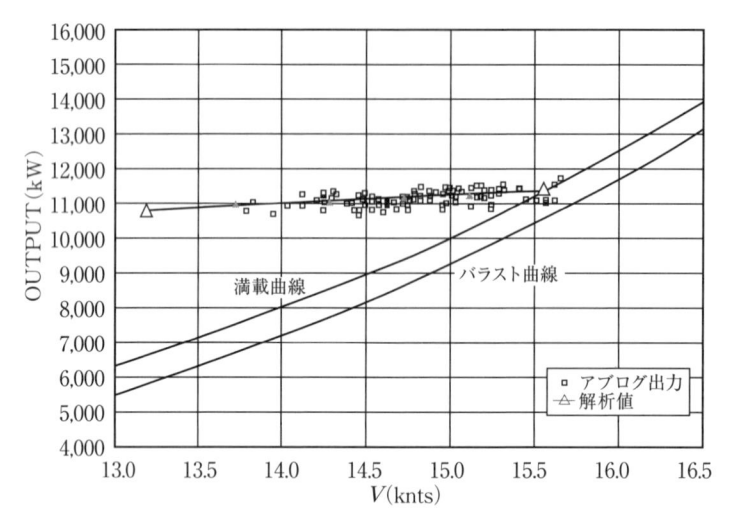

図 6.27 バラスト状態の出力と速力

アブログデータの回転数と出力を使用してアブログトルクを次の式で求めることができる。

$$Q = \frac{P}{2\pi(N/60)} \quad \text{(kN-m)} \tag{6.38}$$

すべての航海データについてトルクを求め、トルクと速力の関係を図 6.28 に示す。トルクは速力に対してほぼ一定となっているとみなせる。

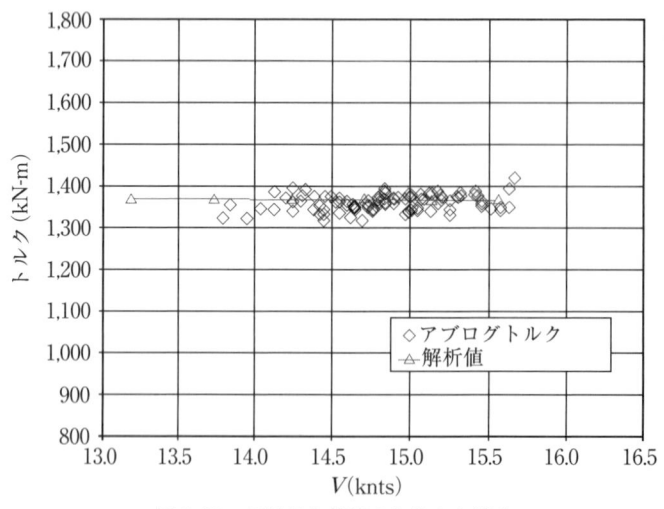

図 6.28 バラスト状態のトルクと速力

全ての航海データについて解析を行い、その平均値を表 6.12 に示す。表 6.12a にはアブログ速力、回転数、出力およびアブログトルク係数等が示されている。表 6.12b にはアブログの速力、回転数および伴流係数関数を使って計算される前進常数、前進常数によるトルク係数およびトルク係数による出力等の平均値、さらに解析出力とアブログ出力の相対誤差の平均値が示されている。

6.6 参照船のアブログデータ解析

表 6.12 a　バラスト航海の解析例

	V(knts)	RPM(rpm)	FO(t/day)	P(kW)	Q(kN-m)	$10K_{QB}$from$P$	v_a(m/s)	n(rps)
平均値	14.83	78.3	45.9	11132	1357	0.1472	4.577	1.306

表 6.12b　バラスト航海の解析例

	J	$10K_{QB}$	Q(kN-m)	P_S	$(P-P_S)/P_S$
平均値	0.398	0.1375	1268	10402	0.0706

　表 6.12 a のアブログのトルク係数と表 6.12b の解析によるプロペラトルク係数に差が見られる。またこの差に対応してアブログ出力と自航解析出力に7%程度の差が生じている。この原因としてアブログ出力は機関特性として満載状態の特性に従っているのに対し、自航解析出力はバラスト状態の運航条件（速力回転数、トルク特性）に従うものであるからである。

　そこで満載とバラストの機関特性の差（図 6.29 に示す機関特性の差）をトルク係数の差として表した係数を導入して出力を修正することにする。

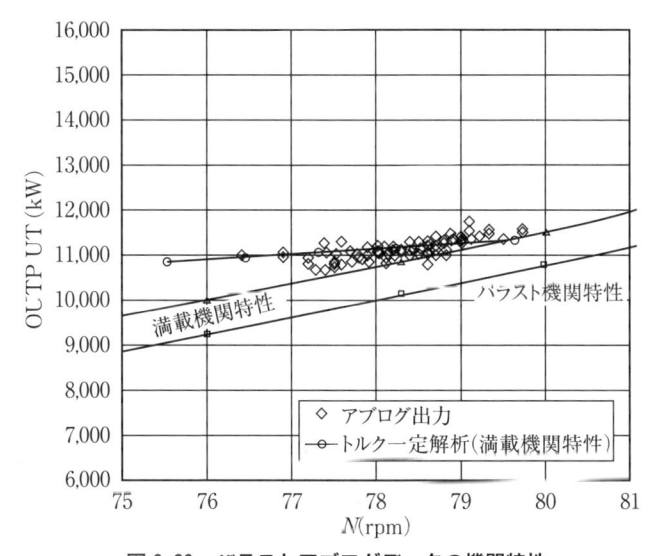

図 6.29　バラストアブログデータの機関特性

$$\Delta Q(N) = \frac{P_{EFull}(N) - P_{EBallast}(N)}{2\pi \frac{N}{60}} \quad (6.39)$$

上式により満載とバラストの機関特性の差によるトルクが求められる。トルクをトルク係数で表わし、これを回転数の2次関数として近似する。

$$\Delta Q = \rho n^2 D^5 \Delta K_Q(N)$$

$$\Delta 10 K_Q = AN^2 + BN + C \quad (6.40)$$

自航解析の出力の計算にこのトルクの修正量を入れて計算すると、アブログ出力と自航解析出力の相対誤差は表6.12cに示すように0.31%程度となる。

表6.12c バラスト航海の解析例

	$J=v_a/nD$	$10K_{QB}+\Delta 10K_Q$	Q(kN-m)	P_s	$(P-P_S)/P_S$
平均値	0.398	0.1477	1362	11170	-0.0031

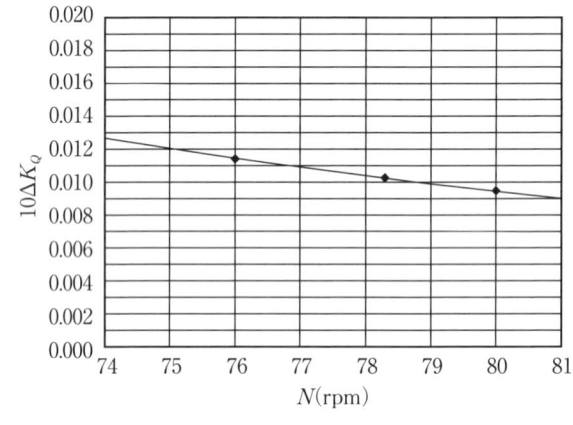

図6.30 機関特性の違いによるトルク係数の修正関数

表6.12dにはプロペラ推力、推力から推定される船体抵抗、有効出力、推進効率等が示されている。参照船の抵抗曲線また有効出力曲線が与えられている場合には表6.12dの結果と照合され推力減少率を各航海データに対して推定することが可能となる。

表6.12d バラスト航海の解析例

	$J=v_a/nD$	K_T	T(kN)	R from T	EHP	η_B	$\eta=\eta_H\eta_B$
平均値	0.398	0.130	1358	956	7288	0.557	0.653

シーマージンの推定においても機関特性の違いの修正を考慮した平水中出力を使用しなければならない。表6.12eの始めの欄は修正無の平水中出力であり次の欄はこの出力に対するシーマージンである。最後の欄は機関特性の差をトルク修正した修正出力によるシーマージンである。バラスト状態の航海で機関特性が満載状態の機関特性である場合、機関特性の差を修正して航海の解析が行わなければならない。

表6.12e バラスト航海の解析例

	P_0	S_W	T	K_T	η/η_{calm}	P_0	S_W
平均値	8874	0.266	1357	0.130	0.905	9643	0.163

同表には修正されたシーマージンによる推力とこの推力による推力係数を示す。表6.12dのプロペラ解析によるものと良い一致が示されている。さらに平水中と航海時の推進効率の比が計算されているが、表の値は航海の平均値であるので、効率の比はすべての航海の平均的状態に対するものである。個々の航海データに対する解析も表6.13と同様に行うことができる。

6.4.3 節に示したトルク一定制御の解析法にならって、実海域中推力増加をパラメータとして与えシーマージンを解析的に求めることができる。

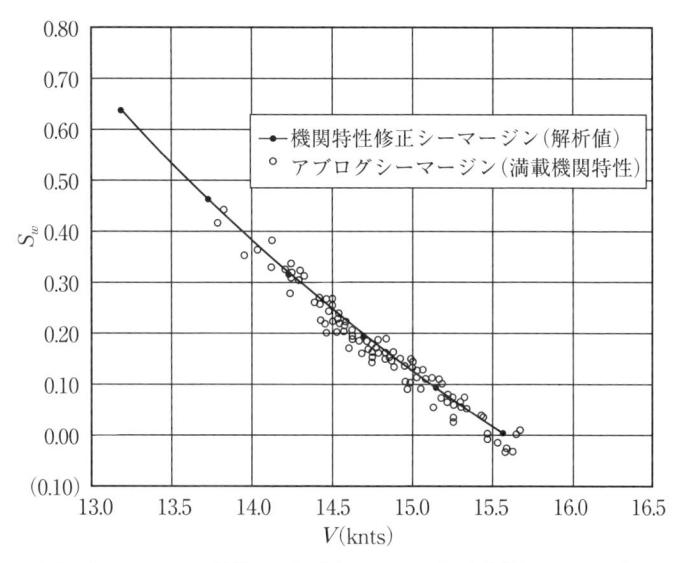

図 6.31　バラスト航海アブログシーマージンと解析シーマージン

シーマージン解析では基準トルクとしてバラスト状態の 70% 出力の回転数 $N_{70\%}=77.9$rpm に対応するトルクを使用する。図 6.31 より実際の航海のシーマージンと解析シーマージンは良い一致を示していることが分かる。またシーマージンが零となる航海速力 $V_S=15.6$knots も推定される。

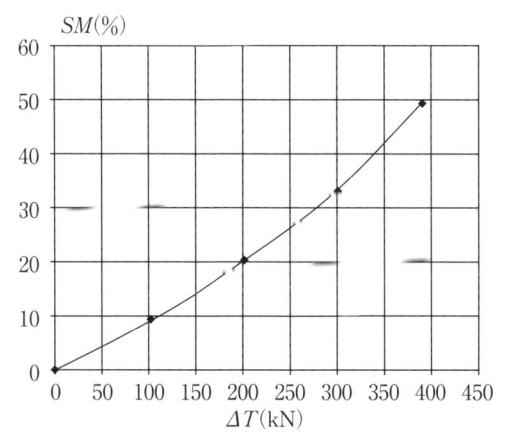

図 6.32　推力増加量とシーマージンの関係

トルク一定制御で航海している参照船のシーマージの値がどの程度の推力増加に相当するのかが図 6.32 に示されている。これによりシーマージン値から波浪中抵抗増加の具体的大きさが推定可能となる。

6.6.2 満載状態の航海

満載状態の航海のアブログデータの解析を行う。13航海のデータを扱うが、各航海において気象海象条件の悪い日（ビューフォート階級6以上および波浪状態が very rough 以上）のデータを除いてある。

図6.33には各航海の喫水の変化を示す。満載状態の基準喫水は $d = 16.3$ m である。基準喫水に対して2m程度の喫水の増減変化があることが分かる。喫水の異なる航海データの比較を直接行うことはできなく、基準喫水の状態に変換されたデータでの比較を行う。任意の喫水の航海データを基準喫水のデータに変換する方法は6.7節に説明されている方法で行う。基準喫水への変換はアブログ速度データに対する速度修正として表わされる。

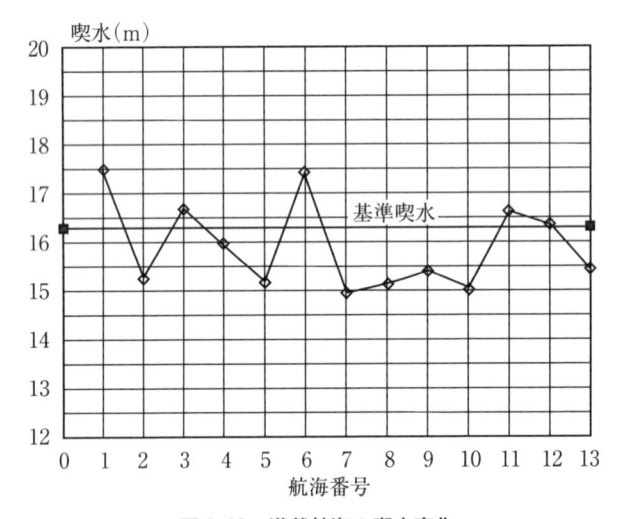

図6.33 満載航海の喫水変化

航海番号A番のアブログデータの例を表6.13に示す。この航海の喫水は17.48mで基準喫水より大きな例である。速力の欄は計測された対水速力であり、修正速力は記されていない。

表6.13 航海番号Aの満載状態のアブログデータ例

航海No.	V(knts)	Direction	Beaufort Scale	Sea State	RPM(rpm)	FO(t/day)
満載航海 Voy.A	14.21	4	5	Moderate	78.4	46.1
	14.08	4	3	Slight	77.9	45.3
	14.38	4	3	Slight	78.9	46.1
	14.37	4	3	Slight	78.7	46.4
	14.29	2	4	Slight	78.5	46.0
	14.13	4	3	Calm	78.3	46.2
	14.29	4	3	Slight	78.5	46.1
	14.29	3	3	Slight	78.6	46.1
	14.13	1	1	Smooth	78.5	46.1
	13.58	6	5	Rough	78.2	46.1

以下の表はアブログデータに関しては平均値、その他のデータについてはアブログ各データを使用した解析値の平均値である。

6.7節に説明する喫水の違いによる航海出力を基準喫水のものに変換して対応する速力に修正することとする。表6.14aにアブログ速力に対する基準排水量のアドミラリティー係数が示されている。アドミラリティー係数を利用して算出した航海時の喫水に対する平水中出力が$P_C(V)$で表されている。

表 6.14 a　満載航海解析例

	V(knts)	RPM(rpm)	FO(t/day)	P(kW)	Cadm	$P_C(V)$	ΔP_W(kW)	ΔR_W(kN)
平均値	14.20	77.8	45.9	11138	907	9243	1895	209

航海出力と平水中出力の差は気象海象による出力増加を表す。また出力増加と船体抵抗増加の関係は次の式で定義される。

$$\Delta P_W(V) = \frac{\Delta R_W}{\eta} v \qquad (6.41)$$

ここでΔR_Wは気象海象による船体抵抗増加であり。ηは航海時の推進効率である。船体抵抗増加と推進効率の比がアブログ解析の速力範囲で変化が少ないとして、出力増加は速力の関数として扱うことができるとする。このとき修正速力における出力増加は次の式で推定される。

$$\Delta P_W(V') = \frac{\Delta R_W}{\eta}(v+\Delta v) \quad \text{ここで} \quad V' = V+\Delta V \qquad (6.42)$$

修正された速力における出力は次の式で求められる。

$$P(V') = P_0(V') + \Delta P_W(v+\Delta v) \qquad (6.43)$$

ここで航海時喫水の平水中出力$P_C(V)$に対応する基準喫水の平水中出力は修正速力において次の式で定められる。

$$P_0(V') = P_C(V) \qquad (6.44)$$

これをΔVについて解くことにより修正速力を求めることができる。

表 6.14b　満載航海の解析例

	$V+\Delta V$	$\Delta P_W(V+\Delta V)$	$P_0(V+\Delta V)$	$P(V+\Delta V)$	Q	$10K_{QB}$ from P
平均値	14.10	1887	9243	11130	1366	0.1504

表6.14bに喫水修正された修正速力、修正速力における出力が示されている。さらに修正された出力によるトルク係数が最後の欄に示されている。修正速力、アブログ回転数、基準喫水における伴流係数を使用して前進常数を求めプロペラトルク係数から計算した出力等を表6.14cに示す。

表 6.14c　満載航海解析例

	$V+\Delta V$	v_a(m/s)	n	$J=v_a/nD$	$10K_{QB}$	Q(kN-m)	P_S(kW)	$(P-P_S)/P_S$
平均値	14.10	3.961	1.296	0.347	0.1502	1365	11116	0.0018

アブログ出力との相対誤差が最後の欄に示されている。バラスト状態および満載状態における相対誤差が最小になるよう燃料消費率が決定されている。

表6.14dでは推力減少係数を使用して、船体抵抗、有効出力および推進効率等が示されている。参照船の抵抗曲線あるいは有効出力曲線が与えられている場合、推力減少係数を各航海データについて求めることができる。

表 6.14d　満載航海解析例

	$J=v_a/nD$	K_T	T(kN)	R(kN)	EHP(kW)	η_B	$\eta=\eta_H\eta_B$
平均値	0.347	0.147	1523	1223	8866	0.542	0.798

表 6.14e　満載航海解析例

	$P_0(V+\Delta V)$	S_W	T	K_T	η/η_{calm}
平均値	9243	0.214	1527	0.148	0.961

表6.14eではシーマージンおよびシーマージンを使用した推力および航海時の推進効率と平水中の効率の比を示している。シーマージンは修正速力に対するものであり、基準満載喫水状態のシーマージンとしている。推力は次の定義式で計算される。

$$T=(1+S_w)T_0\cdot\frac{\eta}{\eta_C} \qquad (6.45)$$

平水中出力曲線は基準喫水に対するものであるので、基準喫水に対して速力修正を施したこれまでの計算結果は基準喫水の結果と比較されるものである。

参照船の運航制御はバラスト状態と同じくトルク一定制御である。図6.34に満載アブログデータのトルクと速力の関係を示す。

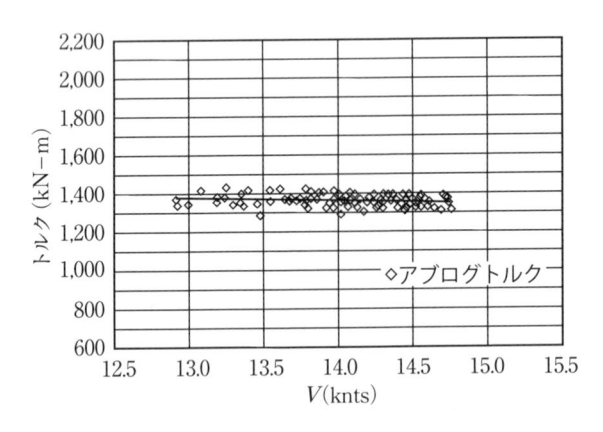

図 6.34　満載航海トルクと速力の関係

6.6 参照船のアブログデータ解析

基準喫水の平水中データにおいて航海速力 V=15.1knots でのトルクを基準としたトルク一定制御の計算結果を表 6.15 に示す。

表 6.15 満載航海トルク一定制御計算結果

ΔT	v_a(m/s)	V(knts)	N(rpm)	J	$10K_{QB}$	Q(kN-m)	P(kW)	P_0(V)	S_w
0	4.449	15.09	80.0	0.379	0.142	1372	11501	11446	0.005
100	4.252	14.65	79.2	0.366	0.146	1372	11375	10402	0.094
200	4.019	14.19	78.2	0.351	0.149	1372	11231	9391	0.196
300	3.745	13.70	77.0	0.331	0.154	1372	11067	8409	0.316
400	3.422	13.17	75.7	0.308	0.159	1372	10882	7452	0.460
500	3.037	12.57	74.3	0.279	0.165	1372	10673	6513	0.639

図 6.35 に満載航海のシーマージンとこれに対応するトルク一定制御による解析シーマージンの比較を示す。このシーマージンは満載基準喫水に対するものであるので、シーマージンが零となる速力は平水中における運航速力となる。

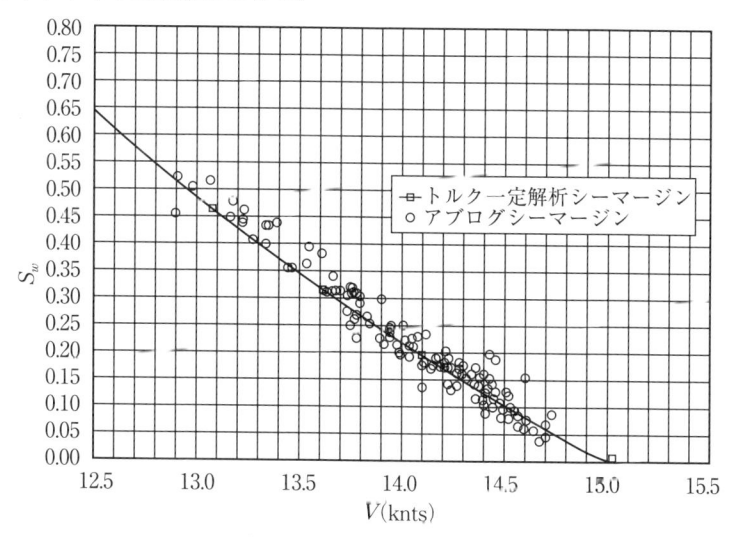

図 6.35 満載航海アブログシーマージンと一定解析値の比較

解析シーマージンが零となる速力を図 6.35 から読み取ると、運航速力は V=15.1knots である。この速力は計画満載状態の定格出力

$$NSR\ 11470\,\text{kW}\ at\ 80.1RPM$$

に対応するものである。したがって参照船の基準満載喫水における定格出力 NSR における航海速力がアブログ解析により確認できたことになる。

表 6.15 のトルク一定解析の結果は、シーマージン零において、回転数と出力が定格出力のものと一致していることを示す。

満載航海の出力と速力の関係を図 6.36 に示す。平水中の定格速力を基点として気象海象による抵抗増加の量に応じて速力が低下し、そのときの出力はトルク一定制御の解析結果に沿って変化していることが分かる。

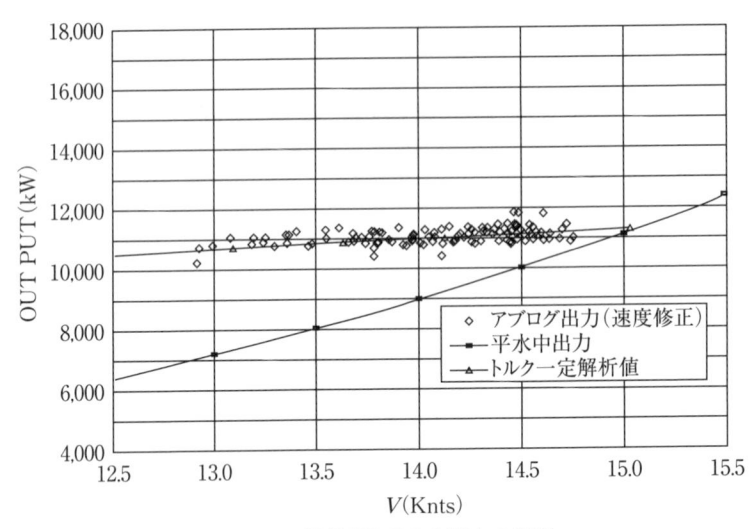

図 6.36 満載航海出力と速力の関係

さらに回転数と速力の関係を図 6.37 に示すが、アブログデータの回転数の変化と速力低下の関係がトルク一定解析の結果と一致していることが分かる。

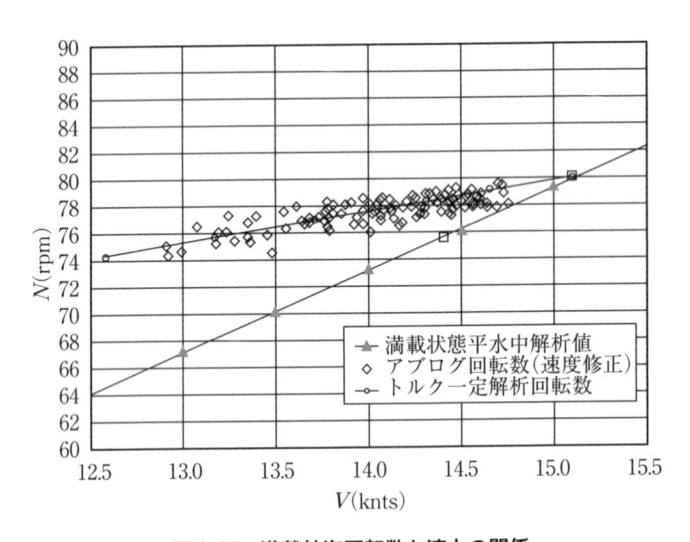

図 6.37 満載航海回転数と速力の関係

図 6.38 には満載航海の出力と回転数の関係を示す。平水中の定格回転数の回転数の点から抵抗低下に応じて出力 - 回転数が変化していることが分かる。

6.7 排水量修正法

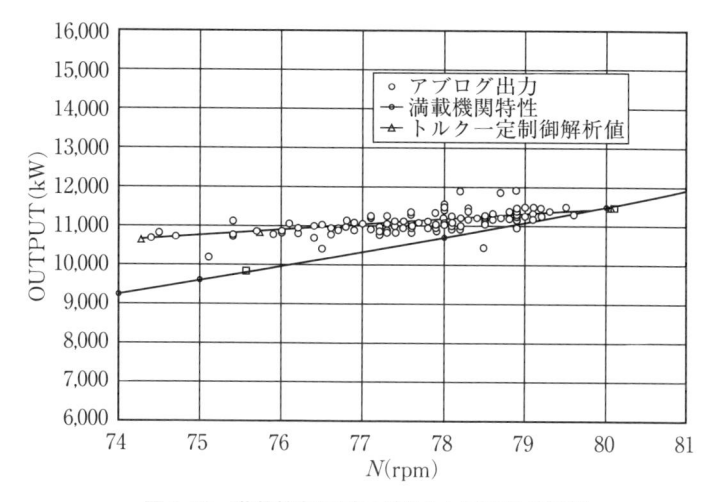

図 6.38 満載航海アブログ出力と回転数の関係

　実海域の航海の出力は、トルク一定制御により図に示すように変化する。解析による出力は基準トルクに対応する航海の機関特性を表す。抵抗増加が無い場合のみ平水中の機関特性曲線と一致する。トルク一定解析結果は実際の航海の傾向をよく表わしていることを示している。
　機関特性曲線では回転が下がるとそれに対応してトルクが小さくなるが、参照船の場合トルクは一定であるので定格回転数より小さい回転数域においては必然的にトルクリッチになる。トルク一定制御の機関の場合、実海域では必ずトルクリッチの状態になり、その度合いは図 6.38 で推定可能である。

6.7　排水量修正法

　貨物船の運航は航海のたびに喫水が変化し、基準となる喫水での航海はほとんど無いといってよい。特に船の満載状態の航海においては変化が大きい。このように喫水が変化している航海データによる船舶の性能を比較するには、航海ごとの性能を基準喫水の性能に換算して行うのが妥当である。
　同一船で喫水が異なる場合、基準喫水と異なる場合の平水中の出力についてアドミラルティー係数による推定が行われている。この推定法を基に平水中ではない実際の航海の性能を比較する手法について解説する。

6.7.1　アドミラルティー係数による平水中出力推定

　同一船において排水量が少し異なる場合において、基準排水量における平水中出力曲線に合わせて出力の修正を行う手法がある。これは平水中出力が同一速長比 $V/\sqrt{L}$ においてアドミラルティー係数が同一とすれば、基準喫水の出力から異なる喫水の出力が推定可能であるという考え方に基づいている。
　基準排水量 Δ_0 の状態において速力 V（knts）で航走している場合の出力を P_0（kW）とする。

このときアドミラルティー係数は次の式で計算される。

$$C_{adm}(V) = \frac{\Delta_0^{\frac{2}{3}} V^3}{P_0(V)} \tag{6.46}$$

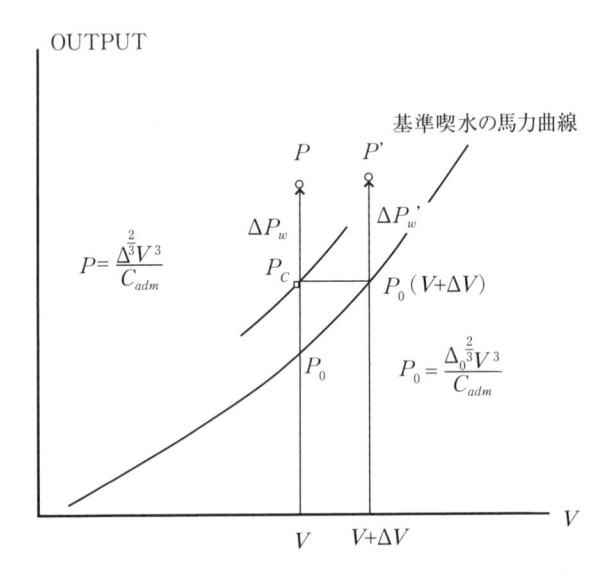

図 6.39　アドミラルティー修正

喫水が基準値と異なり船の排水量がΔの場合、平水中の出力P_C(kW)はアドミラルティー係数が基準喫水のものと同じであるとして、次の式で推定されることになる。

$$P_C(V) = \frac{\Delta^{\frac{2}{3}} V^3}{C_{adm}(V)} = \left(\frac{\Delta}{\Delta_0}\right)^{\frac{2}{3}} P_0(V) \tag{6.47}$$

この推定法は、喫水は異なるが同じ速力で航走している同型船であることが条件となっている。

6.7.2　航海中出力増加によるシーマージン

基準喫水と異なる状態において速力Vで航海しているとき、船の航海出力Pはそのときの喫水に対応する平水中出力P_Cと波風による抵抗増加に基づく出力増加量ΔP_Wとの和であるとされる。このときシーマージンは次のように表される。

$$S_W = \frac{P(V) - P_C(V)}{P_C(V)} = \frac{\Delta P_W(V)}{P_C(V)} \tag{6.48}$$

基準喫水と異なる喫水における平水中出力P_Cは基準喫水での平水中出力により計算することができる。波浪中出力増加ΔP_Wは実海域抵抗増加ΔR_Wと近似的に次の関係がある。

$$\Delta P_W = \frac{\Delta R_W}{\eta} v \tag{6.49}$$

ここで η は航海時の推進効率である。実海域抵抗増加 ΔR_W は航海域の波風により定まる量であるとされる。航海中の推進効率は航海速力の範囲で速力による相違が小さいものとして扱うことにする。このとき実海域の出力増加は船速に比例することになり、比例乗数は気象海象による定数として扱うことができる。

任意の喫水における航海出力を基準喫水（基準排水量）の航海出力で表わすには、波浪中出力増加 ΔP_W が速力の一次関数で近似されることを利用して行うことができる。ここに述べた修正法を適用すると、任意喫水の航海出力は次のように表わされる。

$$P'(V') = P_0(V') + \frac{\Delta R_W}{\eta} \cdot (v + \Delta v) \quad \text{ここで} \quad V' = V + \Delta V \tag{6.50}$$

シーマージンについても基準喫水に対応した出力をもって各航海の比較が為されなければならない。このときシーマージンは次の式で計算される。

$$S_W = \frac{P'(V') - P_0(V')}{P_0(V')} \tag{6.51}$$

6.7.3 任意喫水の平水中速力推定

基準喫水の平水中性能に対する機関特性およびプロペラ特性を保持する場合には、喫水の異なる場合の平水中出力 $P_C(V)$ は基準喫水の平水中曲線上の出力となるよう速力を変化させて求めることができる。すなわち、次の関係式

$$P_C(V) = P_0(V') \tag{6.52}$$

を満足する速力を求めると、この速力 $V' = V + \Delta V$ は任意喫水 d における基準喫水に対する修正となる。このとき出力 P_C に対応する基準喫水における速力は次の方程式を解くことにより得られる。

$$f(V') = P_0(V') - P_C = 0 \tag{6.53}$$

基準排水量の出力―速力の関係を利用して速力の修正を行うことができる。一般的にはニュートン法により速力を求めることが可能である。

$$V'_{i+1} = V'_i - \frac{f(V')}{f'(V')} \tag{6.54}$$

これにより任意喫水の出力 $P_C(V)$ を与えることにより、修正速力が求められる。また $P_C(V)$ はアドミラルティー係数により基準喫水の出力から推定される。

参考資料

抵抗・推進と船型設計に関する参考資料

船舶海洋工学シリーズ②船体抵抗と推進、日本船舶海洋工学会 監修、成山堂書店、平成 24 年 2 月
船舶海洋工学シリーズ①船舶算法と復原性、日本船舶海洋工学会 監修、成山堂書店、平成 24 年 2 月
商船設計の基礎知識（改訂版）、造船テキスト研究会 著、成山堂書店、平成 21 年 4 月
船型設計、森 正彦 著、船舶技術協会、平成 9 年 2 月
造船設計便覧（第 4 版）、関西造船協会 編、海文堂出版、昭和 58 年 8 月
造船設計のための抵抗・推進理論シンポジウム、日本造船学会試験水槽委員会、昭和 54 年 7 月
船体まわりの流れと船型開発に関するシンポジウム、日本造船学会推進性能研究委員会、平成 5 年 4 月
コンピュータ時代の船型開発技術、日本造船学会推進性能研究委員会第 7 回シンポジウム、平成 9 年 11 月
船型設計と流力最適化問題、日本造船学会試験水槽委員会シンポジウム、平成 11 年 12 月
HYDRODYNAMICS IN SHIP DESIGN Vol.1,2,3, Harold E. Saunders, The Society of Naval Architects and Marine Engineers, 1957
船型開発と試験水槽、日本造船学会、昭和 58 年 2 月
粘性抵抗シンポジウム、日本造船学会推進性能研究委員会、昭和 48 年 5 月
肥大船の推進性能に関するシンポジウム、日本造船学会、昭和 50 年 6 月
船舶の抵抗および推進指導書 第一篇 馬力計算法、日本中小型造船工業会、昭和 44 年 4 月
第 196 研究部会「船尾形状設計法に関する研究」報告書、日本造船研究協会、昭和 62 年 3 月
第 229 研究部会「数値流体力学による最適船型設計法の研究」報告書、日本造船研究協会、平成 11 年 3 月
第 231 研究部会「中型肥形船の総合的運航性能の研究」報告書、日本造船研究協会、平成 11 年 3 月

プロペラ設計に関する参考資料

マリンプロペラ、ナカシマプロペラ株式会社 編集、学術文献普及会、昭和 46 年 6 月
プロペラ設計法と参考図表集、横尾幸一・矢崎敦生 共著、成山堂書店、昭和 48 年 8 月
舶用プロペラに関するシンポジウム、造船協会、昭和 42 年 6 月
第 2 回舶用プロペラに関するシンポジウム、日本造船学会試験水槽委員会、昭和 46 年 11 月
第 3 回舶用プロペラに関するシンポジウム、日本造船学会試験水槽委員会、昭和 62 年 7 月
第 4 回推進性能研究委員会シンポジウム「次世代船開発のための推進工学」、日本造船学会、平成 3 年 7 月
第 5 回舶用プロペラに関するシンポジウム、日本船舶海洋工学会、平成 17 年 7 月
キャビテーション 増補版、加藤洋治 著、槙書店、平成 2 年 6 月
新版 キャビテーション 基礎と最近の進歩、加藤洋治 編、槙書店、平成 11 年 10 月
Marine Propellers and Propulsion Second Edition, J.S.Carlton, Elsevier, 2007

操縦装置に関する参考資料

第 3 回操縦性シンポジウム、日本造船学会、昭和 56 年 12 月
第 ? 回運動性能研究委員会シンポジウム「船舶の航行安全と操縦性能」、日本造船学会、昭和 60 年 12 月
第 4 回運動性能研究委員会シンポジウム「操縦性能の予測と評価」、日本造船学会、昭和 62 年 12 月
第 10 回運動性能研究委員会シンポジウム「船舶設計時における操縦性能の推定と評価」、日本造船学会、平成 5 年 12 月
第 12 回運動性能研究委員会シンポジウム「操縦性研究の設計への応用」、日本造船学会、平成 7 年 12 月
第 13 回運動性能研究委員会シンポジウム「船体運動およびその制御と海象（第 1 編）」、日本造船学会、平成 9 年 6 月
造船設計便覧（第 4 版）、関西造船協会編、海文堂出版、昭和 58 年 8 月

省エネ装置に関する参考資料

造船設計便覧（第 4 版）第 3 篇 基本計画、関西造船協会編、海文堂出版、昭和 58 年 8 月
物体に働く流体抗力、日本造船学会 推進性能研究委員会 第 1 回シンポジウム、昭和 60 年 7 月
船体周りの流れと流体力、日本造船学会 推進性能研究委員会 第 3 回シンポジウム、平成元年 7 月

船体周りの流れと船型開発に関するシンポジウム、日本造船学会 推進性能研究委員会 第5回シンポジウム、平成5年4月

次世代船開発のための推進工学シンポジウム、日本造船学会 推進性能研究委員会 第4回シンポジウム、平成3年4月

実船性能の解析に関する参考資料

商船設計の基礎知識、造船テキスト研究会 著、成山堂書店、平成21年4月

造船設計便覧(第4版)第3篇 基本計画、関西造船協会 編、海文堂出版、平成58年8月

舶用機関 第54号、郵船機関士会、昭和63年9月

肥大船の推進性能に関するシンポジウム、日本造船学会、昭和50年6月

船体周りの流れと船型開発に関するシンポジウム、日本造船学会 推進性能研究委員会 第5回シンポジウム、平成5年4月

第208研究部会「速力試運転における波浪影響修正法の制度向上に関する研究」報告書、日本造船研究協会、平成3年3月

実海域における船の推進性能、日本造船学会 推進性能研究委員会 第6回シンポジウム、平成7年5月

第11回運築動性能研究委員会シンポジウム「耐航性理論の設計への応用」、日本造船学会、平成6年12月

索　引

数字・欧文

2次元外挿法 ………………… 3
3次元外挿法 ………………… 3
B-screw series ……………… 110
CFD …………………………… 101
entrance 長さ ……………… 6
Holden 法 …………………… 126
KIS プロペラ ………………… 112
MAU プロペラ ……………… 111
MAU プロペラ単独性能の
　多項式近似 ………………… 147
MAU プロペラの標準幾何形状
　……………………………… 144
MAU プロペラの標準翼断面形状
　……………………………… 145
MAU プロペラの標準翼輪郭形状
　……………………………… 144
M 型プロペラ ……………… 112
NACA66 翼圧分布 ………… 137
NACA 翼型 ………………… 136
NACA a=0.8 キャンバー分布
　……………………………… 137
run 長さ ……………………… 6
Schoenherr の式
　（シェンヘルの摩擦抵抗式）… 2
SRI-b プロペラ ……………… 112
U 型フレームライン ………… 9
V 型フレームライン ………… 9
Wake Adapted Propeller 設計法
　……………………………… 133
Z 試験 ………………………… 158

ア行

圧力計測 ……………………… 71
圧力抵抗 ………………… 23, 182
アドミラリティー係数 ……… 243
アドミラリティー係数による推定
　……………………………… 247
アブログ解析 ………………… 232
アブログ出力 ………………… 238
アブログ速力 ………………… 243
アブログデータ ……………… 211
アブログデータ解析 ………… 236
アブログトルク ……………… 238
ウォータージェット …………… 87
運動エネルギの回収 ………… 187
運動量理論 …………………… 97
エネルギの回収と減少 ……… 184
横距 …………………………… 157
横切面積曲線 …………………… 6
往復航 ………………………… 234

カ行

解析シーマージン …………… 241
解析出力 ……………………… 238
回転数一定 …………………… 218
回転数一定制御 ……………… 224
回転数の 3 乗則 …………… 213
回転数マージン ……………… 109
回転流エネルギの回収 ……… 187
回頭惰力抑制性能 …………… 158
加減速性能 …………………… 166
舵端板 ………………………… 173
舵直圧力 ……………………… 154
舵直圧力中心 ………………… 154
舵トルク ……………………… 154
舵面積 ………………………… 152
舵面積比 ……………………… 152
荷重度変更試験 ……………… 53
肩落ち ………………………… 9
肩張り ………………………… 9
機械効率 ……………………… 48
機関出力 ……………… 47, 178, 211
機関出力制御 ………………… 216
機関特性曲線 ………………… 221
機関負荷ダイアグラム ……… 230
機関負荷特性 ………………… 212
基準喫水 ……………………… 242
基準速力 ……………………… 225
基準トルク …………………… 225
基準排水量 …………………… 243
基本性能 ……………………… 219
キャビテーション ……… 92, 124
キャビテーション・
　シミュレーション ………… 124
球状船首 ……………………… 39
境界層理論 …………………… 78
供試船 ………………………… 218
極小造波抵抗理論 …………… 37
均一化ダクト ………………… 203
緊急停止試験 ………………… 159
クラウド・キャビテーション … 92
グロシュウススポイラー …… 208
形状影響係数 …………………… 1
形状影響係数の推定 ………… 17
航海時のシーマージン … 214, 241
航海時の推進効率 …………… 217
航海速力 ……………………… 211
航海データ …………………… 236
公称伴流 ……………………… 79
高揚力舵 ……………………… 174
効率向上 ……………………… 184
後流計測 ……………………… 4
コスタバルブ ………………… 194
コントラローテイティング
　プロペラ ………………… 199

サ行

サーフェスフォース ………… 95
サーフェスプロペラ ………… 87
最終プロペラ ………………… 138
細長船理論 …………………… 37
最適直径 ……………………… 114
参照船 ………………………… 229
シート・キャビテーション … 92
シーマージン ……………… 109, 211
シーマージン解析 …………… 241
シーマージンが零となる航海速力
　……………………………… 241
試運転データの修正 ………… 235
ジェット推進器 ……………… 87
軸出力 ………………………… 47
自航解析出力 ………………… 239
自航試験 ……………………… 50
自航試験解析 …………… 54, 181
自航要素 ……………………… 180
自航要素の尺度影響 ………… 67
実海域 ………………………… 211

実航海性能解析 …………… 222
実船性能 ………………………… 211
実船のプロペラ単独性能 …… 91
縦距 ……………………………… 157
自由航走自航試験 …………… 52
修正 Goodman 応力線図 …… 130
出力 ……………………………… 47
出力一定 ……………………… 218
出力一定制御 ………………… 228
出力曲線 ……………………… 68
主要目の選定方法 …………… 31
省エネ装置の効果 …… 177, 209
上限推進効率 ………………… 183
初期旋回性能 ………………… 158
所要出力計算 ………………… 123
浸水表面積 …………………… 16
振幅関数 ……………………… 13
針路安定性 …………… 153, 158
推進器の種類 ………………… 85
推進効率 ……………………… 177
推進効率の向上 ……………… 180
推進性能評価手法 …………… 71
水線面形状 …………………… 41
水線面積係数 ………………… 6
推力一致法 …………………… 55
推力関数 ……………………… 216
推力減少係数 ………… 55, 181
推力出力 ……………… 47, 178
推力増加 ……………………… 216
数値流体解析（CFD） ……… 20
スーパーキャビテーションプロペラ
………………………………… 87
スキュー分布の修正 ………… 131
スクリュープロペラ ………… 85
スケグ ………………………… 172
スコット ……………………… 170
ストリーク・キャビテーション … 93
整流効果 ……………………… 203
整流フィン …………………… 207
旋回圏 ………………………… 157
旋回性能 ……………………… 157
船殻効率 …………… 49, 179, 180
船型可分原理 ………………… 29
船型諸係数 …………………… 5
船型設計 ……………………… 1
線形造波抵抗理論 …………… 12

船図 ……………………………… 7
浅水影響 ……………………… 166
船速制御 ……………………… 216
船体主要目 …………………… 35
船体抵抗 ……………………… 1
船体抵抗最小船型 …………… 25
船体抵抗の相似則 …………… 2
船尾圧力 ……………………… 63
船尾形状 ……………………… 41
船尾形状設計法 ……………… 69
船尾流場の整流効果 ………… 203
船尾バルブ …………………… 44
船尾フィン …………………… 206
船尾フレームライン ………… 42
船尾プロペラ効率 …………… 178
船尾変動圧力 ………… 95, 126
船尾流場計測 ………………… 72
相互干渉 ……………………… 179
操縦性基準 …………………… 156
操舵速度 ……………… 154, 163
相当平板 ……………………… 2
造波抵抗 ……………………… 1
造波抵抗の推定法 …………… 10
造波抵抗理論 ………………… 12
速度修正 ……………………… 242
速力一定 ……………………… 217
速力試運転 …………………… 229
速力の修正 …………………… 234
粗度抵抗 ……………………… 18

タ行

ダクトプロペラ
………………………… 86, 201
竪柱形係数 …………………… 6
チップ・ボルテックス・
　キャビテーション ………… 92
チップレーキプロペラ ……… 86
中央断面積係数 ……………… 6
柱形係数 ……………………… 6
潮流速度 ……………………… 234
直径 …………………………… 117
定格機関出力 ………………… 211
定格出力 ……………………… 219
抵抗試験 ……………………… 3
抵抗図表 ……………………… 10
抵抗成分 ……………………… 1

抵抗成分の分離 ……………… 1
抵抗増加による速力低下 …… 224
停止距離 ……………………… 159
停止性能 ……………… 159, 167
定常旋回特性 ………………… 158
展開面積比 …………………… 118
展開面積比の修正 …………… 131
電磁推進器 …………………… 88
伝達効率 ……………………… 48
伝達出力 ……………………… 47
到達速力計算 ………………… 123
塗膜法 ………………………… 72
トランサムスターン ………… 41
トルク一致法 ………………… 56
トルク一定 …………………… 218
トルク一定制御 ……………… 225
トルク係数 …………………… 213
トルク制御 …………………… 216

ナ行

二重反転プロペラ …………… 87
粘性圧力抵抗 ………………… 23
粘性抵抗 ……………………… 1
粘性抵抗の推定法 …………… 15
燃料消費率 …………… 178, 237
ノズルプロペラ ……………… 201

ハ行

排水量修正法 ………………… 247
排水量長比 …………………… 6
ハイスキュープロペラ ……… 86
波形解析 ……………………… 4
バトックフロー船型 ………… 7
パネル法 ……………………… 14
ハブ・ボルテックス・キャビテー
　ション ……………………… 93
バブル・キャビテーション … 93
バラスト状態 ………………… 229
バラスト状態の航海 ………… 237
波浪中抵抗増加 ……………… 214
伴流均一化リング …………… 203
伴流係数 ……………… 55, 180
伴流中のプロペラ設計Ⅰ …… 131
伴流中のプロペラ設計Ⅱ …… 135
伴流分布 ……………………… 74
伴流分布を考慮した

索 引

ピッチ分布 ………………… 137
伴流平均化フィン …………… 203
非線形計画法 ………………… 25
非対称船尾 …………………… 205
ピッチ修正 …………………… 121
ビルジ渦 ……………………… 207
ビルジ渦制御フィン ………… 208
ビルジロータ ………………… 207
フィン ………………………… 172
フィン付き舵 ………………… 191
フィンの効果 ………………… 199
フェイス・キャビテーション ‥ 93
フラップ舵 …………………… 174
フルード数 …………………… 1
プロペラ クリアランス ……… 45
プロペラ・ハル・ボルテック
　スキャビテーション ……… 94
プロペラ押込み ……………… 96
プロペラ回転数制御 ………… 216
プロペラ起振力 ……………… 95
プロペラ効率比 ……………… 48
プロペラ材料 ………………… 96
プロペラ主要目の選定 ……… 116
プロペラ推力特性 …………… 54
プロペラ性能解析法 ………… 114
プロペラ性能シミュレーション
　…………………………… 124
プロペラ設計条件と設計用データ
　…………………………… 106
プロペラ設計図表 …………… 110
プロペラ設計図表の使用方法
　…………………………… 114
プロペラ設計フロー ………… 112
プロペラ船後効率 …………… 48
プロペラ前方付加物 ………… 198

プロペラ単独効率 …………… 56
プロペラ単独性能 ……… 89, 124
プロペラ単独性能試験 ……… 89
プロペラ単独特性 …………… 58
プロペラと舵の干渉 ………… 185
プロペラ特性関数 …………… 215
プロペラ特性曲線 …………… 219
プロペラトルク特性 ………… 54
プロペラの各部名称 ………… 102
プロペラの吸い込み作用 …… 183
プロペラボス ………………… 195
プロペラ面流速分布 ………… 81
プロペラ誘導速度を考慮した
　翼素理論 …………………… 97
プロペラ翼面座標 …………… 104
プロペラ理論 ………………… 97
ベアリングフォース ………… 95
平均ピッチの修正 …………… 134
平水中出力 …………………… 215
平水中出力推定 ……………… 247
平水中特性 …………………… 220
平水中の機関特性関数 ……… 215
平水中の出力 ………………… 211
平水中の推進効率 …………… 217
方形係数 ……………………… 6
ボス渦 ………………………… 193
ボスキャップフィン ………… 195
ボス強度 ……………………… 96
ポテンシャル理論 …………… 75
ポンプジェット ……………… 88

マ行

摩擦修正 ……………………… 53
摩擦抵抗 ……………………… 2
摩擦抵抗の推定 ……………… 16

満載航海解析例 ……………… 243
無限翼数プロペラ …………… 181
無限翼数理論 ………………… 100

ヤ行

有限要素法 …………………… 129
有効出力 ……………… 5, 47, 57, 178
有効出力曲線 ………………… 219
有効伴流 ……………………… 79
有効レーキ …………………… 105
揚力線理論 …………………… 100
揚力体理論 …………………… 101
揚力面理論 …………………… 100
翼厚 …………………………… 120
翼応力 ………………………… 129
翼型理論 ……………………… 100
翼強度 ………………………… 96
翼数 …………………………… 116
翼端渦 ………………………… 193

ラ行

ラダーバルブ ………………… 195
リアクションウイング ……… 190
リアクションフィン ………… 199
リアクションラダー ………… 189
理想効率 ……………………… 183
流出渦 ………………………… 193
流線観測 ……………………… 207
流場整形ダクト ……………… 204
ルート・キャビテーション … 94
レイノルズ数 ………………… 1
レーキ分布の修正 …………… 132
レーザ ドップラー流速計 …… 72

著者略歴

荻原　誠功（おぎわら　せいこう）
- 1969.3　横浜国立大学大学院工学研究科修士課程造船工学専攻修了
- 1969.4　石川島播磨重工業株式会社入社
- 1986.5　東京大学工学博士学位取得
- 2002.4　株式会社アイ・エイチ・アイ　マリンユナイテッド技監
- 2005.2　公益社団法人 日本船舶海洋工学会事務局長

山崎　正三郎（やまさき　しょうさぶろう）
- 1972.3　広島大学工学部船舶工学科修士課程修了
- 1972.4　株式会社神戸製鋼所入社
- 1983.9　広島大学工学博士学位取得
- 1997.5　ナカシマプロペラ株式会社開発本部主席研究員
- 2009.3　ナカシマプロペラ株式会社開発本部副本部長
- 2012.2　ナカシマプロペラ株式会社エンジニアリング本部主席研究員

芳村　康男（よしむら　やすお）
- 1975.3　広島大学大学院工学研究科船舶工学専攻修士課程修了
- 1978.4　住友重機械工業㈱平塚研究所研究員
- 1980.3　大阪大学大学院工学研究科造船学専攻博士課程修了
- 1988.4　住友重機械工業㈱平塚研究所主任研究員
- 1998.4　住友重機械工業㈱横須賀造船所主席技師
- 2000.5　北海道大学大学院水産科学研究科（現・研究院）教授

足達　宏之（あだち　ひろゆき）
- 1966.3　東京大学工学部船舶工学科卒業
- 1966.4　運輸省船舶技術研究所推進性能部
- 1987.4　世界海事大学教授
- 1999.6　運輸省船舶技術研究所所長
- 2009.2　東京海洋大学大学院海洋科学技術研究科研究員

船舶海洋工学シリーズ⑪
せんぱくせいのうせっけい
船舶性能設計　　　　　　　定価はカバーに表示してあります。

平成 25 年 6 月 28 日　初版発行

著　者　萩原 誠功・山崎 正二郎・芳村 康男・足達 宏之
監　修　公益社団法人 日本船舶海洋工学会
　　　　能力開発センター教科書編纂委員会
発行者　小 川 典 子
印　刷　山口北州印刷株式会社
製　本　株式会社難波製本

発行所　鱶成山堂書店
〒160-0012　東京都新宿区南元町 4 番 51　成山堂ビル
TEL：03 (3357) 5861　　FAX：03 (3357) 5867
URL　http://www.seizando.co.jp
落丁・乱丁本はお取り換えいたしますので，小社営業チーム宛にお送りください。

Ⓒ2013　日本船舶海洋工学会
Printed in Japan　　　　　　　　　　　　ISBN978-4-425-71531-2

成山堂書店発行　造船関係図書案内

和英英和船舶用語辞典	東京商船大学船舶用語辞典編集委員会 編	B6・608頁・5250円
造船技術の進展 －世界を制した専用船－	吉識恒夫 著	B5・326頁・9870円
船舶海洋年鑑	(社)日本船舶海洋工学会 編著	A5・100頁・2100円
新訂 船と海のQ&A	上野喜一郎 著	A5・248頁・3150円
海洋構造力学の基礎	吉田宏一郎 著	A5・352頁・6930円
商船設計の基礎知識【改訂版】	造船テキスト研究会著	A5・392頁・5880円
船体と海洋構造物の運動学	元良誠三 監修	A5・376頁・6720円
氷海工学 －砕氷船・海洋構造物設計・氷海環境問題－	野澤和男 著	A5・464頁・4830円
造船技術と生産システム	奥本泰久 著	A5・250頁・4620円
英和版 船体構造イラスト集【新装版】	惠美洋彦 著/作画	A5・226頁・3990円
海洋構造物 －その設計と建設－	関田欣治 著	A5・162頁・2310円
超大型浮体構造物の構造設計	(社)日本造船学会海洋工学委員会構造部会編	A5・304頁・4620円
流体力学と流体抵抗の理論	鈴木和夫 著	B5・248頁・4620円
海洋底掘削の基礎と応用	(社)日本船舶海洋工学会海洋工学委員会構造部会編	A5・202頁・2940円
SFアニメで学ぶ船と海 －深海から宇宙まで－	鈴木和夫 著／逢沢瑠菜 協力	A5・156頁・2520円
船舶海洋工学シリーズ① 船舶算法と復原性	日本船舶海洋工学会 監修	B5・184頁・3780円
船舶海洋工学シリーズ② 船体抵抗と推進	日本船舶海洋工学会 監修	B5・224頁・4200円
船舶海洋工学シリーズ③ 船体運動 操縦性能編	日本船舶海洋工学会 監修	B5・168頁・3570円
船舶海洋工学シリーズ④ 船体運動 耐航性能編	日本船舶海洋工学会 監修	B5・320頁・5040円
船舶海洋工学シリーズ⑤ 船体運動 耐航性能初級編	日本船舶海洋工学会 監修	B5・280頁・4830円
船舶海洋工学シリーズ⑥ 船体構造 構造編	日本船舶海洋工学会 監修	B5・192頁・3780円
船舶海洋工学シリーズ⑦ 船体構造 強度編	日本船舶海洋工学会 監修	B5・242頁・4410円
船舶海洋工学シリーズ⑧ 船体構造 振動編	日本船舶海洋工学会 監修	B6・288頁・4830円
船舶海洋工学シリーズ⑨ 造船工作法	日本船舶海洋工学会 監修	B5・248頁・4410円
船舶海洋工学シリーズ⑩ 船体艤装工学	日本船舶海洋工学会 監修	B5・240頁・4410円
船舶海洋工学シリーズ⑪ 船舶性能設計	日本船舶海洋工学会 監修	B5・290頁・4830円
船舶海洋工学シリーズ⑫ 海洋構造物	日本船舶海洋工学会 監修	B5・178頁・3885円

最新総合図書目録無料進呈　　　　　　※定価は5%税込